普通高等教育电气工程与自动化（应用型）"十二五"规划教材

单片微机原理与应用

主　编　罗印升

副主编　范力旻　罗　晓

参　编　陈连玉　毕玉春　陈伦琼

主　审　张　鑫

机械工业出版社

本书基于将"微机原理与应用"和"单片机原理与应用"课程相结合的思路，从微型计算机的基本知识和概念、基本原理和基本分析方法入手，以目前最广泛使用的 51 系列单片机为核心，选取 AT89S51 单片机作为典型对象，以相关知识的综合运用能力、工程实践能力的培养和提高为教学目标。

　　全书共分 10 章，内容为：微型计算机基础知识；51 系列单片机的结构及原理；51 系列单片机的指令系统和程序设计方法；中断系统；51 系列单片机的定时器/计数器；51 系列单片机的串行接口；51 系列单片机的系统扩展；51 系列单片机的接口扩展；51 系列单片机应用系统设计；C51 程序设计与开发环境。

　　本书符合当前单片机课程的教学需求，可作为大学本科电气信息类专业、机械设计及其自动化、机电一体化、测控技术与仪器等专业的教材，也可作为高职电气类专业的教材，还可作为自学者的读本。

　　本书配有免费电子课件，欢迎选用本书作教材的老师发邮件到 Jinacmp@163.com 索取，或登录 www.cmpedu.com 注册下载。

图书在版编目（CIP）数据

单片微机原理与应用/罗印升主编.—北京：机械工业出版社，2012.1
普通高等教育电气工程与自动化（应用型）"十二五"规划教材
ISBN 978-7-111-36403-0

Ⅰ.①单…　Ⅱ.①罗…　Ⅲ.①单片微型计算机 – 高等学校 – 教材
Ⅳ.①TP368.1

中国版本图书馆 CIP 数据核字（2011）第 230387 号

机械工业出版社（北京市百万庄大街 22 号　邮政编码 100037）
策划编辑：吉　玲　责任编辑：吉　玲　谷玉春　王雅新
版式设计：霍永明　责任校对：张　媛
封面设计：张　静　责任印制：乔　宇
北京机工印刷厂印刷（三河市南杨庄国丰装订厂装订）
2012 年 1 月第 1 版第 1 次印刷
184mm×260mm · 18.5 印张 · 467 千字
标准书号：ISBN 978-7-111-36403-0
定价：38.00 元

普通高等教育电气工程与自动化（应用型）"十二五"规划教材

编审委员会委员名单

前　言

"微机原理与应用"课程是本科院校电气与电子信息类专业的重要平台课程，也是机械设计及其自动化、机电一体化、测控技术与仪器等专业的重要专业基础课程，是学生学习计算机硬件原理与应用知识最主要的课程，对提高学生的计算机硬件应用能力至关重要，也是学生学习部分专业课程、完成毕业设计的重要技术基础课程。

自从 Intel 公司推出 MCS-51 系列单片微型计算机（简称单片机）以来，单片机作为一种微控制器在工程实践中得到更加广泛的应用。电气与电子信息类、机械设计及其自动化、机电一体化、测控技术与仪器等专业均开设了"单片机原理与应用"课程。特别是对应用型本科院校来说，如何处理好"微机原理与应用"、"单片机原理与应用"这两门相关度极大的课程关系，做到既注重三基（基本知识、基本原理和基本技能），又突出工程实践教育且须在有限的教学课时内组织好教学工作一直是学者思考和探索的问题。基于尝试将"微机原理与应用"和"单片机原理与应用"课程合并，本书名称定为"单片微机原理与应用"。从微型计算机的基本知识和概念、基本原理和基本分析方法入手，在此基础上，以目前最广泛使用的 51 系列单片机为核心，选取 AT89S51 型号单片机作为典型对象。教学目的绝非是仅教会学生掌握某一类型单片机的应用方法，而是以 51 系列单片机技术教学为主线，将微型计算机基础知识、寻址方式与指令系统的基本知识、汇编语言程序设计的一般方法、中断系统的一般知识与应用方法、定时器/计数器的基本工作原理与应用方法、存储器与并行 I/O 接口扩展的基本方法、A/D 转换器和 D/A 转换器接口基本方法、显示器与键盘接口技术的基本方法、单片机应用系统设计技术等贯穿于本书中，以相关知识的综合运用能力、工程实践能力的培养和提高为目标。

为了便于学习，全面了解各章内容，掌握基本知识点与要求，把握各章的重点和难点。每章的开始部分提供了【内容提要】、【基本知识点与要求】和【重点与难点】。在基本要求的基础上，部分章节中增加了【延伸与拓展】部分，对单片机的新型号、应用新技术和开发新手段进行了拓展，对有助于理解章节内容的背景知识或者拓展与延伸的内容进行介绍和导读。

本书符合当前单片机课程的教学需求，可作为大学本科电气信息类专业、机械设计及其自动化、机电一体化、测控技术与仪器等专业将"微机原理与应用"和"单片机原理与应用"课程合并后开设的"单片微机原理与应用"课程教材使用，也可作为上述各专业单独开设"单片机原理与应用"课程教材，还可供高职院校电类专业学生和自学者使用。

本书是在全国高等学校电气工程与自动化（应用型）十二五规划教材编审委员会的评审指导下完成的。

本教材由罗印升教授担任主编，张鑫教授担任主审。罗印升教授编写第 1 章、第 2 章，范力旻编写第 3 章、第 4 章，罗晓编写第 5 章、第 6 章，陈连玉编写第 7 章、第 9

章，毕玉春编写第 8 章，陈伦琼编写第 10 章。书中全部内容由罗印升统稿并进行了全面的完善和补充。张鑫教授对本书全部内容进行了全面、详细的审阅，提出了许多具有建设性的意见和建议，在此对张鑫教授表示诚挚的感谢。

　　书中参阅的参考资料均列入章节参考文献中，在此，也对各参考资料的作者表示感谢。由于编者的学识水平有限，书中难免有错误和不妥之处，恳请读者批评指正。

编　者

目　录

第1章　微型计算机基础知识

【内容提要】

本章从一般微型计算机的概念入手，首先介绍其组成、各部分的作用、发展及其应用；然后介绍进位计数制及其转换和编码；最后介绍计算机数的表示与运算。

【基本知识点与要求】

(1) 理解微型计算机的组成、各部分的作用、工作原理与工作过程。

(2) 了解单片机的产生、应用与发展趋势，理解单片机的特点。

(3) 掌握进位计数制的表示及其相互转换的方法。

(4) 掌握机器数及其表示方法和运算。

【重点与难点】

本章重点是微型计算机的组成及各部分的作用、单片机的特点、进位计数制的表示及其相互转换方法、机器数及其表示方法和运算；难点是补码的概念、运算及微型计算机的工作原理与过程。

1.1　微型计算机系统概述

1.1.1　微型计算机系统的基本组成和各部分的作用

1946 年，由约翰·莫克里(John Mauchly)和埃克特(Eckert, John Presper, Jr)等研制的第一台电子计算机"ENIAC"(Electronic Numerical Integrator And Calculation)在美国宾西法尼亚大学诞生。从此，电子计算机经历了电子管、晶体管、集成电路、大规模集成电路(LSI)和超大规模集成电路(VLSI)的更新换代。它一方面向着高速、智能化的超级巨型机的方向发展；另一方面向着微型计算机的方向发展。

微型计算机也称为个人计算机(Personal Computer, PC)。它由微处理器(Micro Processing Unit, MPU)、内存储器、用于传送信息的总线和连接外部设备的基本输入/输出(Input/Output, I/O)接口等组成——这也就是通常所说的主机。这些部分组装在一块印制电路板上，即微型计算机的主板。要使得计算机和人能够交互，一方面要配置输入/输出设备(键盘、鼠标、显示器和打印机等)，另一方面还必须安装能够在其上运行的操作系统(Operating System, OS)和相关的软件(Software，简单地说就是程序，按软件工程的观点，还包括所有相关的文档)。这样才能构成真正的微型计算机系统。微型计算机的硬件组成如图 1-1 所示。微型计算机系统的组成如图 1-2 所示。

1. 中央处理单元

中央处理单元(Central Processing Unit, CPU)，是一种大规模或超大规模集成电路器件。其内部包括运算器(Operator)、控制器(Controller)及寄存器组(Register Group)，具有运算和控制功能。

运算器能够实现算术运算(如加、减、乘、除等)、逻辑运算(如与、或、非、异或等)、比较、移位(如算术移位、逻辑移位、循环移位等)、BCD 码运算调整和位运算等。运算器由累加器、暂存器和算术/逻辑运算单元(Arithmetic and Logical Unit, ALU)、程序状态字(Program Status

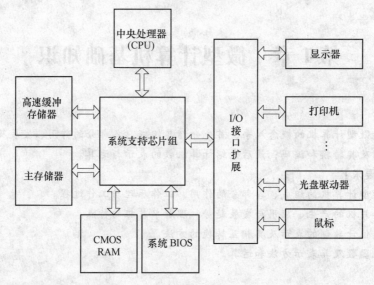

图 1-1　微型计算机的硬件组成

Word，PSW)寄存器及通用寄存器组成。

控制器协调并控制计算机的各个部件，按程序中排好的指令序列执行程序。程序是实现既定任务的指令序列，计算机执行程序的过程就是不断取指令、分析指令和执行指令这样一个不断重复的过程。CPU把每条指令分解成若干微操作，顺序地完成相应的微操作就是执行了该指令。因此，CPU 必须具备指令部件、时序部件和微操作控制部件。

寄存器组可以存放数据或者地址，CPU

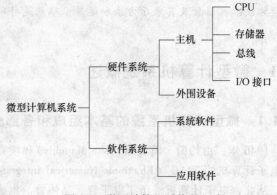

图 1-2　微型计算机系统的组成

可以处理其中存放的数据和地址，这样可以减少 CPU 访问存储器的次数，节省访问时间，提高运算速度。

2. 存储器

存储器(Memory)是计算机中用来存放指令、数据、运算结果和各种需要保存信息的器件或设备。存储器通常包括三类：用于存放当前正在执行的程序和数据的主存储器(内存储器)；为解决 CPU 与主存储器间的数据传输率差异而设计，以提高系统处理效率的高速缓冲存储器(Cache)；为增大微型计算机系统信息存储容量而设置的磁盘存储器和光盘存储器(外存储器)。存储器中所能存储的二进制位(bit)的总数称为该存储器的存储容量。表示存储器容量的单位有KB、MB 和 GB。1KB 表示 1024 字节。字节(Byte)是指相邻的 8 个二进制位；1MB = 1024KB，1GB = 1024MB。

3. 总线

微型计算机系统采用总线结构。总线(Bus)是微型计算机系统中各部件之间传递信息的信号线的集合。按总线的功能可分为地址总线(Address Bus，AB)、数据总线(Data Bus，DB)和控制总线(Control Bus，CB)。

地址总线传送由 CPU 发出的用于选择要访问部件的地址。在微型计算机系统中存储器单元和所有的 I/O 端口都有唯一的地址。这样，CPU 就可以通过地址总线访问它们，完成相应的操作。

数据总线用来传送微型计算机系统内各种类型的数据，如数据、指令码等，数据既可以从外部流向 CPU，也可以从 CPU 流向外部。因此，数据总线是双向传输线。一个 n 位的 CPU，通常其数据总线就是 n 根。有时，为了减少引线数目，采用数据总线和地址总线分时复用技术。

控制总线用于传送保证微型计算机同步和协调的定时和控制信号。不同型号的 CPU 其控制总线的数量、方向和用途各异。最基本的包括：①读选通线，当 CPU 需要输入数据时，通过它向被选的存储单元或 I/O 设备发出读命令，以进行读出操作；②写选通线，当 CPU 需要输出数据时，通过它向被选的存储单元或 I/O 设备发出写命令，以进行写操作；③中断请求线，当外界要求 CPU 暂停当前的工作，转去为其服务时，通过中断请求线向 CPU 发出请求信号；④中断应答线，当满足中断响应条件时，CPU 通过此线通知发出中断请求的外设，CPU 开始为它服务；⑤同步信号线，传送同步信号，以协调微型计算机内各个部件的工作。

在微型计算机系统中按照由 CPU 到外设的顺序，总线又可以分为三个层次：第一层次为微处理器级总线，也称为 **CPU 总线**；第二层次为系统级总线，也称为 I/O **通道总线**；第三层次为外设总线，是指主机与外部设备接口的总线。

4. I/O 接口

CPU 按其固有的时钟和操作特点进行工作，而各种 I/O 设备也按各自的规定进行操作，因此两者之间的信息交换需要一个桥梁，这个桥梁就是 I/O 接口电路，简称 I/O 接口。I/O 接口可实现信息的有效转换（信息的交换速度匹配、信息格式转换、信息类型转换及电平匹配等）、选择所需设备（一台主机可连接多个 I/O 设备）、对所选的设备发布命令（启动、停止、读和写命令）及将 I/O 设备的状态（"忙/闲"、缓冲器的"满/空"等）发给 CPU 等。为了区分状态信息、控制信息和数据，就必须有不同的寄存器和控制逻辑。把接口电路中用于存储信息的寄存器及其控制逻辑称为 I/O 端口（I/O Port）。每一个端口都有自己的地址，称为端口地址。CPU 是按照端口地址进行操作的。

5. I/O 设备

I/O 设备的作用是负责从外部输入程序和数据，并将运算结果以人们可以识别的形式输出，如键盘、条码识别器、打印机、显示器等。

6. 微型计算机的基本工作原理与工作过程

微型计算机的基本工作原理：用户把解决问题的过程用计算机语言描述为由许多条指令按一定顺序组成的程序，然后通过输入设备把程序和所需要的数据输入到计算机的存储器中保存起来。

指令通常是按照其执行的先后（转移指令除外），顺序存到连续的存储器单元中（即存储程序）。因此，当计算机启动时，若要执行该程序只要将它的起始地址送入程序计数器，CPU 就会找到该存储单元并从中取出要执行的指令送到指令寄存器（Instruction Register，IR）中。

通过指令译码器（Instruction Decoder，ID）对指令译码、分析和解释，产生各种控制命令，由微操作控制电路发出相应的微操作序列，从而完成该指令的操作。例如，该指令为非转移指令时程序计数器（PC）自动加 1，指向下一条指令；若该指令为转移指令，则将 IR 中的地址码送入 PC，准备转移。

不断重复该过程，直到最后一条指令

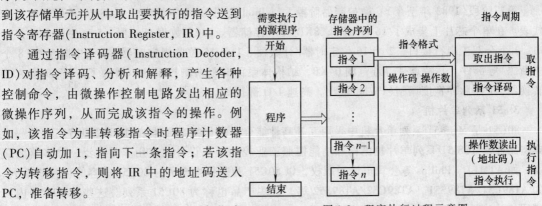

图 1-3　程序执行过程示意图

执行结束为止。这就是微型计算机的基本工作原理，也就是冯·诺依曼（John Von Neumann）提出的存储程序工作原理。程序执行过程如图 1-3 所示。

微型计算机的基本工作过程就是执行程序的过程。程序的执行过程又可以细分为取指令、分析指令、执行指令和为取下一条指令做准备的循环操作过程。

【注意】　字是计算机内部进行数据传送和处理的基本单位，一个字包含的二进制位数称为字长。字长是计算机性能的一个重要指标。通常它与计算机内部的寄存器、运算装置、总线宽度相一致。常见的微型计算机的字长有 8 位、16 位、32 位和 64 位。通常微型计算机中，把字定义为 2 字节，双字（Double Word）定义为 4 字节，四字（Quad Word）定义为 8 字节。

有关微型计算机的进一步发展情况请阅读本章的【延伸与拓展】。

1.1.2　单片微型计算机的发展及其应用

1. 单片微型计算机介绍

在一块半导体芯片上集成 CPU、一定容量的存储器（ROM 和 RAM）、输入/输出（I/O）接口、定时器/计数器和中断系统等微型计算机的基本部件，所构成的一个完整的微型计算机，就称为单片微型计算机（Single Chip Microcomputer，SCM），简称单片机。由于它的结构和功能均是按照工业控制要求设计的，主要用于嵌入式应用，即通常嵌入到各种智能化产品中，所以单片机也称为嵌入式微控制器（Embedded MicroController，EMCU），国际上通常称为微控制器（Micro Controller Unit，MCU）。

2. 单片机的发展过程

单片机作为微型计算机的一个重要分支，应用面广、发展十分迅速，现已发展为 60 多个系列、600 多个机种。如果以 8 位单片机的推出作为起点，那么单片机的发展历史大致可划分为以下几个阶段。

第一阶段（1947—1978 年）：单片机的初级形成阶段，以 Intel 公司 1976 年推出的 MCS-48 系列单片机为代表。在单个芯片上集成了 8 位 CPU、1KB 程序存储器、64B 数据存储器、27 根 I/O 端口线、1 个 8 位定时器/计数器、2 级中断系统等部件。其特点是存储器容量小，寻址范围小，无串行接口，指令系统功能较弱。

第二阶段（1978—1983 年）：单片机性能提高阶段，以 Intel 公司于 1980 年推出的 MCS-51 系列单片机为代表。在单个芯片上完成了 8 位 CPU、4KB 程序存储器、128B 数据存储器、4 个 8 位 I/O 并行口、1 个全双工串行接口、2 个 16 位定时器/计数器、2 级中断系统（5 个中断源）等部件的集成。其特点是寻址范围为 64KB，结构体系不断完善，性能大大提高，具有控制功能较强的布尔处理器，面向控制的特点进一步突出。

第三阶段（1983 年至今）：微控制器阶段，以 Intel 公司 1983 年推出的 MCS-96 系列单片机为代表。在单个芯片上集成了 16 位 CPU、8KB 程序存储器、232B 数据存储器、5 个 8 位 I/O 并行口、1 个全双工串行接口、2 个 16 位定时器/计数器、1 个 16 位监视定时器、2 级中断系统（8 个中断源）等部件。其特点是寻址范围 64KB，结构体系面向复杂测控系统，增加了 8 路 10 位 A/D 转换器，1 路脉冲宽度调制（PWM）输出，高速 I/O 部件等。

3. 51 系列单片机

80C51 是 MCS-51 系列单片机中采用互补高性能金属氧化物半导体结构（CHMOS）工艺的一个典型品种，MCS-51 系列单片机结构和功能按照工业控制要求设计，应用非常广泛。许多著名厂商，如 ATMEL、Philips 等公司申请了版权，以 80C51 为基核生产了与 80C51 兼容的单片机系列，如 AT89C51/AT89S51、AT89C52/AT89S52 等。这些产品也称为 80C51 系列。这些与 80C51 内核相同的单片机及 MCS-51 系列单片机统称为 **51 系列单片机**。51 系列单片机是目前应用最广泛的 8

位高档单片机，其性能见表 1-1。

表 1-1　51 系列单片机的性能

分类		芯片型号	存储器类型及其容量		片内其他功能单元数量				
			程序存储器（ROM）	数据存储器（RAM）	定时器/计数器（个数×位数）	中断源/个	并行口/个	串行口/个	看门狗（WDT）/个
基本型	无"C"	8031	—	128B	2×16	5	4	1	—
		8051	4KB 掩膜 ROM	128B	2×16	5	4	1	—
		8751	4KB EPROM	128B	2×16	5	4	1	—
	带"C/S"	80C31	—	128B	2×16	5	4	1	—
		80C51	4KB 掩膜 ROM	128B	2×16	5	4	1	—
		87C51	4KB EPROM	128B	2×16	5	4	1	—
		89C51*	4KB Flash ROM	128B	2×16	5	4	1	—
		89S51	4KB ISP	128B	2×16	5	4	1	1
增强型	无"C"	8032	—	256B	3×16	6	4	1	—
		8052	8KB 掩膜	256B	3×16	6	4	1	—
		8752	8KB EPROM	256B	3×16	6	4	1	—
	带"C/S"	80C32	—	256B	3×16	6	4	1	—
		80C52	8KB 掩膜 ROM	256B	3×16	6	4	1	—
		87C52	8KB EPROM	256B	3×16	6	4	1	—
		89C52*	8KB Flash ROM	256B	3×16	6	4	1	—
		89S52	8KB ISP	256B	3×16	6	4	1	1

注：表中带"＊"符号的被 ATMEL 公司的 AT89S51 和 AT89S52 所代替，新产品具有在系统编程功能（ISP）；AT89C51（89C51）已经停产；"—"表示无。

在功能上，51 系列单片机分基本型和增强型两大类，以芯片型号的末位数字 1 和 2 来区分。末位数字 1 表示基本型，如 8031/8051/8751、80C31/80C51/87C51、AT89C51/AT89S51。末位数字 2 代表增强型，如 8032/8052/8752、80C32/80C52/87C52、AT89C52/AT89S52。从表 1-1 中可以看出增强型的功能具体如下：

* 片内 ROM 从 4KB 增加到 8KB。

- 片内 RAM 从 128B 增加到 256B。
- 定时器/计数器从 2 个增加到 3 个。
- 中断源从 5 个增加到 6 个。

单片机在生产工艺上有两种：一是采用 HMOS 工艺(高速度、高密度和短沟道 MOS 工艺)，二是采用 CHMOS 工艺(高速度、高密度和低功耗的互补金属氧化物的 HMOS 工艺)。前者芯片型号中无字母"C"，芯片各 I/O 引脚电平与 TTL 电平兼容；后者在芯片型号中加字母"C"标记，其芯片各 I/O 引脚既与 TTL 电平兼容，又与 CMOS 电平兼容。

在片内程序存储器配置上有 4 种形式，即无 ROM(－)、掩膜 ROM、EPROM 和 Flash ROM，根据它们的特点和不同的应用场合进行选择。

1) 无 ROM(－)型，即 8031(80C31)芯片内无程序存储器，应用时需要在片外扩展程序存储器。

2) 掩膜 ROM 型，只能由生产厂商一次性写入，用户无法写入，适合于批量生产。

3) EPROM 型，通过紫外线照射擦除，用户需要通过写入装置写入程序，适合于研发。

4) Flash ROM (闪存)型，可电擦除或写入的程序存储器，用户使用最便利。

AT89C51 单片机 1989 年由 ATMEL 公司推出，有 4KB Flash ROM。AT89S51 是 AT89C51 的改进版，AT89S52 是 AT89S51 的增强型。带"S"的系列产品具有"在系统可编程(In System Programming, ISP)"功能，即用户可以在不拔下单片机芯片时，通过下载电路直接对芯片内的 Flash 在系统中编程的功能。可进行并行编程，也可进行串行编程。

因此，在单片机应用系统中尽量选用低功耗、电可擦除或写入的程序存储器型芯片。

4. 单片机的特点及应用

(1) 单片机的特点

由于单片机结构及其所采用的半导体生产工艺，使之具有下列显著特点：

- 集成度高、体积小、功耗低、便于嵌入式应用。
- 性能价格比高、控制性能突出。
- 应用系统组成灵活、方便，可靠性高。

(2) 单片机的应用领域

单片机的上述特点，决定了其应用非常广泛，主要应用领域可概括如下：

1) 工业控制领域。用来实现对信号的检测、数据的采集以及应用对象的控制，如温度、湿度的自动监测与控制，电机的转速与位置控制，零件生产流水线的控制等。

2) 机电一体化产品。机电一体化产品是装备制造行业的发展方向。机电一体化产品是指集机械技术、微电子技术和计算机技术于一体，具有智能化特征的机电产品。以单片机作为机电产品的控制器，使传统的产品控制智能化、结构简单化。

3) 智能化仪器仪表。由单片机升级、换代已有的仪器仪表，使仪器仪表数字化、多功能化(包括通信功能)、微型化，并使长期以来的误差修正和线性化处理等难题迎刃而解。

4) 信息通信技术领域。单片机的通信接口，为单片机在计算机网络与通信系统、设备的应用提供了硬件支持。

5) 智能交通系统。交通领域中的交通灯控制、监控设备的控制、智能传感器等。

6) 家用电器领域。单片机体积小、价格低廉、具有定时器/计数器且控制功能强，广泛应用于家电设备中，如全自动洗衣机、电饭煲、微波炉、空调和视频音像设备等，从而使人们的生活更舒适方便。

5. 单片机的发展趋势

随着微电子技术、集成制造工艺的快速发展和市场对单片机的需求，单片机的发展将向着资源更丰富、性能更高、存储容量更大、功耗更低的方向发展。

1）资源更丰富。把尽可能多的应用系统中所需要的存储器、多种 I/O 端口（位输入/输出、PWM、高速输入/输出）、A/D 转换器、D/A 转换器、多路模拟开关、采样/保持器、"看门狗"电路和局部网络控制模块等集成在单片机中，用户可根据需要选择。

2）性能更高。单片机的字长（数据线位数宽度）不断加长，由 4 位、8 位、16 位发展到了 32 位甚至 64 位；时钟频率越来越高，由 6MHz、12MHz、24MHz、33MHz 发展到 44MHz 甚至 100MHz，现已有 32 位、100MHz 的单片机产品。

3）存储容量更大。片内存储器容量不断增大，片内 ROM 和片内 RAM 存储容量从 1KB、2KB、4KB、8KB 到 16KB、32KB、64KB、128KB 等，且读/写操作更方便、速度更快，从而简化了应用系统设计。

4）功耗更低。采用了 CHMOS 技术的集成制造工艺，既保持了高组装密度的特点又保持了低功耗的优点。此外，还有多种工作方式设置，如空闲和掉电保护方式等。工作电压范围扩大（2.6～6V），在较低电压下仍然能正常工作。

1.2 计算机中的数制与编码

大家最熟悉的数制是十进制数，它有 0～9 十个基本的数码、逢 10 进 1。如果希望用计算机来帮助人们进行计数和计算，那么如何让计算机识别数字呢？通过数字电路课程的学习大家知道，在数字电路中可以存储"0"和"1"，建立在数字电路基础上的计算机就能够记忆和识别"0"和"1"。由"0"和"1"构成了另外一种计数制，称为二进制数。但是二进制数在表示较大的数时，既冗长又难以记忆，因此在计算机中通常也使用十六进制数。这样，一个数值，就能够用不同的进制数表示。此外，计算机中的数据在输入/输出的形式上必须与人们日常使用的十进制数一致，所以在计算机中就有多种进制数及由此而引出的相关编码。

1.2.1 进位计数制及其转换

1. 常用进位计数制

（1）进位计数制

用一组数字或符号（数码）表示数时，将数码按先后位置排列成数位，并按由低位到高位的进位方式进行计数就称为进位计数制。一般地，对于任意一个 K 进制数 S 都可表示为

$$(S)_k = (S_{n-1}S_{n-2}\cdots S_0 S_{-1}\cdots S_{-m})_k$$

$$= S_{n-1}\times K^{n-1} + S_{n-2}\times K^{n-2} + \cdots + S_0 \times K^0 + S_{-1}\times K^{-1} + \cdots + S_{-m}\times K^{-m}$$

$$= \sum_{i=-m}^{n-1} S_i \times K^i$$

式中，S_i 表示 S 的第 i 位数码，可以取 K 个符号中的任何一个，也称为位置数；n、m 表示分别是数 S 的整数部分和小数部分的位数；K 为**基数**；K^i 为 K 进制数中第 i 位的位值，称它为**权**。

【注意】 整数部分个位的权为 K^0。即任意一个 K 进制数值 S 都可表示为位置数 S_i 与其权值 K^i 乘积之和的形式。当定义 $K=10$ 时，就产生了十进制数；当定义 $K=2$ 时，就产生了二进制数；当定义 $K=16$ 时，就产生了十六进制数；当定义 $K=8$ 时，就产生了八进制数，依此类推。

（2）十进制数

有 0～9 十个基本的数码，基数是 10，权为 10^i。一般形式为

$$(S)_{10} == \sum_{i=-m}^{n-1} S_i \times 10^i$$

S_i 取 0 ~ 9 十个基本数码中的任何一个。

（3）二进制数

在二进制数（Binary，B）中只有 0、1 两个基本的数码，基数是 2，权为 2^i。一般形式为

$$(S)_2 == \sum_{i=-m}^{n-1} S_i \times 2^i$$

S_i 取 0、1 两个基本数码中的任何一个。二进制数加减运算规律为"逢二进一、借一为二"。采用二进制数主要在于物理实现方便、算术运算规则简单、可以使用布尔代数工具进行化简，但是不够直观。

（4）十六进制数

在十六进制数（Hexadecimal，H）中采用 0 ~ 9、A ~ F 这 16 个基本的数码，基数是 16，权为 16^i。一般形式为

$$(S)_{16} == \sum_{i=-m}^{n-1} S_i \times 16^i$$

S_i 取 0、1 ~ F 的 16 个基本数码中的任何一个。十六进制数加减运算规律为"逢十六进一、借一为十六"。采用十六进制数主要在于书写程序时可简化数的表示。

表 1-2 给出了 0 ~ 15 的 4 种不同进位制的表示形式。

表 1-2　数 0 ~ 15 的 4 种不同进位制的表示对照

十进制数	二进制数	八进制数	十六进制数	十进制数	二进制数	八进制数	十六进制数
0	0000B	0Q	0H	8	1000B	10Q	8H
1	0001B	1Q	1H	9	1001B	11Q	9H
2	0010B	2Q	2H	10	1010B	12Q	0AH
3	0011B	3Q	3H	11	1011B	13Q	0BH
4	0100B	4Q	4H	12	1100B	14Q	0CH
5	0101B	5Q	5H	13	1101B	15Q	0DH
6	0110B	6Q	6H	14	1110B	16Q	0EH
7	0111B	7Q	7H	15	1111B	17Q	0FH

2. 常用数制之间的转换

人们习惯使用和熟悉的是十进制数，计算机内部采用的是二进制数，而编写程序时又多采用十六进制数，因此计算机在运算和处理信息时就涉及不同进制数之间的转换问题。

（1）其他进制数转换为十进制数

非十进制数转换为十进制数，只要将其按照相应的权展开形式进行表达，对该表达式再按照十进制数的运算规则求和，即可得到对应的十进制数。

【例 1-1】　将二进制数 1011.101 转换为十进制数。

解：根据二进制数权展开式，有

$(1011.101)_2 = 1 \times 2^3 + 0 \times 2^2 + 1 \times 2^1 + 1 \times 2^0 + 1 \times 2^{-1} + 0 \times 2^{-2} + 1 \times 2^{-3} = (11.625)_{10}$

（2）十进制数转换为其他进制数

十进制数转换为其他进制数，实际上就是确定要转换的相应进制数的各个位置数。总的方法是：对整数部分和小数部分分别进行，整数部分采用"连续除以基数取余数法"，小数部分采用"乘基数取整数法"。

1）十进制数转换为二进制数。十进制数整数部分转换为二进制数时采用连续除以 2 取余数作为结果，直至商为 0，将每次得到的余数按照从低位到高位的顺序排列，即为转换后二进制数

的整数部分；十进制数小数部分转换为二进制数时采用连续乘 2，以最先得到的乘积的整数部分为最高位，随后的作为次高位，直至达到所要求的精度或者小数部分为 0，得到的整数序列即为转换后二进制数的小数部分。将转换后的二进制数的整数部分和小数部分用小数点连接起来即是完整的转化结果。

【例 1-2】　将十进制数 123.375 转换为二进制数。

解： 依照上述基本方法有

整数部分		小数部分	
$123/2 = 61$	余数 $= 1$	$0.375 \times 2 = 0.75$	整数部分 $= 0$
$61/2 = 30$	余数 $= 1$	$0.75 \times 2 = 1.5$	整数部分 $= 1$
$30/2 = 15$	余数 $= 0$	$0.5 \times 2 = 1.0$	整数部分 $= 1$
$15/2 = 7$	余数 $= 1$		
$7/2 = 3$	余数 $= 1$		
$3/2 = 1$	余数 $= 1$		
$1/2 = 0$	余数 $= 1$		

最终转换结果 $(123.375)_{10} = (1111011.011)_2$

2）十进制数转换为十六进制数。整数部分按"除以 16 取余数"的方法进行，而小数部分按"乘以 16 取整数"的方法进行。

【例 1-3】　将十进制数 455.65625 转换为十六进制数。

解：

整数部分		小数部分	
$455/16 = 28$	余数 $= 7$	$0.65625 \times 16 = 10.50000$	整数部分 $= 10(A)$
$28/16 = 1$	余数 $= C$	$0.5 \times 16 = 8.00000$	整数部分 $= 8$
$1/16 = 0$	余数 $= 1$		

最终转换结果 $(455.65625)_{10} = (1C7.A8)_{16}$

（3）二进制数与十六进制数之间的转换

由于 $2^4 = 16$，即 1 位十六进制数正好可用 4 位二进制数来表示，这样二进制数与十六进制数之间的转换就很方便。

1）二进制数转换为十六进制数。方法是：从小数点开始分别向左和向右把整数和小数部分每 4 位分为一组。其中，若整数部分最高位的一组不足 4 位，则在其左边补 0 到 4 位；若小数部分最低位的一组不足 4 位，则在其右边补 0 到 4 位。然后将每组二进制数用对应的十六进制数代替，即得到了转换结果。

2）十六进制数转换为二进制数。方法与二进制数到十六进制数转换过程相反，将每一位十六进制数用对应的 4 位二进制数取代即可。

1.2.2　编码

计算机不仅要识别人们习惯的十进制数、完成数值计算问题，而且要大量处理各种文字、字符和各种符号（标点符号、运算符号）等非数值计算问题。这就要求计算机必须能够识别它们。也就是说，字符、符号和十进制数最终都必须转换为二进制格式的代码，即信息和数据的二进制编码。

根据信息对象的不同，计算机中的编码方式（码制）也不同，常见的码制有 BCD 码和 ASCII 码。

1. 二进制编码的十进制数

二进制编码的十进制数是对十进制数采用二进制数进行编码，即十进制数的二进制编码。这种编码既具有二进制数的形式（由 0 和 1 组成），又有十进制数的特点（逢十进一），我们称它为二—十进制码（Binary-Coded Decimal，BCD），也称 BCD 码。BCD 码有 8421 码、5421 码、2421 码、余 3 码等。下面介绍最常用的一种 BCD 码，即 8421 码。

（1）8421 码

8421 BCD 码简称 BCD 码，是用 4 位二进制数表示 1 位十进制数，4 位二进制编码从左到右的每一位都有固定的权，其权值分别是 $2^3 = 8$、$2^2 = 4$、$2^1 = 2$、$2^0 = 1$，因此称其为 8421 码。由于 4 位二进制数可以表示 16 种状态或者 16 个编码（0000 ~ 1111），而十进制数的基本数码有 0 ~ 9 这 10 个，所以 BCD 码只使用了 0000 ~ 1001 来表示十进制数的 0 ~ 9，见表 1-3。其余的 6 种状态 1010 ~ 1111 在 BCD 码中是非法编码。在书写 BCD 码时，每 1 位 BCD 码（4 位二进制数）写成一组、中间加一个空格，再加上 BCD 下标即可，如（0010 0001 0101. 1001 0010）$_{BCD}$。

表 1-3　十进制数与对应的 BCD 码

十进制数	BCD 码	十进制数	BCD 码
0	0000	5	0101
1	0001	6	0110
2	0010	7	0111
3	0011	8	1000
4	0100	9	1001

（2）BCD 码与十进制数、二进制数之间的转换

将十进制数的每一位用表 1-3 中对应的 BCD 码来代替，即可完成十进制数到 BCD 码的转换。反之，即可完成由 BCD 码到十进制数的转换。

【例 1-4】　将十进制数 125.26 用 BCD 码表示。

解：（125. 26）$_{10}$ =（0001 0010 0101. 0010 0110）$_{BCD}$

BCD 码与二进制数之间的转换需要借助十进制数作为中间桥梁进行转换。

【例 1-5】　将 BCD 码（0010 0011.0001 0010 0101）转换为二进制数。

解：（0010 0011. 0001 0010 0101）$_{BCD}$ =（23. 125）$_{10}$ =（10111. 001）$_2$

（3）BCD 码在计算机中的存储方式

计算机中的存储单元通常以字节（8 位二进制数）为单位，在 1 字节中如何存放 BCD 码有两种方式，即压缩的 BCD 码和非压缩的 BCD 码。

一个 BCD 码有 4 个二进制位，所以在 1 字节中可存放两个 BCD 码，这种存储方式称为压缩 BCD 码表示法。以压缩 BCD 码表示十进制数时，1 字节表示两位十进制数。

在 1 字节中若低 4 位为 BCD 码，高 4 位全为 0，这种存放形式称为非压缩的 BCD 码形式。

（4）BCD 码的运算

BCD 码的加法运算：BCD 码的低位与高位之间是"逢十进一"，而 4 位二进制数是"逢十六进一"。因此，用二进制加法器进行 BCD 码加法运算时，若 BCD 码的各位之和在 0 ~ 9 之间，则其加法运算和二进制运算规则一致，即结果是正确的；**若 BCD 码的各位之和大于 9 或者产生进位，则此位需要"加 6 修正"**。

BCD 码的减法运算：BCD 码的低位向高位借位是"借一当十"，而 4 位二进制数是"借一当十六"。因此，进行 BCD 码减法运算时，若某位有借位时，则此位需要"减 6 修正"。

【注意】　多位 BCD 码运算时，每一位均需要按上述方法修正。

【例 1-6】　设有两个 BCD 码，$X = 0101\ 0010(52D)$，$Y = 0111\ 1001(79D)$，求 $X + Y = ?$

解：

	高位			低位	
	进位			向高位进位	
	↓　$X=0101$			↓　0010	
	+)　$Y=0111$			1001	
中间结果	0	1100	0	1011	（虽无进位，结果均大于9）
修正	+)	0110		0110	
	1	0011	[1]	0001	结果=131D

2. 字符的编码

目前，在计算机系统中普遍采用的字符编码系统是制定于 1963 年的美国标准信息交换码，简称 ASCII 码（American Standard Coded for Information Interchange，ASCII）。

ASCII 码是用 7 位二进制数编码来表示 128 个字符和符号，一个 ASCII 码存放在一个字节的低 7 位，字节的最高位为 0。ASCII 码见表 1-4。

ASCII 码表中：96 个是图形字符，它们可以在字符印刷或显示设备上打印出来或显示出来，包括 10 个数字符号 0 ~ 9（ASCII 码是 30H ~ 39H）、26 个英文大写字母 A ~ Z（ASCII 码是 41H ~ 5AH）、26 个英文小写字母 a ~ z（ASCII 码是 61H ~ 7AH）、其他字符 34 个；另外 32 个是控制字符，包括传输字符、格式控制字符、设备控制字符、信息分隔符和其他控制字符。这类符号不打印、不显示，在信息交换中起控制作用。

在通信中常在 7 位 ASCII 码的最高位之前加上 1 位作奇偶校验位，以确定数据传输是否正确。奇偶校验有奇校验和偶校验。偶校验的含义是，包括校验位在内的所有为 1 的位数之和为偶数。例如，字母 A 的 ASCII 码 1000001B 的偶校验码是 01000001B；同理，奇校验的含义是包括校验位在内的所有为 1 的位数之和为奇数。

表 1-4　ASCII 编码表

b6b5b4 b3b2b1b0	000	001	010	011	100	101	110	111
0000	MUL	DLE	SP	0	@	P	`	p
0001	SOH	DC1	!	1	A	Q	a	q
0010	STX	DC2	"	2	B	R	B	r
0011	ETX	DC3	#	3	C	S	c	S
0100	EOT	DC4	$	4	D	T	d	t
0101	ENQ	NAK	%	5	E	U	e	u
0110	ACK	SYN	&	6	F	V	f	v
0111	BEL	ETB	'	7	G	W	g	w
1000	BS	CAN	(	8	H	X	h	x
1001	HT	EM	)	9	I	Y	I	y
1010	LF	SUB	*	:	J	Z	J	z
1011	VT	ESC	+	;	K	[	K	{
1100	FF	FS	−	<	L	\	L		
1101	CR	GS	,	=	M	]	M	}
1110	SO	RS	.	>	N	^	N	~
1111	SI	US	/	?	O	_	o	DEL

1.3　计算机中数的表示与运算

计算机中的数按数的性质分为：整数（无符号整数、有符号整数）和小数（定点数、浮点数）；按有无符号分为：有符号数（正数、负数）和无符号数。本节主要介绍二进制有符号数的表示、运算和无符号数的运算。

1.3.1　机器数及其表示方法

1. 无符号数的表示

（1）无符号数的表示形式

用来表示数的符号的数位称为符号位。无符号数没有符号位，数的所有数位 $D_{n-1} \sim D_0$ 均为数值位。其表示形式为

D_{n-1}	D_{n-2}						D_0

（2）无符号二进制数的表示范围

一个 n 位的无符号二进制数 X，它可以表示的数的范围为 $0 \leqslant X \leqslant 2^n - 1$。 若结果超出了数的可表示范围，则会产生溢出，出错。

2. 有符号数的表示

有符号数由符号位和数值位两部分组成，如图 1-4 所示。数学中的正、负用符号" + "、" – "来表示，**在计算机中规定：用"0"表示" + "、用"1"表示" – "。** 这样数的符号位在计算机中已经数码化了。符号位被数码化了的数就称为**机器数**，把原来的数称为机器数的**真值**。例如，1字节的数 00000111、10000011 就是机器数，而 + 0000111、– 0000011 就是机器数的真值。

计算机中的有符号数或者说机器数有 3 种表示形式，即原码、反码和补码。目前计算机中的数是采用补码表示的，下面以 1 字节为例进行介绍。

D_{n-1}	D_{n-2}				D_0
符号位	数	值	…	部	分

图 1-4　有符号数的表示形式

（1）原码

对于一个二进制数 X，若最高数位用"0"表示" + "、用"1"表示" – "其余各数位表示数值本身，则称为**原码表示法**，记为 $[X]_原$。

【例 1-7】　设 $X = + 1001010B$，求 $[X]_原$。

解： 依据定义有，$[X]_原 = 01001010B$

n 位二进制数 X，真值 $X = \pm X_{n-2}X_{n-3}\cdots X_1X_0$，其原码的一般定义式为

$$[X]_原 = \begin{cases} X \\ 2^{n-1} - X = 2^{n-1} + |X| \end{cases} \tag{1-1}$$

原码表示数的范围：$-(2^{n-1} - 1) \sim +(2^{n-1} - 1)$。

【注意】　在原码表示法中真值 0 有两种表示形式，即 $[+0]_原 = 00000000B$、$[-0]_原 = 10000000B$。

原码的表示形式优点是表示直观、易于记忆，与其真值间的转换方便；缺点是进行运算时比较麻烦，不仅要考虑做加法还是减法，而且要考虑数的符号和绝对值大小。

（2）反码

正数的反码表示与其原码相同，负数的反码是其原码的符号位不变、数值部分各位取反（即用"0"取代"1"，用"1"取代"0"），记为$[X]_反$。

【例 1-8】　$X_1 = +4 = 00000100B$；$[X_1]_反 = 00000100B$。

解：$X_2 = -4 = 10000100B$；$[X_2]_反 = 11111011B$

n 位二进制数 X，真值 $X = \pm X_{n-2}X_{n-3}\cdots X_1X_0$，其反码的一般定义式为

$$[X]_反 = \begin{cases} X \\ 2^n - 1 + X \end{cases} \tag{1-2}$$

反码表示数的范围：$-(2^{n-1}-1) \sim +(2^{n-1}-1)$。

用原码和反码表示有符号数时，数 0 的表示均不唯一，因此计算机中不使用这两种表示法。

（3）补码

1）补码的定义。为了易于理解补码的概念，首先引入模或者模数（Module）的概念，把一个计量器的容量，称为模或者模数，记为 M 或者 mod M。

例如，一个 n 位的二进制计数器（或者存储单元或寄存器），它的容量为 2^n，即它的模为 2^n（可以表示 2^n 个不同的数）。逢 2^n 进 1（2^n 自动丢掉），它能表示的无符号数的最大值为 $2^n - 1$，也就是说，从 0 计数到 $2^n - 1$，再加 1，计数器就变成了 0，即在字长为 n 的计算机中，数 2^n 和 0 的表示形式一样。时钟可表示 12 个钟点，其模为 12，0 点和 12 点在钟面上的表示形式是相同的。

若 n 位字长机器中的数 X 以补码表示，则数的补码以 2^n 为模，即

$$[X]_补 = 2^n + X \quad (\text{mod } 2^n) \tag{1-3}$$

式（1-3）的含义为：若 X 为正数，则 $[X]_补 = X$；若 X 为负数，则 $[X]_补 = 2^n + X = 2^n - |X|$，即负数的补码等于模 2^n 加上其真值或者减去其真值的绝对值。

【注意】　数 0 的补码是唯一的：以 8 位为例 $[+0]_补 = [-0]_补 = 00000000$；10000000 定义为 $[-128]_补$。

补码表示数的范围：$-2^{n-1} \sim +(2^{n-1}-1)$。

2）求补码的方法。根据上面的介绍可知，正数的补码等于原码。下面主要介绍负数求补码的方法。

● 根据真值求补码，即由定义求补码，负数的补码等于模 2^n 加上其真值或者减去其真值的绝对值。

【例 1-9】　已知 $X = -0110100$，求 $[X]_补$。

解：$[X]_补 = 2^8 - 0110100 = 11001100$

● 根据原码求补码。

由式（1-2）和式（1-3）可得：$[X]_补 = [X]_反 + 1$，而 $[X]_反$ 是其原码的符号位不变、数值部分各位取反。因此，$[X]_补$ 是其原码的符号位不变、数值部分各位取反之后再加 1。

【例 1-10】　已知 $[X]_原 = 10110100$，求 $[X]_补$。

解：$[X]_反 = 11001011$　　$[X]_补 = [X]_反 + 1 = 11001100$

【注意】　总结从原码求补码的规律为：从原码的最低位开始到第 1 个为 1 的位之间（包括此位）的各位不变，此后各位取反，符号位保持不变。

3）补码数与十进制数之间的转换。要把一个补码表示的数转换为十进制数，须先求出它的真值，然后再进行转换。具体方法是：当以补码表示的二进制数的符号位为"0"时，除符号位之外的其余位就是此数的二进制真值；若符号位为"1"时，将除符号位以外的其他位按位取反，再在最低位加 1，所得的结果即是该数的真值。

【例 1-11】 已知 $[X]_{\text{补}} = 11001110$，求 X 的真值。

解： 因为补码的符号位是 1，可知 X 的真值是一个负数。依照上面的方法，X 的真值为

$$X = 10110001 + 1 = 10110010 = (-50)_{10}$$

（4）定点数与浮点数

在解决实际问题中，数据除了有正、负，还带有小数，因此在计算机中就要处理带小数的数据。在计算机的存储单元中，小数点在什么地方？根据小数点位置是否固定，数据的格式分为定点数和浮点数两种表示。

1）定点数表示法。小数点在计算机中实际是不存在的，所谓定点数是将小数点的位置人为约定在固定的位置上，通常把小数点的位置约定在数的最高有效位（Most Significant Bit，MSB）的左边或者最低有效位（Least Significant Bit，LSB）的右边，如图 1-5 所示。即把所有的数表示为纯小数或者纯整数。数值部分为 n 位二进制数的纯小数表示数的范围为：$2^{-n} \leqslant |N| \leqslant 1 - 2^{-n}$；数值部分为 n 位二进制数的纯整数表示数的范围为：$1 \leqslant |N| \leqslant 2^n - 1$。

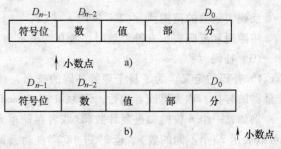

图 1-5　定点数的表示

2）浮点数表示法。若数既有整数部分又有小数部分，且小数点的位置变化，不能用定点数格式直接表示。例如，$N = 110.011\text{B} = 1.10011\text{B} \times 2^{+2} = 11001.1\text{B} \times 2^{-2} = 0.110011\text{B} \times 2^{+3}$。在计算机中引入科学计数的方式来表示实数，也就是浮点数表示法，即小数点的位置可以左右移动。

一个浮点数的表示由阶码和尾数两部分组成，尾数是纯小数，其格式如图 1-6 所示。以二进制数为例 $N = \pm S \times 2^{\pm j}$，$S$ 称为 N 的尾数，表示 N 的全部有效数字，决定 N 的精度；j 称为数 N 的阶码、为整数，指明小数点的位置，决定数 N 的大小范围。

图 1-6　浮点数的表示

1.3.2　数的运算

1. 无符号数的运算

无符号数的运算主要是无符号数的加、减、乘、除运算与溢出。

（1）二进制数的加减运算

二进制加法运算，每一位遵循如下法则：

$0 + 0 = 0$，$0 + 1 = 1$，$1 + 0 = 1$，$1 + 1 = 0$（向高位有进位），逢二进一。微型计算机中两个二进制数相加的和向更高位有进位时，进位标记为 1。

二进制减法运算，每一位遵循如下法则：

$0 - 0 = 0$，$1 - 1 = 0$，$1 - 0 = 1$，$0 - 1 = 1$（向高位有借位），借一为二。微型计算机中两个二进制数相减的结果向更高位有借位时，借位标记为 1。

（2）二进制数乘法运算

二进制乘法运算，每一位遵循如下法则：

$0 \times 0 = 0$，$1 \times 1 = 1$，$1 \times 0 = 0$，$0 \times 1 = 0$。特点是：当且仅当两个 1 相乘时结果为 1，否则为 0。二进制数乘法运算过程是若乘数位为 1，则将被乘数加于中间结果上；若乘数位为 0，则加 0 于中间结果上。

【注意】　每次相加时，中间结果的最后一位与相应的乘数位对齐。

【例 1-12】　乘数为 1101B，被乘数 0101B，求乘积的值。

解法一：按照十进制数的乘法过程有

$$
\begin{array}{r}
0101 \quad \text{被乘数} \\
\times \ 1101 \quad \text{乘数} \\
\hline
0101 \quad \text{部分积} \\
0000 \\
0101 \\
0101 \\
\hline
1000001B \quad \text{乘积}
\end{array}
$$

解法二：采用移位加的方法，则有

	乘数	被乘数	部分积
	1101	0101	0000
① 乘数为 1，加被乘数到部分积上、被乘数左移 1 位		01010	0101
② 乘数为 0，不加被乘数到部分积上、被乘数左移 1 位		010100	0101
③ 乘数为 1，加移位后的被乘数到部分积上、被乘数左移 1 位		0101000	011001
④ 乘数为 1，加移位后的被乘数到部分积上			1000001B

两种方法运算的结果是相同的，本质上两者也是相同的。从形式上看，后者将乘法变换成了左移位和加法，这种变换的思想很重要，它使得乘法在计算机中由移位和加法来实现，运算非常方便。在计算机中每左移 1 位，相当于乘以 2，左移 n 位则相当于乘以 2^n。

（3）二进制数除法运算

【例 1-13】　除数为 101，被除数为 011010，求商的值。

解：

$$
\begin{array}{r}
101 \quad \text{商} \\
\text{除数 } 101 \ \overline{)011010} \quad \text{被除数} \\
-) \quad 101 \\
\hline
00110 \quad \text{部分余数} \\
-) \quad 101 \\
\hline
001 \quad \text{余数}
\end{array}
$$

二进制数除法商的过程和十进制数有些类似，首先将除数和被除数的高 n 位进行比较，若除数小于被除数，则商为 1，然后从被除数中减去除数，得到部分余数；否则商为 0。将除数和新的部分余数进行比较，直至被除数所有的位数都处理为止，最后得到商和余数。

类似的二进制数的除法运算，可以转化为减法和右移位运算，这里不再展开。在计算机中每右移 1 位，相当于除以 2，右移 n 位则相当于除以 2^n。

（4）无符号二进制数的溢出判断

两个无符号二进制数加法（或减法）时，若最高有效位产生进位（或借位），则产生溢出。也就是结果超出了数的可表示范围。

2. 有符号数的运算

有符号数的运算主要是补码的运算。在计算机中，可以将二进制数的乘法运算转化为加法和左移运算，相应的除法运算可以转化为减法和右移运算，加、减、乘、除运算最终可归结为加法、减法和移位 3 种操作来完成。通常计算机中只设置加法器，这就需要将减法运算转化为加法运算，计算机中的运算最终归结为加法和移位操作。有了补码的概念和运算，就可将减法运算转化为加法运算。

两个 n 位二进制数补码的运算

（1）加法和减法运算

$$[X+Y]_{补} = 2^n + X + Y = 2^n + 2^n + X + Y = [X]_{补} + [Y]_{补}$$
$$[X-Y]_{补} = 2^n + X - Y = 2^n + 2^n + X - Y = [X]_{补} + [-Y]_{补}$$

这里，$[-Y]_{补}$ 称为对补码数 $[Y]_{补}$ 变补。变补的规则是对 $[Y]_{补}$ 的每一位取反（包括符号位）之后再加 1，结果就是 $[-Y]_{补}$。

【例 1-14】　已知 $X = +64$，$Y = +50$，求 $[X-Y]_{补}$ 的值。

解：先求 $[X]_{补}$ 和 $[-Y]_{补}$

$$X = +64 = 01000000B \qquad [X]_{补} = 01000000B$$
$$-Y = -50 = 10110010B \qquad [-Y]_{补} = 11001110B$$

$$[X]_{补} + [-Y]_{补} = \begin{array}{r} 01000000 \\ +\ 11001110 \\ \hline [1]00001110B \end{array}$$

从最高位向前的进位自然丢失，结果为 $[X-Y]_{补} = 00001110B = +14$，$64 - 50 = 14$，即是说减法运算的结果和用补码作加法运算的结果一致。

【例 1-15】　已知 $X = +50$，$Y = +64$，求 $[X-Y]_{补}$ 的值。

解：先求 $[X]_{补}$ 和 $[-Y]_{补}$

$$X = +50 = 00110010B \qquad [X]_{补} = 00110010B$$
$$-Y = -64 = 11000000B \qquad [-Y]_{补} = 11000000B$$

$$[X]_{补} + [-Y]_{补} = \begin{array}{r} 00110010 \\ +\ 11000000 \\ \hline 11110010B \end{array}$$

$[X-Y]_{补} = 11110010B = -14$，$50 - 64 = -14$，同样说明减法运算的结果和用补码作加法运算的结果一致。

（2）乘法和除法运算

乘法运算包括符号运算和数值运算。两个同符号数相乘之积为正，两个异符号数相乘之积为负；数值运算是对两个数的绝对值相乘，它们可以被视为无符号数的乘法，无符号数的乘法运算在前面章节中已经作了介绍。

除法运算也包括符号运算和数值运算。两个同符号数相除商为正，两个异符号数相除商为负；数值运算是对两个数的绝对值相除，它们可以被视为无符号数的除法。

【注意】　在计算机中凡是有符号数一律用补码表示且符号位参与运算，其运算结果也是用补码表示。若结果的符号位为 0，则表示结果为正数，此时可以认为就是它的原码形式；若结果的符号位为 1，则表示结果为负数，它是以补码形式表示的。若要用原码来表示该结果，还需要对结果求补（除符号位外取反加 1，$[[X]_{补}]_{补} = [X]_{原}$）。

（3）有符号数运算的溢出判断

两个有符号数（n 位）的加减运算，若运算结果超出了相应数的表示范围（$n-1$ 位所能表示数的范围），则产生溢出，即计算结果出错。判断的方法是：若运算结果的最高位和次高位同时产生进（借）位，或者均没有产生进（借）位，则结果无溢出；否则，结果产生溢出。或者说运算结果的最高位进（借）位标记为 C_i，运算结果的次高位进（借）位标记为 C_{i-1}，若 $C_i \oplus C_{i-1} = 1$，则产生溢出；否则无溢出。

要处理的数大于 $n-1$ 位所能表示数的范围时，应采用多字节运算，通常，最高 1 字节带有符号位，其他字节为不带符号的低位数。

【延伸与拓展】

1. IA-32（Intel Architecture，英特尔体系架构）CPU

1981 年 IBM 公司推出了 IBM-PC（个人计算机），计算机的发展进入了微型计算机时代。就其 CPU 来说，由 Intel 公司生产的芯片经历了 8088、8086、80186、80286、80386、80486 到 Pentium（80586，中文称奔腾）；Pentium 也经历了 Pentium、Pentium MMX（Multi Media Extended，在 Pentium 中加入多媒体扩展功能，增加 57 条新指令、8 个 64 位宽的 MMX 寄存器）、Pentium Pro（80686，也称高能奔腾）以及把 MMX 技术和 Pentium Pro 结合在一起的 Pentium Ⅱ、Pentium Ⅲ 和 Pentium 4 等。这些 CPU 形成了一个系列（x86 系列），它们向下兼容。在 8086（8088）CPU 上开发的程序，完全可以在 Pentium 4 上运行。因此，Intel 公司把它们称为 IA（Intel Architecture）-32 结构微处理器。有关 IA-32 微处理器的详细介绍可参阅相关参考文献。

2. 原码、反码、补码的理解

1）通过前述内容的介绍，原码就是机器数。

2）补码和反码的理解：

设 n 位长度的数，最高位为符号位，当 $X = + x_{n-1}x_{n-2}\cdots x_2x_1 = 0x_{n-1}x_{n-2}\cdots x_2x_1$ 时

$[X]_{补} = 2^n + X = 2^n + x_{n-1}x_{n-2}\cdots x_2x_1 = 0x_{n-1}x_{n-2}\cdots x_2x_1$，正数的补码与原码相同。

当 $X = - x_{n-1}x_{n-2}\cdots x_2x_1 = 1x_{n-1}x_{n-2}\cdots x_2x_1$ 时

$$[X]_{补} = 2^n + X = 2^n - x_{n-1}x_{n-2}\cdots x_2x_1$$
$$= 2^{n-1} + 2^{n-1} - x_{n-1}x_{n-2}\cdots x_2x_1$$
$$= 2^{n-1} + 2^{n-1} - 1 + 1 - x_{n-1}x_{n-2}\cdots x_2x_1$$
$$= 2^{n-1} + 2^{n-1} - 1 - x_{n-1}x_{n-2}\cdots x_2x_1 + 1 \quad (2^{n-1}-1 \text{ 就是 } n-1 \text{ 位个 } 1)$$
$$= 2^{n-1} + \overline{x_{n-1}}\ \overline{x_{n-2}}\cdots \overline{x_2}\ \overline{x_1} + 1 \quad (2^{n-1} - 1 - x_{n-1}x_{n-2}\cdots x_2x_1 = \overline{x_{n-1}}\ \overline{x_{n-2}}\cdots \overline{x_2}\ \overline{x_1})$$

用语言叙述该表达式的含义就是：负数的补码就是该数机器数（即原码）的符号位不变，其余各位取反，然后再加 1。

设 $X = - x_{n-1}x_{n-2}\cdots x_2x_1 = 1x_{n-1}x_{n-2}\cdots x_2x_1$ 时

$$[X]_{反} = 2^n - 1 + X = 2^{n-1} + 2^{n-1} - 1 - x_{n-1}x_{n-2}\cdots x_2x_1 \quad (2^{n-1} - 1 - x_{n-1}x_{n-2}\cdots x_2x_1 = \overline{x_{n-1}}\ \overline{x_{n-2}}\cdots \overline{x_2}\ \overline{x_1})$$
$$= 2^{n-1} + \overline{x_{n-1}}\ \overline{x_{n-2}}\cdots \overline{x_2}\ \overline{x_1}$$

用语言叙述该表达式的含义就是：负数的反码就是该数机器数（即原码）的符号位不变，其余各位取反，即为负数反码的定义。

3. 十进制数转换为其他进制数时高低位顺序的确定

只要真正理解了数的权位展开式，十进制数转换为其他进制数时高低位顺序问题就很容易理解和确定。对整数部分 $(S)_k = (S_{n-1}S_{n-2}\cdots S_0)_k = S_{n-1} \times K^{n-1} + S_{n-2} \times K^{n-2} + \cdots + S_0 \times K^0 = \sum_{i=0}^{n-1} S_i \times K^i$，方法是连续的除以基数 K，取余数。上面的整数表达式第一次除以 K，显然，商是 $S_{n-1} \times K^{n-2} + S_{n-2} \times K^{n-3} + \cdots + S_1$，而余数是 S_0，因为除了 S_0 项以外，其余各项都是 K 的倍数。依此类推，余数依次为 S_1，S_2，$\cdots$，S_{n-1}。显然转换后，它们的排列顺序就是从低位到高位（从右到左）。

同理，对于小数部分，方法是连续的乘以基数 K，取整数。首先得到的是 S_{-1}，随后依次得到 $S_{-2}\cdots S_{-m}$。显然转换后它们的排列顺序就是从高位到低位（从左到右）。

4. 32 位单片机简介

32 位单片机内部的 CPU 是 32 位的，它一次能执行 32 位二进制数的运算，具有很强的数据处理能力。这里仅介绍 Motorola 公司和 Hitachi 公司的 32 位单片机。

（1）Motorola 公司的 32 位单片机

M68300 系列单片机是 Motorola 公司生产的 32 位单片机，主要型号有 M68331、M68332、PC68F333、PC68F334。它们与 M68HC16 系列单片机兼容（是 Motorola 公司为嵌入式应用而设计的 16 位单片机，16 位 CPU 和 16 位指令系统、3 个 16 位变址寄存器、2 个 16 位累加器）。主要性能：CPU 是 32 位的，8 个 32 位通用寄存器；7 个 32 位通用地址寄存器；能设置成低功耗 STOP 模式。

（2）Hitachi 公司的 32 位单片机

Super H（简称 SH）系列单片机是 Hitachi 公司生产的 32 位单片机。主要有

1）基本型（SH-1）：SH7034、SH7032、SH70221 和 SH7020。

2）改进型（SH-2）：SH7604 采用 Cache 结构，片内无 ROM、RAM。

3）低功耗型（SH-3）：SH7702、SH7708 和 SH7709。

主要特点：片内有一个 32 位的精简指令系统（Reduced Instruction Set Computer，RISC）CPU，片内有 4 路 8KB Cache 和存储器管理单元（MMU），运算速度 100MIPS（60MHz 时钟）；允许在 2.25V 电源电压下运行；片内的专用模块有多功能定时器（3 通道 32 位定时器，1 个监视定时器 WDT）、2 通道 DMAC、串行通信接口、中断控制器（片内中断 14 个和片外中断 17 个）、片内时钟发生器、锁相环电路总线控制器和 I/O 接口。

4）增强型（SH-4）：在研发中。

本 章 小 结

本章是学习微型计算机原理与应用的基础。本章首先介绍了一般微型计算机的概念、组成、各部分的作用与工作原理。然后介绍了微型计算机的一个分支——单片机的产生、特点、应用与发展趋势，特别是对 51 系列单片机的内涵进行了说明。接着介绍了进位计数制及其转换和编码，其中理解权位展开表达式是非常重要的，它是进位计数制及其转换的核心。最后介绍了机器数的表示与运算。结合延伸和拓展中的内容理解补码的意义和运算。主要知识点总结如下：

1）微型计算机由微处理器、内存储器、用于传送信息的总线和连接外部设备的基本输入/输出接口等组成，即通常所说的主机。这些部分组装在一块印制电路板上，就是微型计算机的主板。

2）主机及其外围设备构成了微型计算机的硬件系统，再配置管理微型计算机的软件系统组成了微型计算机系统。微型计算机系统采用总线结构。按功能可将总线分为地址总线、数据总线和控制总线。

3）存储程序工作原理是计算机自动工作的基础。

4）在一块半导体芯片上集成了中央处理器、一定容量的存储器（ROM 和 RAM）、输入/输出（I/O）接口、定时器/计数器和中断系统等微型计算机的基本部件，所构成的一个完整的微型计算机，就称为单片微型计算机（Single Chip Microcomputer，SCM），简称单片机。

5）80C51 是 MCS-51 系列单片机中采用 CHMOS 工艺的一个典型品种。MCS-51 系列单片机结构和功能按照工业控制要求设计，应用非常广泛。

6）51 系列单片机中的增强型的功能具体表现在：片内 ROM 从 4KB 增加到 8KB；片内 RAM 由 128B 增加到 256B；定时器/计数器由 2 个增加到 3 个；中断源由 5 个增加到 6 个；增加了"看

门狗"电路；特别是 ATMEL 公司的
89 型单片机具有"在系统可编程"功
能。

7）常用的二进制数、十进制数
和十六进制数之间的转换方法总结如
图 1-7 所示。

8）符号位被数码化了的数就称
为**机器数**，把原来的数称为机器数的
真值。

9）有符号数或者机器数在计算
机中的表示有三种形式：原码、反码
和补码。计算机中凡是有符号数一律
用补码表示且符号位参与运算，其运

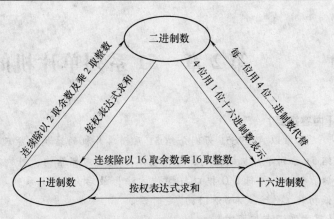

图 1-7　常用的二进制数、十进制数和十六进制数之间
的转换方法

算结果也是用补码表示的。原码：最高位为符号位，其余位为数值位。最高位为 0 表示正数，为
1 表示负数；反码：正数的反码与原码相同。负数的反码中，符号位与原码的符号位相同，数值
位是将原码的数值位按位依次取反；补码：正数的补码与原码相同，负数的补码是其反码加 1。

思考题与习题

1-1　微处理器、微型计算机、微型计算机系统和单片机有什么不同？

1-2　51 系列单片机的含义是什么？为什么单片机又称为嵌入式微控制器？

1-3　什么是程序存储工作原理？

1-4　51 系列单片机的基本型和增强型的变化体现在哪几个方面？详细说明。

1-5　十进制数 112.375 的二进制数是_____，十六进制数是_____。

1-6　1 字节的数用十六进制数表示为_____，其最大值的十进制数是_____。

1-7　符号数 10000000 的原码、反码和补码的十进制数是何值？

1-8　1 位十六进制数的 ASCII 码是_____，与相应的十进制数的差值是_____。

参 考 文 献

[1]　冯博琴. 微型计算机硬件技术基础[M]. 北京：高等教育出版社，2003.

[2]　周明德. 微机原理与接口技术[M]. 2 版. 北京：人民邮电出版社，2007.

[3]　高峰. 单片微型计算机原理与接口技术[M]. 2 版. 北京：科学出版社，2007.

[4]　张友德，等. 单片微型机原理、应用与实验[M]. 5 版. 上海：复旦大学出版社，2006.

[5]　杨居义. 单片机原理与工程应用[M]. 北京：清华大学出版社，2009.

[6]　李金鹏，等. 单片机原理与接口技术——习题与解析[M]. 北京：科学出版社，2008.

第 2 章　51 系列单片机的结构及原理

【内容提要】

　　本章以 AT89S51 为例介绍 51 系列单片机的结构及原理。从单片机的组成结构入手，首先介绍 51 系列单片机的结构，包括基本组成、内部结构、引脚及功能；其次介绍 51 系列单片机的存储器组织、并行 I/O 接口与操作方法；最后介绍 51 系列单片机的时钟电路、时序、复位电路、低功耗工作方式和"看门狗"定时器。

【基本知识点与要求】

　　(1) 理解 51 系列单片机的内部结构、基本组成、访问存储器的时序、低功耗工作方式、"看门狗"定时器。

　　(2) 熟练掌握 51 系列单片机的引脚与功能。

　　(3) 熟练掌握 51 系列单片机的存储器组织与 I/O 接口的特点和操作方法。

　　(4) 熟练掌握 51 系列单片机的时钟电路、时序及其相关概念和复位电路。

【重点与难点】

　　本章重点是 51 系列单片机的内部资源、外部引脚与功能、存储器组织、时钟电路、时序和复位电路；难点是片内 RAM 及高 128B 数据存储单元与特殊功能寄存器(SFR)区域的区别与使用方法，访问片外 ROM/RAM 的指令时序。

2.1　51 系列单片机的结构

　　51 系列单片机中的 80C51 已经成为工业标准，与其兼容的 AT89C51 率先将 Flash 技术引入其中，具有"在系统可编程(In System Programming，ISP)"功能，程序的烧写非常方便，AT89S51 是 AT89C51 的改进型，是实际应用中的首选。因此，本书内容以美国 ATMEL 公司生产的 AT89S51 为例，介绍 51 系列单片机的结构。

2.1.1　51 系列单片机的基本组成

　　51 系列单片机的组成包含了 80C51 的基本功能模块，这些模块(对用户来说就是资源)集成在一块芯片上，包括以下几部分(如图 2-1 所示框内的部分，框外部分为增强型的 51 系列单片机增加的部分)。

　　1) 1 个 8 位的 CPU。

　　2) 4KB 程序存储器(ROM/EPROM/Flash)，可外扩展到 64KB(AT89S51 为三级加密的 4KB 可在系统编程序的 Flash，AT89S52 为 8KB)。

　　3) 128B 的片内 RAM，可外扩展到 64KB (AT89S51 为 128B 的片内 RAM，AT89S52 为 256B 的 RAM)。

　　4) 32 根可编程输入/输出端口线。

　　5) 2 个 16 位定时器/计数器 T0 和 T1(AT89S52 增加了 1 个 16 位定时器 T2)。

　　6) 1 个可编程的全双工异步串行 I/O 接口(Universal Asynchronous Receive/Transmitter，UART)。

　　7) 时钟电路：振荡电路和时序电路(OSC)。

8）中断系统。5 个中断源（AT89S52 为 6 个），2 级优先级嵌套。

在此基础上，AT89S51 增加了"看门狗"定时器（Watch Dog Timer，WDT）。

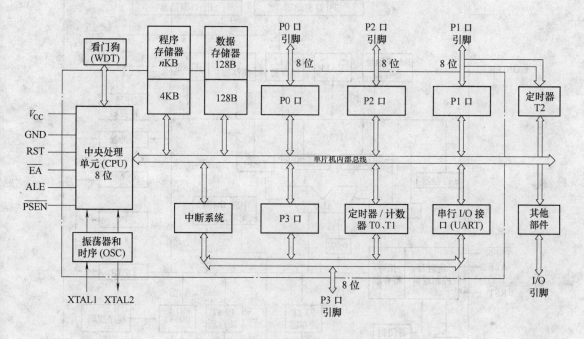

图 2-1　51 系列单片机的结构框图

2.1.2　51 系列单片机的内部结构

51 系列单片机 AT89S51 的内部结构如图 2-2 所示。它由 CPU、存储器、I/O 接口电路、定时器／计数器、中断系统、串行通信接口等组成。

1. 中央处理单元

51 系列单片机的 CPU 是单片机的控制指挥中心。它由运算器和控制器组成。

（1）运算器

运算器以算术/逻辑运算单元（Arithmetic and Logical Unit，ALU）为核心，由暂存器 1、暂存器 2、累加器（Accumulator，ACC 或 A）、B 寄存器和程序状态字（Program Status Word，PSW）寄存器组成，主要完成算术运算（如加、减、乘、除、增量、减量、十进制数调整等）、逻辑运算（如与、或、异或等）、位运算（如位置"1"、清"0"和取反等）和数据传送等操作，运算结果的状态由 PSW 寄存器保存。

（2）控制器

控制器由程序计数器（Program Counter，PC）、PC 加 1 寄存器、指令寄存器（IR）、指令译码器（ID）、数据指针（Data Pointer，DPTR）、堆栈指针（Stack Pointer，SP）、缓冲器和定时控制电路等组成，主要完成指挥控制工作，协调单片机各部分正常工作。

2. 片内存储器

51 系列单片机的内部存储器与一般微型计算机存储器的配置不同。一般微型计算机的程序存储器和数据存储器被安排在同一地址空间的不同范围，通常称为普林斯顿结构（统一编址）。而 51 系列单片机的存储器空间被设计成程序存储器和数据存储器两个独立的地址空间，通常称这种形式为哈佛结构（分别独立编址）。对 AT89S51 而言，有 128B 的片内 RAM，可外扩展到 64KB，有三级加密的 4KB 可在系统编程的 Flash ROM，程序存储器可外扩展到 64KB。

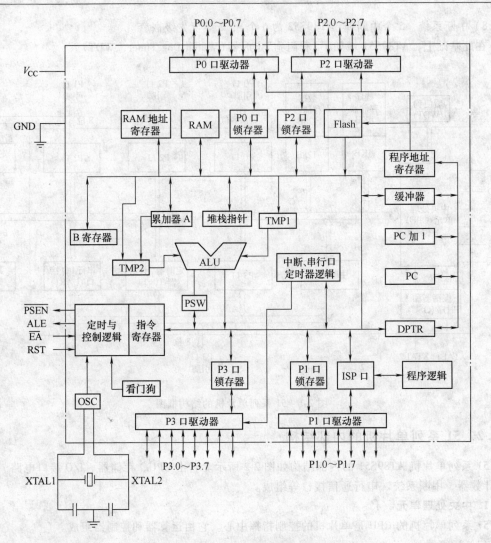

图 2-2　AT89S51 单片机的内部结构

3. I/O 接口与部件

51 系列单片机有 4 个 8 位并行 I/O 接口。每一个接口都有数据输出锁存器、输入缓冲器和输出驱动器。锁存器作为特殊的寄存器属于端口，具有端口地址。CPU 通过内部总线对 I/O 接口中的寄存器进行读写，I/O 接口将寄存器中的内容通过单片机的引脚输出到外部设备，输入设备通过单片机的引脚将数据输入到 I/O 接口的寄存器中。由于每一个接口只有一个端口，对单片机而言就不再区分，而是把 4 个接口和其中的锁存器都统一标记为 P0 ~ P3，简称为 P0 口、P1 口、P2 口和 P3 口。51 系列单片机还有一个可编程序全双工异步串行 I/O 接口（UART）。另外，还有定时器/计数器、中断系统。

2.1.3　51 系列单片机的引脚及功能

51 系列单片机的各种型号是相互兼容的，多数 I/O 引脚是复用的，称为多功能引脚，不同的应用场合，选取相应的功能。AT89S51 有三种封装：40 引脚的双列直插封装（Double In-line Package，DIP-40）、44 引脚的方形带引线的塑料芯片载体封装（PLCC-44，Plastic Leaded Chip Carrier，PLCC）和薄四方扁平封装（Thin Plastic Gull Wing Quad Flat Package，TQFP）。DIP-40 封装和

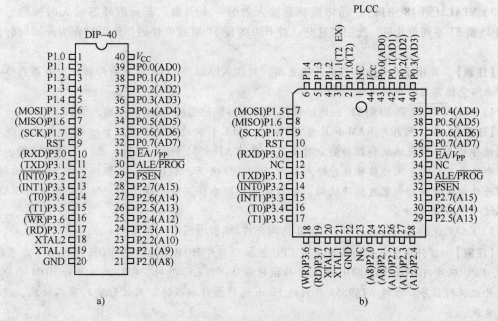

图 2-3　AT89S51 单片机的引脚图

a) 双列直插 DIP 引脚图　b) 方形 PLCC 引脚图

PLCC 封装引脚如图 2-3 所示。方形封装中有 4 个引脚是空引脚(标记 NC)。单片机示意图如图 2-4 所示。

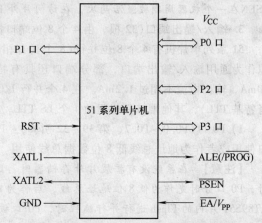

51 系列单片机的引脚可分三类：电源引脚、控制引脚、输入/输出(I/O)引脚。下面以 DIP-40 封装说明引脚功能。

1. 电源引脚(2 根)

1) V_{CC}(Volt Current Condenser, 第 40 引脚)：电源端，接 5V 电源。

2) GND(Ground, 第 20 引脚)：接地引脚，有时标记为 V_{ss}。

2. 控制引脚(6 根)

1) RST/V_{PD}(Reset, 第 9 引脚)：复位信号输入引脚/备用电源输入引脚。

图 2-4　51 系列单片机示意图

【注意】　若在 RST 引脚上持续输入至少 2 个机器周期(12 个晶体振振荡周期为 1 个机器周期)的高电平后，就可使单片机完成复位操作(复位就是使时序系统处于确定的初始状态的操作，使 CPU 从程序存储器的 0000H 单元开始执行程序)，说明 51 系列单片机复位是高电平有效。对于 AT89S51 单片机，特殊功能寄存器(AUXR)中的复位使能位 DISRTO 为 0 时，当 WDT 溢出后，RST 引脚上输出 96 个晶体振荡周期的高电平，并使单片机复位。当 DISRTO 为 1 时，RST 引脚是输入功能。该引脚的第二功能是备用电源输入端，具有掉电保护功能。在该引脚接 5V 备用电源，在工作中若 V_{cc} 掉电，可保护片内 RAM 中的信息不丢失。

2) XTAL1(第 19 引脚)：晶体振荡器接入的一个引脚。若采用外部输入时钟信号，对 CHMOS 型 51 系列单片机，此引脚作为外部时钟的输入端；对 HMOS 型 51 系列单片机，此引脚接地。

3）XTAL2（第 18 引脚）：晶体振荡器接入的另一个引脚。若采用外部输入时钟信号，对 CHMOS 型 51 系列单片机，此引脚悬空；对 HMOS 型 51 系列单片机，此引脚作为外部时钟的输入端。

【注意】 若外接石英晶体构成晶振电路，则在 XTAL1 和 XTAL2 引脚外接一个石英晶体振荡器或者陶瓷振荡器和微调电容即可。

4）ALE/$\overline{PROG}$（第 30 引脚）：地址锁存允许信号输出引脚/编程脉冲输入引脚。

【注意】 在访问片外 RAM 和片外 ROM 时，ALE 引脚的输出脉冲用于把 P0 口输出的低 8 位地址锁存起来，实现地址和数据的分时复用。在对 AT89S51 的片内 Flash 进行并行编程时，使用该引脚的第二功能，用作编程脉冲输入引脚。一般情况下，ALE 是以晶振频率的 1/6 输出脉冲，可作为外部时钟或外部定时脉冲使用，也可用于判断系统工作是否正常，但在访问片外 RAM 时将跳过一个 ALE 脉冲。

5）$\overline{EA}$/V_{PP}（第 31 引脚）：片外 ROM 访问允许/编程电压输入引脚。

【注意】 该引脚上电平的高低决定 CPU 先执行片外 ROM 还是片内 ROM 中的程序。当 $\overline{EA}$ = 1 时，CPU 从片内 ROM 的 0000H 单元开始执行程序；当 $\overline{EA}$ = 0 时，CPU 只从片外 ROM 的 0000H 单元开始执行程序。在对 AT89S51 片内的 Flash 进行并行编程时，用该引脚的第二功能，接 12V 编程电压。

6）$\overline{PSEN}$（第 29 引脚）：片外 ROM 读选通信号输出引脚。

【注意】 在读取片外 ROM 时，CPU 自动在该引脚上输出一个负脉冲，用于选通片外 ROM。$\overline{PSEN}$ 在一个机器周期被激活两次，在访问片外 RAM 时，该信号不被激活。

3. 输入/输出端口（32 根，由 4 个 8 位端口构成）

51 系列单片机有 4 个 8 位并行（8 个具有相同功能的引脚）I/O 端口 P0 ～ P3。所有端口都可以作为通用输入/输出端口，部分端口还具有特定功能。AT89S51 的 I/O 端口输入电流不超过 20mA，输出电流不超过 1.2mA。在 4 个并行 I/O 端口中，P0 口输出可驱动 8 个 LS TTL（低功耗肖特基 TTL），其他端口只能驱动 4 个 LS TTL。

1）P0 口（P0.0 ～ P0.7，第 39 ～ 32 引脚）：P0 口是漏极开路的 8 位并行端口，作双向 I/O 端口使用或者作为地址总线低 8 位数据总线使用。

【注意】 在系统没有扩展片外存储器时，则可作为通用 I/O 端口使用；当访问片外存储器时，P0 口分时先作为低 8 位地址总线，后作为双向数据总线，此时需要外接地址锁存器。在对 AT89S51 片内的 Flash 进行并行编程时，P0 口被用来接收指令字节；程序校验时，P0 口输出指令字节，此时，需要外接上拉电阻。

2）P1 口（P1.0 ～ P1.7，第 1 ～ 8 引脚）：P1 口的第一功能是作为准双向 I/O 端口使用，其功能完全由用户程序进行定义。这里称准双向是由于接口内部有拉高电路。

【注意】 P1 口的第二功能，在对 AT89S51 片内的 Flash 进行并行编程和校验时，P1 口接收地址的低 8 位；在对 AT89S51（AT89S52）片内的 Flash 进行在系统编程时，P1.5 作为串行数据输入端，P1.6 作为串行数据输出端，P1.7 作为在系统编程的串行时钟输入端。对于 AT89S52，P1.0 作为 T2 的外部计数脉冲输入，P1.1 作为外部触发脉冲输入引脚。

表 2-1 P1 口的第二功能

引　脚	第二功能符号	第二功能描述
P1.0　（1）	T2	T2 的外部计数脉冲输入
P1.1　（2）	T2EX	T2 的外部触发脉冲输入
P1.5　（6）	MOSI	在系统编程串行数据输入

（续）

引　　脚	第二功能符号	第二功能描述
P1.6　（7）	MISO	在系统编程串行数据输出
P1.7　（8）	SCK	在系统编程串行时钟输入

3）P2 口（P2.0～P2.7，第 21～28 引脚）：P2 口作为一般准双向 I/O 端口使用或者高 8 位地址总线输出引脚。

【注意】　在系统没有扩展片外存储器时，则可作为通用 I/O 端口使用；当访问片外存储器时，P2 口作为高 8 位地址总线，与 P0 口一起组成 16 位片外存储器地址总线，可访问 64KB 存储空间。在对 AT89S51 片内的 Flash 进行并行编程和校验时，P2 口接收高 8 位地址信号和一些控制信号。

4）P3 口（P3.0～P3.7，第 10～17 引脚）：P3 口一般作为准双向 I/O 端口使用或者第二功能引脚。

【注意】　P3 口可作为通用 I/O 端口使用，多数情况下，会使用其第二功能。第二功能见表 2-2。在对 AT89S51 片内的 Flash 进行并行编程和校验时，P3 口接收控制信号。

表 2-2　P3 口的第二功能

引　　脚	第二功能符号	第二功能描述
P3.0　（10）	RXD	串行通信数据接收引脚
P3.1　（11）	TXD	串行通信数据发送引脚
P3.2　（12）	$\overline{INT0}$	外部中断 0 请求信号输入引脚，低电平有效
P3.3　（13）	$\overline{INT1}$	外部中断 1 请求信号输入引脚，低电平有效
P3.4　（14）	T0	定时器/计数器 0 外部计数脉冲输入引脚
P3.5　（15）	T1	定时器/计数器 1 外部计数脉冲输入引脚
P3.6　（16）	$\overline{WR}$	外部数据存储器写选通信号，低电平有效
P3.7　（17）	$\overline{RD}$	外部数据存储器读选通信号，低电平有效

2.2　51 系列单片机的存储器组织

51 系列单片机的存储器从物理位置看，有 4 个存储器空间，即片内数据存储器（简称片内 RAM）、片内程序存储器（片内 ROM）、片外数据存储器（片外 RAM）和片外程序存储器（片外 ROM），如图 2-5 所示。

从使用的角度来看，51 系列单片机的存储器空间又可分为三部分，如图 2-6 所示。

1）片内外统一编址的 64KB 程序存储器空间，地址范围 0000H～0FFFFH。

2）64KB 的片外数据存储器空间，地址范围 0000H～0FFFFH。

3）AT89S51 的片内 RAM 128B，地址范围为 00H～7FH；AT89S52 的片内 RAM 256B，地址范围为 00H～0FFH。

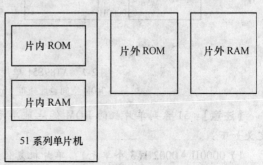

图 2-5　51 系列单片机存储器的物理位置

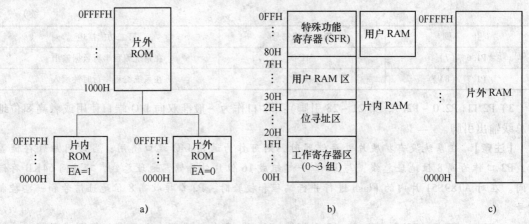

图 2-6　51 系列单片机的存储器结构
a) ROM　b) 片内 RAM　c) 片外 RAM

2.2.1　程序存储器的地址空间

51 系列单片机的 ROM 主要用来存放程序、常数或表格等，最大寻址空间 64KB。AT89S51 片内有 4KB 的 Flash ROM，80C51 片内有 4KB 的掩膜 ROM，87C51 片内有 4KB 的 EPROM（OTP），而 80C31 片内没有程序存储器。

AT89S51 的 ROM 空间地址分布如图 2-7a 所示。

当 $\overline{EA}$ = 1 时，程序计数器（PC）在 0000H ~ 0FFFH 范围内（即前 4KB 单元），则执行片内 Flash ROM 中的程序；PC 的值超过 0FFFH 时，则会自动转去执行片外 ROM 中 1000H ~ 0FFFFH 范围的程序。

当 $\overline{EA}$ = 0 时，只能寻址片外 ROM，地址从 0000H ~ 0FFFFH。

图 2-7　AT89S51 单片机程序存储器空间分布
a) ROM 空间地址分布　b) ROM 低地址中断入口单元

【注意】　51 系列单片机的 ROM 低地址单元中有 6 个特殊的单元组，如图 2-7b 所示。具体定义如下：

1) 0000H ~ 0002H（3 个单元）：单片机复位后程序开始执行的地址。

2) 0003H ~ 000AH（8 个单元）：CPU 响应了外部中断 0（$\overline{INT0}$）的中断请求后，从 0003H 单元

开始执行相应的服务程序,该服务程序也称为中断服务程序。0003H 单元就称为外部中断 0 的中断服务程序入口地址。

3) 000BH ~ 0012H(8 个单元):定时器 0(T0)的中断服务程序入口地址 000BH。

4) 0013H ~ 001AH(8 个单元):外部中断 1(INT1)的中断服务程序入口地址 0013H。

5) 001BH ~ 0022H(8 个单元):定时器 1(T1)的中断服务程序入口地址 001BH。

6) 0023H ~ 002AH(8 个单元):串行口的中断服务程序入口地址 0023H。

在应用中特别注意:第一组的 0000H 单元是单片机复位后的程序入口地址,不可能在 3 个单元中安排长程序,因此需要在其中安排一条无条件转移指令,直接转移到指定的地址执行程序。其余的 40 个单元,每 8 个单元一组作为单片机系统 5 个中断源的中断服务程序入口地址区。当响应中断后按不同的中断源、自动转到各自中断服务的首地址开始执行中断服务程序。同样,有限的 8 个单元不可能存放一个完整的中断服务程序。因此,也需要在各自中断区的首地址存放一条无条件转移指令,以便响应中断后转到实际的中断服务程序地址。

对于片内 EPROM、Flash 的编程,现在都有现成的程序代码写入工具,称为编程器或者烧写器,用户可以用这些工具将程序代码写入单片机片内的 EPROM 或者 Flash。AT89S51 还具有在系统编程功能,特别是 Flash 的串行编程方式比较方便(注意串行编程时钟信号 SCK 频率不能超过晶振频率的 1/16)。通常在 Keil C51 或者伟福 6000 环境下,进行汇编语言程序录入、调试、编译后,在下载工具的支持下将二进制代码写入单片机片内的 Flash 存储器中,就可以运行用户的单片机应用系统。

2.2.2 数据存储器的地址空间

51 系列单片机的 RAM 主要用来存放数据和运算的中间结果等。51 系列单片机的 RAM 分片内 RAM 和片外 RAM 两部分,如图 2-8 所示。AT89S51 的片内 RAM 有 128B,对应的地址范围是 00H ~ 7FH;AT89S52 的片内 RAM 有 256B,对应的地址范围是 00H ~ 0FFH。片外 RAM 最多可扩展至 64KB,地址范围为 0000H ~ 0FFFFH。

AT89S52 的片内 RAM 空间 256B,可分为两部分:低 128B RAM 区(00H ~ 7FH)与 AT89S51 的 RAM 区相同,用直接或间接地址方式访问;高 128B RAM 区(80H ~ 0FFH)与特殊功能寄存器(SFR)区的地址重叠。需用不同的访问方式来区分,访问 SFR 采用直接地址方式,访问 RAM 区(80H ~ 0FFH)采用寄存器间接地址方式。

片内 RAM 和片外 RAM 的低地址 0000H ~ 007FH 范围是重复的,但这是两个不同的物理空间,用不同的指令访问以区分它们。

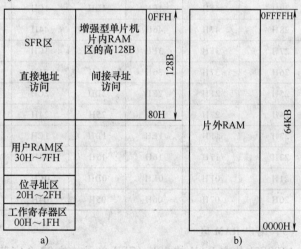

图 2-8 AT89S51 单片机 RAM 空间分布

a) 片内 RAM 和 SFR 空间分布 b) 片外 RAM 空间单元

1. 片内 RAM 的低 128B

片内 RAM 的低 128B 如图 2-8 所示的 00H ~ 7FH 单元。按其用途可分为工作寄存器区、位寻址区和用户工作区三个区域。

(1) 工作寄存器区

工作寄存器区是片内 RAM 区的 00H ~ 1FH 单元,共 32 字节,分为 4 个工作寄存器组。每组

8 个工作寄存器，分别用 R0 ~ R7 标记，各组的地址见表 2-3。由于它们的功能及使用不做预先的规定，因此也称为通用寄存器组。在任一时刻，CPU 只能使用其中的一组工作寄存器，这一组寄存器也称为当前寄存器组。究竟使用哪一组，由程序状态字（PSW）寄存器中的 RS1、RS0 位的状态组合来决定。

表 2-3　工作寄存器在片内 RAM 中的地址

工作寄存器组	R0 ~ R7 的地址	工作寄存器组	R0 ~ R7 的地址
0	00H ~ 07H	2	10H ~ 17H
1	08H ~ 0FH	3	18H ~ 1FH

（2）位寻址区

AT89S51 片内 RAM 的 20H ~ 2FH 单元，共 16 字节，既可按字节进行操作，也可以对字节中的每一位进行位操作（共 128 位），因此该区称为位寻址区。位地址为 00H ~ 7FH，见表 2-4。位寻址能力是 51 系列单片机的一个特点，在应用中，常将程序状态标志、位控制变量设置在位寻址区。

表 2-4　片内 RAM 位寻址区的位地址表

单元地址（字节地址）	位　地　址							
	高位							低位
2FH	7FH	7EH	7DH	7CH	7BH	7AH	79H	78H
2EH	77H	76H	75H	74H	73H	72H	71H	70H
2DH	6FH	6EH	6DH	6CH	6BH	6AH	69H	68H
2CH	67H	66H	65H	64H	63H	62H	61H	60H
2BH	5FH	5EH	5DH	5CH	5BH	5AH	59H	58H
2AH	57H	56H	55H	54H	53H	52H	51H	50H
29H	4FH	4EH	4DH	4CH	4BH	4AH	49H	48H
28H	47H	46H	45H	44H	43H	42H	41H	40H
27H	3FH	3EH	3DH	3CH	3BH	3AH	39H	38H
26H	37H	36H	35H	34H	33H	32H	31H	30H
25H	2FH	2EH	2DH	2CH	2BH	2AH	29H	28H
24H	27H	26H	25H	24H	23H	22H	21H	20H
23H	1FH	1EH	1DH	1CH	1BH	1AH	19H	18H
22H	17H	16H	15H	14H	13H	12H	11H	10H
21H	0FH	0EH	0DH	0CH	0BH	0AH	09H	08H
20H	07H	06H	05H	04H	03H	02H	01H	00H

（3）用户 RAM 区

AT89S51 片内 RAM 的 30H ~ 7FH 单元，共 80 个字节是用户 RAM 区。该地址范围的所有单元只能进行字节寻址，用来存储用户数据，操作指令丰富，数据处理方便灵活。在应用中通常把堆栈设置在此区域中。

2. 片内 RAM 的高 128B

AT89S51 片内 RAM 的高 128B 单元供专用寄存器使用，它们分布在单元地址为 80H ~ 0FFH 的空间中。由于这些寄存器的功能已经作了特殊规定，通常用来存储当前要执行的指令的存储地址、操作数和指令执行后的状态等信息，因此也称为特殊功能寄存器，简称为 SFR。访问 SFR 只能使用直接地址方式。

3. 片外 RAM 和 I/O 端口

51 系列单片机可以扩展 64KB 的 RAM 和 I/O 端口，片外 RAM 和 I/O 端口是统一编址的，CPU 对它们具有相同的操作。

2.2.3　特殊功能寄存器简介

不同型号单片机片内的 SFR 个数不同，AT89S51 单片机在 80C51 21 个 SFR 的基础上增加了 1 组数据指针（DP1，16 位）、2 个辅助寄存器（AUXR、AUXR1）和一个"看门狗"定时器复位寄存器（WDTRST），总计有 26 个特殊功能寄存器。其中的 11 个具有位寻址功能，它们的字节地址能够被 8 整除，即字节地址的十六进制数最低位是 0 或 8，见表 2-5 中加"＊"标记的。AT89S52 又增加了与 T2 有关的 6 个 SFR，用"＋"标记。

【注意】　SFR 离散地分布在片内 RAM 高 128B 单元中，虽然还有空余单元，但用户不可使用；访问 SFR 采用直接地址方式，直接地址既可以使用表 2-5 给出的地址，也可以使用表中给出的寄存器符号。

表 2-5　AT89S51 的 SFR 及其位地址分布表

符号	字节地址	D7			位地址				D0	寄存器名称
＊P0	80H	P0.7	P0.6	P0.5	P0.4	P0.3	P0.2	P0.1	P0.0	P0 口寄存器
		87H	86H	85H	84H	83H	82H	81H	80H	
SP	81H									堆栈指针
DP0L	82H									数据指针 0 低 8 位寄存器
DP0H	83H									数据指针 0 高 8 位寄存器
DP1L	84H									数据指针 1 低 8 位寄存器
DP1H	85H									数据指针 1 高 8 位寄存器
PCON	87H									电源及波特率控制寄存器
＊TCON	88H	TF1	TR1	TF0	TR0	IE1	IT1	IE0	IT0	定时器控制寄存器
		8FH	8EH	8DH	8CH	8BH	8AH	89H	88H	
TMOD	89H	GATE	C/$\overline{\text{T}}$	M1	M0	GATE	C/$\overline{\text{T}}$	M1	M0	定时器方式寄存器
TL0	8AH									定时器 0 低 8 位寄存器
TL1	8BH									定时器 1 低 8 位寄存器
TH0	8CH									定时器 0 高 8 位寄存器

（续）

符号	字节地址	D7			位地址				D0	寄存器名称
TH1	8DH									定时器 1 高 8 位寄存器
* P1	90H	P1.7	P1.6	P1.5	P1.4	P1.3	P1.2	P1.1	P1.0	P1 口寄存器
		97H	96H	95H	94H	93H	92H	91H	90H	
AUXR	8EH									辅助寄存器
* SCON	98H	SM0	SM1	SM2	REN	TB8	RB8	TI	RI	串行口 控制寄存器
		9FH	9EH	9DH	9CH	9BH	9AH	99H	98H	
SBUF	99H									串行数据 缓冲器
* P2	0A0H	P2.7	P2.6	P2.5	P2.4	P2.3	P2.2	P2.1	P2.0	P2 口寄存器
		0A7H	0A6H	0A5H	0A4H	0A3H	0A2H	0A1H	0A0H	
AUXR1	0A2H									辅助寄存器 1
WDTRST	0A6H									"看门狗" 定时器 复位寄存器
* IE	0A8H	EA		ET2	ES	ET1	EX1	ET0	EX0	中断允许 控制寄存器
		0AFH		0ADH	0ACH	0ABH	0AAH	0A9H	0A8H	
* P3	0B0H	P3.7	P3.6	P3.5	P3.4	P3.3	P3.2	P3.1	P3.0	P3 口寄存器
		0B7H	0B6H	0B5H	0B4H	0B3H	0B2H	0B1H	0B0H	
* IP	0B8H			PT2	PS	PT1	PX1	PT0	PX0	中断优先级 寄存器
				0BDH	0BCH	0BBH	0BAH	0B9H	0B8H	
* + T2CON	0C8H									定时器/计数器 2 控制寄存器
+ T2MOD	0C9H									定时器/计数器 2 方式寄存器
+ RCAP2L	0CAH									定时器 2 捕捉寄存器低 8 位
+ RCAP2H	0CBH									定时器 2 捕捉寄存器高 8 位
+ TL2	0CCH									定时器 2 低 8 位寄存器
+ TH2	0CDH									定时器 2 高 8 位寄存器
* PSW	0D0H	CY	AC	F0	RS1	RS0	OV	F1	P	程序状态字
		0D7H	0D6H	0D5H	0D4H	0D3H	0D2H	0D1H	0D0H	
* ACC	0E0H	0E7H	0E6H	0E5H	0E4H	0E3H	0E2H	0E1H	0E0H	累加器
* B	0F0H	0F7H	0F6H	0F5H	0F4H	0F3H	0F2H	0F1H	0F0H	B 寄存器

1. 与运算器有关的 SFR(3 个)

(1) 累加器(Accumulator，ACC)

ACC 是专门用于存放操作数或运算中间结果的 8 位专用寄存器，如算术运算、逻辑运算、数据传送、移位操作等，是使用最为频繁的寄存器。其物理地址为 0E0H，也可使用 ACC 代表物理地址。对 ACC 可进行位寻址，通常用 ACC. n (n = 0 ~ 7)表示。

(2) B 寄存器

B 寄存器是可位寻址的 8 位寄存器，主要用于乘、除运算，存放乘数或除数。其物理地址为 0F0H。

(3) 程序状态字(PSW)寄存器

PSW 寄存器是可位寻址的 8 位寄存器，主要用于存储当前指令执行后的程序状态，这些状态可作为执行下一条指令的条件。各位的状态，有的是由硬件自动设置的、有的是使用软件方法设定的。PSW 寄存器各位的定义如下：

PSW. 7	PSW. 6	PSW. 5	PSW. 4	PSW. 3	PSW. 2	PSW. 1	PSW. 0
CY	AC	F0	RS1	RS0	OV	F1	P

1) CY(Carry PSW. 7)：进位(借位)标志位。功能一：算术运算的进位(借位)标志位，在无符号数的加(减)中，若运算结果的最高位有进位(借位)时，CY 由硬件置"1"，否则清"0"，或者说进位(借位)位在 CY 中保存；功能二：在位操作中，CY 作为布尔处理器的位累加器 C 来使用。

2) AC(Auxiliary PSW. 6)：辅助进位标志位。在进行加(减)运算中，若累加器 ACC 中的 ACC. 3 向 ACC. 4 有进位(借位)时，AC 由硬件置"1"，否则清"0"。该位常用于调整 BCD 码运算结果。

3) F0(Flag Zero PSW. 5)：用户标志位。用户可以根据程序执行的需要，通过软件置"1"或清"0"。

4) RS1 和 RS0(PSW. 4 和 PSW. 3)：工作寄存器组选择位。RS1 和 RS0 由软件置"1"或者清"0"，它们和工作寄存器的关系见表 2-6，被选中的工作寄存器组即为当前工作寄存器组。

表 2-6　工作寄存器组选择表

RS1	RS0	工作寄存器组	RS1	RS0	工作寄存器组
0	0	0	1	0	2
0	1	1	1	1	3

【注意】　单片机上电或复位后，RS1 RS0 = 00，选择第 0 组寄存器。

5) OV(Overflow PSW. 2)：溢出标志位。在带符号数的算术运算中，若运算结果超出了相应机器字长表示的范围(对 8 位二进制数而言，即超出 −128 或 +127)，产生溢出，OV 由硬件置"1"，表示运算结果是错误的；否则，OV 由硬件清"0"，表示运算结果正确。

6) F1(PSW. 1)：系统保留位、未用。

7) P(Parity PSW. 0)：奇偶标志位。用于指示 ACC 中的"1"的个数的奇偶性。若 ACC 中有奇数个"1"，则 P 由硬件置"1"；若 ACC 中有偶数个"1"或者 A = 00H 时，P 由硬件清"0"。

2. 与指针有关的 SFR(4 个)

(1) 堆栈指针 SP

SP 是 8 位专用寄存器，作为堆栈指针始终指向堆栈的顶部。所谓堆栈是一个连续的数据存储区域，其存取原则为"后进先出"，或"先进后出"。堆栈的操作有两种：进栈和出栈。51 系列单片机的堆栈是向上生成型(向地址增大的方向生成),进栈操作过程是 SP 先加 1,然后数据压入;出栈过程是 SP 指向的数据从中弹出,然后 SP 减 1。AT89S51 单片机复位后,SP 的内容为 07H,此时堆栈实际上是从 08H 单元开始的,而 08H ~ 1FH 是工作寄存器组区,所以,通常在片内数据存储区的 30H ~ 7FH 设置堆栈,一般在初始化时将 SP 设置成 60H。

(2)数据指针 DPTR

DPTR 是 16 位专用寄存器,用来存放读片外 ROM 或读/写外数据存储器的 16 位地址,既可以按 16 位寄存器使用,也可以按两个 8 位寄存器 DPH 和 DPL 来使用。其中,DPH 是 DPTR 的高 8 位,DPL 是 DPTR 的低 8 位。对 AT89S51 来说,DPTR 就是 DP0。

(3)数据指针 DP1

DP1 也是 16 位专用寄存器,是 AT89S51 新增加的一个数据指针,可以按两个 8 位寄存器 DP1H 和 DP1L 来使用。其中 DP1H 是 DP1 的高 8 位,DP1L 是 DP1 的低 8 位。

(4)程序计数器 PC

PC 是 16 位的二进制计数器,专门用于存储 CPU 要执行的下一条指令第一字节在 ROM 中的存储地址,控制程序的执行顺序。PC 没有地址,是不可寻址的,用户无法对它进行读写,但可以通过转移、调用、返回等指令改变其值,以实现程序的转移。

【注意】 因为 PC 的地址不在 SFR 中,一般不计入 SFR 总数之内。

3. 与端口有关的 SFR(7 个)

输入/输出接口是微型计算机与外部设备进行数据交换和控制外部设备所必需的通道。其中的寄存器及其控制逻辑称为端口。

1)并行 I/O 端口 P0 ~ P3(4 个),均为 8 位,可实现数据在端口的输入和输出。

2)串行接口数据缓冲器 SBUF。

3)串行接口控制寄存器 SCON。

4)串行接口通信波特率倍增寄存器 PCON。

4. 与中断相关的 SFR(2 个)

1)中断允许寄存器 IE。可以通过编程来设置允许或禁止 CPU 响应中断源的申请。

2)中断优先级控制寄存器 IP。通过编程来控制 5 个(AT89S52 有 6 个)中断源的中断优先级。

5. 与定时器/计数器有关的 SFR(7 个)

80C51 有两个可编程的定时器/计数器 T0 和 T1。AT89S51、AT89S52 在此基础上增加了 1 个看门狗定时器(Watchdog Timer,WDT),此外,AT89S52 还增加了 1 个可编程的定时器/计数器 T2。

1)定时器/计数器 T0 的 2 个 8 位计数初值寄存器 TH0、TL0。TH0 是高 8 位,TL0 是低 8 位。

2)定时器/计数器 T1 的 2 个 8 位计数初值寄存器 TH1、TL1。TH1 是高 8 位,TL1 是低 8 位。

3)定时器/计数器工作模式寄存器 TMOD。通过编程设置 TMOD 各位的值来选择定时器/计数器的工作模式。

4)定时器/计数器控制寄存器 TCON。通过编程设置 TCON 的相关位来启停计数器、选择外部中断的触发方式。

5)"看门狗"定时器(WDT)。WDT 由 1 个 14 位计数器和 1 个"看门狗"复位寄存器(WDTRST)组成。它在程序运行出现问题时,利用计数的方法可以使系统复位。在系统默认情况下不工作,要让它工作必须激活它,即用户向 WDTRST(地址:0A6H)依次写入 1EH 和 0E1H 即可。激活后每 1 个机器周期计数器自动加 1,当其溢出后,将在 RESET 引脚上输出一个持续 96 个晶体振荡周期的复位脉冲。因此,在应用中为了避免溢出造成的复位,用户必须定周期性(<16383 个机器周期)地向 WDTRST 依次写入 1EH 和 0E1H,以便清"0"。

6. 两个辅助 SFR(2 个)

（1）辅助寄存器（Auxiliary Register，AUXR）

AUXR 的地址为 8EH，是一个 8 位寄存器，不可位寻址，系统复位后各位状态为×××00×
×0B。各位定义如下：

7	6	5	4	3	2	1	0
—	—	—	WDIDLE	DISRTO	—	—	DISALE

1）"—"：保留位，无定义。

2）DISALE：ALE 信号的使能位。

DISALE = 0 时，ALE 引脚输出周期脉冲信号，其频率为系统时钟频率的 1/6。

DISALE = 1 时，ALE 引脚仅在访问片外存储器时起作用。

3）DISRTO：复位使能位。

DISRTO = 0 时，"看门狗"定时器计数溢出时，RESET 引脚输出高电平。

DISRTO = 1 时，RESET 引脚只有输入。

4）WDIDLE：空闲模式 WDT 使能位。

WDIDLE = 0 时，空闲模式下，WDT 继续计数。

WDIDLE = 1 时，空闲模式下，WDT 停止计数。

（2）辅助寄存器 1（AUXR1）

AUXR1 的地址为 0A2H，是一个 8 位寄存器，不可位寻址，系统复位后各位状态为××××
×××0B。各位定义如下：

7	6	5	4	3	2	1	0
—	—	—	—	—	—	—	DPS

1）"—"：保留位，无定义。

2）DPS：数据指针选择位。

DPS = 0 时，选择 DP0 寄存器作为数据寄存器（DP0H、DP0L）。

DPS = 1 时，选择 DP1 寄存器作为数据寄存器（DP1H、DP1L）。

使用 AT89S51 就需要初始化 DPS 来选择 DPTR。默认情况下 DPS = 0，选择的就是 DP0，即
DPTR。

2.3　51 系列单片机并行输入/输出端口的结构与操作方法

51 系列单片机有 4 个 8 位并行 I/O 端口 P0 ~ P3。每个端口都有 8 根 I/O 端口线，每根线都
能独立作为输入或输出。在组成结构上每个端口都有 1 个锁存器、输入缓冲器和输出驱动器，具
有字节寻址和位寻址功能。

2.3.1　P0 口

P0 口的其中 1 位的电路结构如图 2-9 所示。它由 1 个输出锁存器（D 触发器）、2 个输入缓冲
器、1 个转换开关 MUX、1 个输出驱动电路（T1、T2）、1 个与门和 1 个反相器组成，具有双重功
能。

（1）用作通用 I/O 端口

当系统没有外扩展存储器时，P0 口可作为通用 I/O 端口。在这种情况下，CPU 发出控制电

平"0"封锁与门，T1 截止，同时使转换开关接通 b 点。输出驱动级工作在漏极开路方式，需要外接上拉电阻。

1）用作输出口。内部数据总线的数据在"写锁存器"信号作用下，通过 D 锁存器 $\overline{Q}$ 端输出，送到 T2，再经过 T2 反相，则在 P0.X 上出现的数据正好与数据总线信号一致。需要外接 $10k\Omega$ 上拉电阻。

2）用作输入口。输入的数据可以来自端口的锁存器，也可以来自端口引脚，究竟是哪一种情况，由执行的输入操作来决定。

若输入操作是**读引脚**，P0.X 上出现的数据经过图 2-9 中下面一个缓冲器读到内部数据总线上。

若输入操作是**读锁存器**，锁存器中的数据经过图 2-9 中上面一个缓冲器读到内部数据总线上，然后经过运算，再回送结果到 P0 端口的锁存器，并出现在引脚上。

【注意】　在读引脚时，必须先向锁存器中写入 1，使 T2 截止，P0.X 为高阻输入，所读入的就是引脚上的信号。否则，T2 导通会使引脚被钳位在"0"电平，高电平无法读入。

（2）用作地址/数据线

当系统外扩展存储器时，P0 口就作为地址/数据总线使用。CPU 及内部控制信号为"1"，使转换开关接通 a 点，反相器的输出和 T2 栅极相连。在这种情况下，若地址/数据线为"1"，则 T1 导通、T2 截止，P0.X 输出为"1"；反之，T1 截止、T2 导通，P0.X 输出为"0"。当数据从 P0 口输入时，成为读引脚状态。

P0 口作为地址/数据总线使用时是一个真正的双向口，而作为通用 I/O 端口使用时属于准双向口。

2.3.2　P1 口

P1 口的其中 1 位的电路结构如图 2-10 所示。它由 1 个输出锁存器（D 触发器）、2 个输入缓冲器和 1 个输出驱动电路（T2、上拉电阻）组成。

P1 口作为通用 I/O 端口使用。当 P1 口作为输出时，无需再接上拉电阻，每个引脚可驱动 4 个 LS TTL 门电路；当 P1 口作输入口时，必须先向锁存器写"1"，使 T2 截止。P1 口作为通用 I/O 端口，属于准双向口。

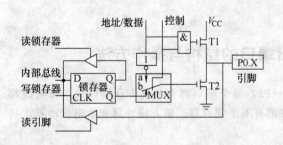

图 2-9　P0 口的其中 1 位的电路结构

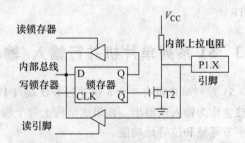

图 2-10　P1 口的其中 1 位的电路结构

2.3.3　P2 口

P2 口的其中 1 位的电路结构如图 2-11 所示。它由 1 个输出锁存器（D 触发器）、2 个输入缓冲器、1 个转换开关、1 个反相器和 1 个输出驱动电路（T、上拉电阻）组成。

（1）P2 口用作通用 I/O 端口

当系统不再片外扩展程序存储器且只扩展 256B 的片外 RAM 时，仅使用地址的低 8 位，P2口仍然可以作为通用 I/O 端口使用。控制信号为 0，转换开关下方接通，P2 口作为通用 I/O 端口，属于准双向口。

（2）P2 口用作地址总线

当系统需要在片外扩展程序存储器或者数据存储器超过 256B 时，单片机内部硬件自动使控制信号为"1"，转换开关接向地址线，P2. X 的输出正好和地址线上的信息一致。P2 口用作地址总线高 8 位。

2.3.4　P3 口

P3 口的其中 1 位的电路结构如图 2-12 所示。它由 1 个输出锁存器（D 触发器）、3 个输入缓冲器、1 个与非门和 1 个输出驱动电路（T、上拉电阻）组成。

（1）P3 口用作第一功能（通用 I/O 端口）

P3 口作通用 I/O 端口时，第二功能输出为 1，P3 中的每一位都可以定义为输入或输出，工作原理与 P1 口类似。此时 P3 口为准双向口。

（2）P3 口用作第二功能使用

CPU 不对 P3 口进行字节或者位寻址时，内部硬件自动使 P3 口的锁存器置"1"，打开第二功能输出的门，使 P3. X 的输出正好和第二功能输出的信息一致。P3 口的第二功能见表 2-2，第二功能应用非常重要。

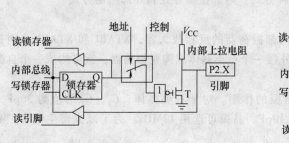

图 2-11　P2 口的其中 1 位的电路结构

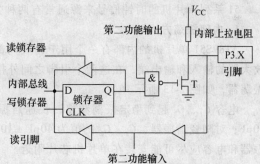

图 2-12　P3 口的其中 1 位的电路结构

【注意】　在使用 P3 口的第二功能时，对于异步串行通信的双方而言，RXD 和 TXD 需要交叉相连。即发送端的 TXD 与接收端的 RXD 相连。单片机与 PC 通信时，还需要将单片机的 TTL 电平转换为 RS-232C 电平（详见第 6 章）；$\overline{INT0}$、$\overline{INT1}$ 通常与外部设备的状态引脚相连，外部设备状态发生变化时，单片机就可以进行实时处理（详见第 4 章）；T0 和 T1 是外部脉冲输入引脚，可作为定时器/计数器 T0 和 T1 的外部脉冲源（详见第 5 章）；$\overline{WR}$ 与片外 RAM 的写数据有效引脚相连，$\overline{RD}$ 与片外 RAM 的读数据有效引脚相连（详见第 7 章）。

2.3.5　端口的带负载能力与应用方法

1. 端口的带负载能力

在端口电平兼容的情况下，带负载能力就是前级在保持"1"或"0"信号不变时，能够驱动后级的同类门的个数。低功耗型单片机端口的电平与 CMOS 和 TTL 电平兼容。

P0 口的每一位能够驱动 8 个 LS TTL 门电路。作为通用 I/O 端口时，输出驱动电路是开路的，在驱动集电极开路（OC 门）电路或者漏极开路电路时需要外接上拉电阻。作为地址/数据线使用时，无需外接上拉电阻。

P1 ~ P3 口每一位能够驱动 4 个 LS TTL 门电路。其输出驱动电路均有上拉电阻，所以可方便地由集电极开路（OC 门）电路或者漏极开路电路所驱动，无需外接上拉电阻。

AT89S51 的 I/O 端口输出电流不超过 1.2mA，在作为输出口驱动普通晶体管时，应在端口和晶体管基极之间串接 1 个电阻，限制高电平输出电流。

2. P0 ~ P3 口选择使用注意问题

若 51 系列单片机片内 ROM 够用，不需要片外扩展存储器和 I/O 端口，则 P0 ~ P3 口均作为通用 I/O 端口使用。

若 P0 ~ P3 口在作为输入端口使用时，必须先对相应端口的锁存器写入"1"。

若 P2 口作地址线时，剩余的高位线可以作为 RAM 或者 I/O 端口的片选信号，不可以作为通用 I/O 端口线使用。

若 P3 口的某些位作第二功能使用时，未用的端口线仍然可以作为单独的 I/O 端口线使用。

2.4　51 系列单片机的时钟电路与时序

单片机的时钟信号用来提供其内部各种微操作时间基准。单片机的时序就是 CPU 执行指令时所需控制信号的时间顺序。所以单片机系统就是一个由同步时序控制的时序系统。

2.4.1　片内振荡器及时钟信号的产生

51 系列单片机的时钟信号来源通常有两种方式：内部振荡方式和外部振荡方式。

1. 内部振荡方式

AT89S51 单片机的内部有一个用于构成内部振荡器的反相放大器，XTAL1 和 XTAL2 分别是放大器的输入和输出端，在这两个引脚之间外接一个石英晶体或陶瓷振荡器，就可构成一个自激振荡器，如图 2-13 所示。

电容 C_1、C_2 起到稳定振荡频率、快速启振的作用。对于石英晶体，C_1、C_2 的值为 30pF ± 10pF；对陶瓷谐振器，C_1、C_2 的值为 40pF ± 10pF。晶振可选用 12MHz。为了减少寄生电容，晶振器和电容应尽可能安装在单片机芯片附近。

2. 外部振荡方式

把已有的时钟引入单片机，外部振荡脉冲信号由 XTAL1 端输入单片机，XTAL2 端悬空，如图 2-14 所示。外接的脉冲高、低电平持续时间应大于 20ns，频率低于 24MHz，这种方式便于多块芯片同时、同步工作。

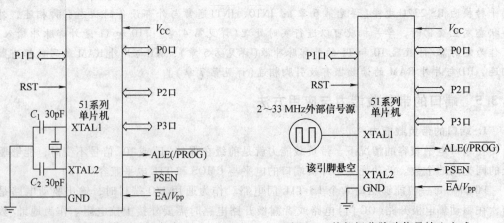

图 2-13　内部振荡器连接方式　　　　　　图 2-14　外部振荡脉冲信号输入方式

2.4.2　时序及有关概念

时序反映的是各控制信号在时间上的相互关系，是用定时单位来说明的。微处理器的定时单位从小到大的顺序是：时钟周期（节拍）、状态、机器周期、指令周期。

1. 时钟周期

一个时钟（振荡）脉冲持续的时间就称为一个时钟周期（Clock Cycle），也称为节拍（Pulse，P）。它是晶体振荡器产生的时钟频率的倒数，是微型计算机系统中的最小、最基本的时序定时单位。

2. 状态

状态由节拍构成。51 系列单片机中状态用 S（State）表示，1 个状态包含 2 个节拍，分别称为前拍 P1 和后拍 P2。

3. 机器周期

CPU 访问存储器或 I/O 端口一次（读写一个字节）所需要的时间就是一个机器周期（Machine Cycle）。51 系列单片机采用定时控制方式，它有固定的机器周期。规定 1 个机器周期包括 6 个状态或者 12 个时钟周期，也就是振荡脉冲的 12 分频，可依次表示为 S1P1、S1P2、…、S6P2。

【注意】　机器周期（μs）= 12/f，f 是晶振频率（MHz）。当晶振频率为 24 MHz 时，机器周期是 0.5 μs，当晶振频率为 12 MHz 时，机器周期是 1 μs；当晶振频率为 6 MHz 时，机器周期是 2 μs。后续的许多程序设计或者定时器应用中都要用到。

4. 指令周期

指令周期（Instruction Cycle）就是 CPU 取出一条指令，到该条指令执行完成所需要的时间，以机器周期为单位。由于机器执行不同的指令所需要的时间不同，因此执行不同的指令所需要的机器周期数不同。通常一条指令执行所需要的时间在 1~4 个机器周期。单片机中按照指令执行所需要的机器周期数将其分为单周期指令、双周期指令和四周期指令 3 种。

指令的运算速度与指令所包含的机器周期数有关，执行指令的机器周期数越少，指令执行得越快。或者说，指令的执行速度由系统时钟频率决定，时钟频率越高，执行指令速度越快。指令周期是时序的最大时间单位。

2.4.3　指令的取指令/执行时序

CPU 执行任何一条指令都分为取指令和执行指令两个阶段。取指令阶段是把程序计数器（PC）中的地址送到程序存储器，在读控制信号的作用下，从存储器中取出需要执行的操作码和操作数。执行指令阶段包括对指令操作码译码和产生控制信号、完成指令执行的过程。整个过程时序如图 2-15 所示。

由图 2-15 可知，ALE 引脚上出现的信号是周期性的，每个机器周期内出现两次，或者说两次有效。每出现一次，CPU 就进行一次取指操作，由于指令的字节数和机器周期数不同，取指操作也不同。

按照指令字节数和机器周期数，51 系列单片机的指令分 6 大类，它们是单字节单周期指令、单字节双周期指令、单字节四周期指令、双字节单周期指令、双字节双周期指令和三字节双周期指令。下面介绍其中的 3 种时序。

1. 单字节单周期指令

如图 2-15a 所示，这类指令的指令码只有 1 字节，CPU 从取指令到指令执行完成只需要一个机器周期。在 S1P2 取指令，CPU 分析后知道是单字节指令，在第二次 ALE 有效时，CPU 封锁了 PC 值，S6P2 指令执行完成。

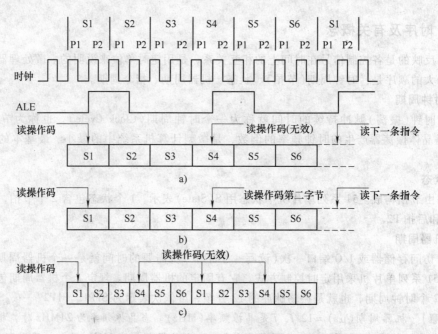

图 2-15　51 系列单片机的取指/执行时序

a）单字节单周期指令　b）双字节单周期指令　c）单字节双周期指令

2. 双字节单周期指令

如图 2-15b 所示，这类指令的指令码有 2 字节，CPU 从取指令到指令执行完成只需要一个机器周期。在 S1P2 取指令，CPU 分析后知道是双字节指令、PC + 1，在第二次 ALE 有效时（S4P2），CPU 读取指令的第二字节，S6P2 指令执行完成。

3. 单字节双周期指令

如图 2-15c 所示，这类指令的指令码只有 1 字节，但 CPU 从取指令码到指令执行完成需要 2 个机器周期。在第一机器周期的 S1P2 取指令，CPU 分析后知道是单字节双周期指令，在其后的连续 3 次读指令时，封锁 PC 值，在第二机器周期的 S6P2 指令执行完成。

2.4.4　访问片外存储器的操作时序

51 系列单片机片外存储器有 ROM 和 RAM 两种，CPU 访问它们的指令也分两类、时序也有所不同。

1. 访问片外 ROM 的操作时序

访问片外 ROM 时，除了 ALE 信号外，还需要 $\overline{PSEN}$ 信号有效，需要 P0 口提供低 8 位地址、P2 口提供高 8 位地址。

访问时序如图 2-16 所示，图中 P0 口送出地址和数据传送是分时进行的。P0 口先输出低 8 位地址，在 ALE 信号的作用下，低 8 位地址被锁存在外部锁存器中，锁存的低 8 位地址和 P2 口提供的高 8 位地址一起，组成片外 ROM 某单元的 16 位地址。当 $\overline{PSEN}$ 有效时，便从片外 ROM 中读出指令，再通过 P0 口送到单片机。

2. 访问片外 RAM 的操作时序

访问片外 RAM 时，要进行两步操作：第一步是先从片外 ROM 中取出访问片外 RAM 指令 MOVX；第二步是根据 MOVX 指令所给出的数据选中片外 RAM 某单元，再对该单元进行操作。

操作时序如图 2-17 所示，第一个机器周期是从片外 ROM 中取指令，在 S4P2 之后，将取来的指令中的片外 RAM 地址输出，P0 口送出低 8 位地址，P2 口送出高 8 位地址。第二个机器周期

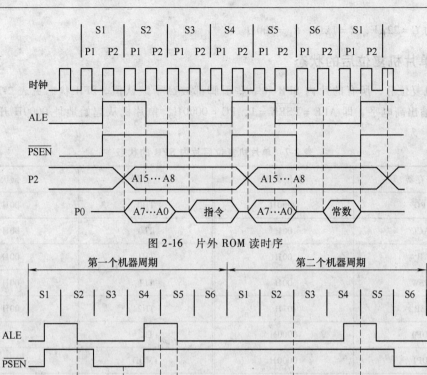

图 2-16 片外 ROM 读时序

图 2-17 片外 RAM 读时序

中，ALE 第一个有效信号不再出现，$\overline{RD}$ 信号有效，将片外 RAM 的数据读出送到 P0 口。以后尽管 ALE 的第二个信号出现，但没有操作进行，从而结束了第二个机器周期。

对片外 RAM 的写操作与读操作一样，只是 $\overline{RD}$ 信号被 $\overline{WR}$ 信号代替。

【注意】 在访问片外 RAM 时，ALE 丢失 1 次，所以不能用 ALE 作为精确的时钟输出。

2.5 51 系列单片机的复位电路

2.5.1 复位与复位电路介绍

复位是一种操作，就是使 CPU 和系统中的其他部件都置为一个确定的初始状态，并从这个初始状态开始工作。复位可以使死机状态下的单片机重新启动。复位可分为上电复位、按键复位(外部复位)和内部复位。外部复位就是使 RST 端上保持 2 个机器周期以上的高电平，内部复位就是 2.2.3 节所介绍的 WDT 产生的复位。

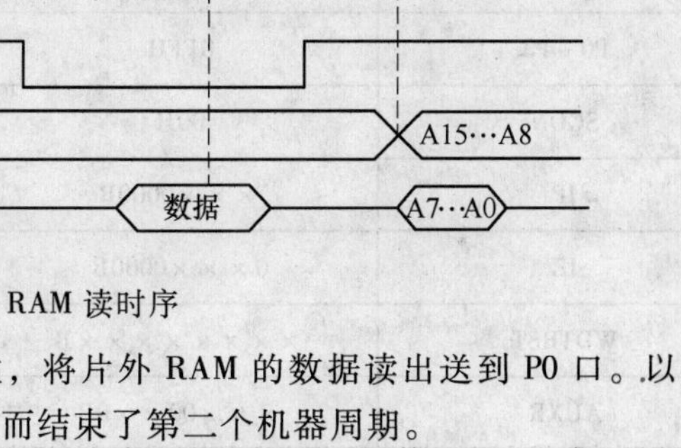

如图 2-18 所示为上电复位和按键复位电

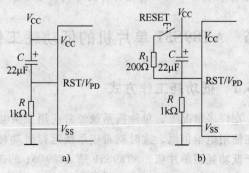

图 2-18 上电复位和按键复位电路

a) 上电复位 b) 按键复位

路。其中的 $C = 22\mu F$，$R = 1k\Omega$，$R_1 = 200\Omega$。

2.5.2　单片机复位后的状态

单片机复位后，所有的片内 SFR 和一些引脚都被赋予默认值，SFR 状态见表 2-7。ALE 和 $\overline{PSEN}$引脚输出高电平，即 $ALE = \overline{PSEN} = 1$，$PC = 0000H$，单片机从起始地址 0000H 开始执行程序。

表 2-7　单片机复位后片内 SFR 的状态

寄存器	复位状态	寄存器	复位状态
PC	0000H	TH0	00H
ACC	00H	TL0	00H
B	00H	TH1	00H
PSW	00H	TL1	00H
SP	07H	TH2	00H
DP0	0000H	TL2	00H
DP1	0000H	TMOD	00H
P0 ~ P3	0FFH	T2MOD	00H
SCON	00H	TCON	00H
IP	× × ×0000B	T2CON	00H
IE	0 × × ×0000B	RCAP1H	00H
WDTRST	× × × × × × × × B	RCAP2H	00H
AUXR	× × ×00 × ×0B	AUXR1	× × × × × × ×0B

注：表中的 × 表示不确定值。

【注意】　记住 SFR 复位后的状态对单片机应用系统设计有很大帮助，可以缩短应用程序的初始化部分。ACC = 00H 说明累加器已经被清"0"；PSW = 00H，表明已经选取寄存器 0 组作为当前工作寄存器组；SP = 07H，表明堆栈指针指向片内 RAM 的 07H 单元，第一个被压入堆栈的数在 08H 单元。由于 08H ~ 1FH 区域是工作寄存器组，通常把 30H ~ 7FH 作为堆栈区；P0 ~ P3 = 0FFH，表明 4 个端口的锁存器内容均为 0FFH，输出线均为"1"，已经将 4 个端口置为输入状态。

2.6　AT89S51 单片机的低功耗工作方式与"看门狗"定时器

2.6.1　低功耗工作方式

在许多情况下，单片机系统经常应用在供电困难的场所，如野外、井下等，这些便携式仪器往往使用电池供电，这时就希望系统运行时功耗较低。前已述及 51 系列单片机代号中含"C"的属于低功耗型单片机，AT89S51 是 AT89C51 的改进型，也是低功耗型。此外，单片机还提供了两种低功耗工作方式（节电工作方式），即空闲（等待、待机）方式和掉电（停机）保护方式，以进一步降低功耗。

低功耗工作方式不是自动产生的，而是通过软件设定的。两种低功耗工作方式由电源及波特率控制寄存器（PCON）来设定。PCON 位于特殊功能寄存器区的 87H 单元，是 1 个不可位寻址的 8 位 SFR，各位定义见表 2-8。

表 2-8　SFR 各位定义

D7	D6	D5	D4	D3	D2	D1	D0
SMOD	—	—	—	GF1	GF0	PD	IDL

注：一表示保留位；SMOD 是波特率倍增位，在串行通信中使用，SMOD = 1，串行通信波特率加倍；GF1、GF0 为通用标志位，由软件置位、清"0"；PD 为掉电方式控制位，PD = 1，进入掉电保护方式；IDL 为空闲方式控制位，IDL = 1，进入空闲方式。

1. 空闲（等待、待机）方式

空闲（等待、待机）方式是指 CPU 在不需要执行程序时停止工作，以取代不停地执行空操作或原地踏步等操作。此时，振荡器继续运行，CPU 停止工作，中断控制电路、定时器/计数器和串行口等环节在时钟的控制下正常运行，CPU 现场（SP、PC、PSW、ACC），片内 RAM 和其他 SFR 的内容保持不变，引脚保持进入空闲方式时的状态，ALE 和 PSEN 保持高电平。

当 CPU 执行一条置 PCON.0（IDL）为 1 的指令后，系统进入空闲方式。退出空闲方式有两种方法。

1）中断退出。空闲方式下，中断系统还在工作，所以任何中断响应都可使 IDL 清"0"，从而退出空闲方式。CPU 进入中断服务程序。

2）硬件复位退出。复位时，振荡器仍然在工作，专用寄存器恢复默认值，IDL 清"0"，退出空闲方式。

2. 掉电（停机）保护方式

掉电（停机）保护方式时振荡器停止工作，片内所有功能部件都停止工作。片内 RAM 和其他 SFR 的内容保持不变，I/O 引脚的状态均保存在对应的 SFR 中，ALE 和 PSEN 均为低电平。

当 CPU 执行一条置 PCON.1（PD）为 1 的指令后，系统进入掉电保护方式。退出掉电保护的方式是硬件复位方式。复位后片内 RAM 区的数据不变。在进入掉电保护方式前，应将有关寄存器的内容传送到 RAM 中，当退出掉电保护方式后，再恢复到各寄存器中。

【注意】　在掉电保护方式下，V_{CC} 可以降到 2V，但不能真正掉电，为防止真正掉电，可以在 V_{CC} 引脚增加备用电源。只有当 V_{CC} 恢复到正常值（5V），并维持一段时间（10ms）后，才可退出掉电保护方式。

2.6.2　低功耗方式下的"看门狗"定时器

在 2.2.3 节中对 WDT 已经作了初步的介绍。这里主要说明在低功耗方式下，使用 WDT 需要注意的问题。

掉电（停机）保护方式时振荡器停止工作，WDT 也停止工作，此时，用户不必"喂狗"。为了确保退出掉电方式最初的几个机器周期中 WDT 计数器的溢出，用户应该在进入掉电方式前清"0"WDT。

在进入空闲方式前，特殊功能寄存器（AUXR）的 WDIDLE 位用来决定 WDT 是否继续计数。在空闲方式默认情况下，AUXR 的 WDIDLE = 0，WDT 继续计数。为防止 WDT 在空闲方式下复位单片机，用户需要建立 1 个定时器，定时退出空闲模式，然后清"0"WDT，再重新进入空闲模式。当 WDIDLE = 1 时，WDT 停止计数，退出空闲方式后，WDT 继续计数。

本 章 小 结

本章概括地介绍了 51 系列单片机的内部资源及其使用方法、时序和复位电路等内容。

1）51 系列单片机内部资源包括微处理器（CPU）、程序存储器（ROM）、数据存储器 RAM、并行 I/O 端口、定时器/计数器、时钟电路、中断系统和串行接口。存储器包括程序存储器和数据存储器。它们在地址空间上是相互独立的，分别有 64KB 的空间。在物理结构上可分为片内 ROM、片内 RAM、片外 ROM 和片外 RAM 4 个部分。

2）51 系列单片机的片内 RAM 空间为 128B，分三个区域：工作寄存器组区域（00H ~ 1FH）、位寻址区（20H ~ 2FH）和用户 RAM 区。SFR 区占据高 128B 的区域（80H ~ 0FFH）。若片内 RAM 为 256B 时，低 128B 用法和前述相同，高 128B 的地址（80H ~ 0FFH）和 SFR 的地址相同，区别是通过不同的寻址方式来访问。

3）51 系列单片机有 4 个 8 位并行 I/O 端口，端口的第一功能是端口中的每一位都可以独立作为输入或者输出。当系统有外围存储器扩展时，部分端口的位使用第二功能。

4）时序是 CPU 执行指令时所需控制信号的时间顺序。与时序有关的概念有时钟周期（节拍）、状态、机器周期和指令周期。时钟信号可以有内部振荡方式，也可以有外部时钟方式。

5）复位是使 SFR 具有确定值的操作。程序从头开始执行。

思考题与习题

2-1　51 系列单片机是低电平复位还是高电平复位？

2-2　51 系列单片机的数据总线和地址总线由哪些端口构成？

2-3　程序状态字的符号是什么？其中各位的含义是什么？

2-4　EA引脚的功能是什么？P3 口引脚的第二功能是什么？

2-5　SFR 区域中，可以位寻址的单元地址有什么特点？

2-6　复位后，PC、SP、PSW 的初值是什么？它们的隐含意义是什么？

2-7　对于 AT89S51 单片机，进行 ISP 下载需要哪些引脚？

2-8　51 系列单片机中时钟周期、状态、机器周期和指令周期的概念是什么？它们之间有什么关系？

2-9　单片机的晶振频率分别为 6MHz、12MHz、24MHz 时，机器周期是多少？

2-10　什么是堆栈？它有什么特点？

2-12　SP 始终指向栈顶还是栈底？单片机的堆栈空间可以有多大？

2-13　单片机存储器在物理上是_____个相互独立的存储器空间。

2-14　程序存储器指令地址使用的指针为_____，片外 RAM 地址指针为_____，堆栈的地址指针为_____。

2-15　复位后，P0 ~ P3 口的初值分别是_____。工作寄存器区的地址范围是_____，是由_____来决定的。

2-16　片外 ROM 的选通信号是_____，片外 RAM 的读信号是_____。

2-17　单片机中为何要使用"看门狗"？启动后，它是否需要定时清"0"？必须在多少个计数值之前清"0"？为什么？

2-18　低功耗方式有什么特点？如何进入低功耗方式？如何退出？

2-19　位地址 7CH 和字节地址 7CH 有何区别？

参 考 文 献

[1]　孙西瑞，黄鹤松，杨淑华. 基于 PC 并行口的单片机在系统编程[J]. 石油仪器，2004（4）：45-48.

[2] 邓兴成. 单片机原理与实践指导[M]. 北京：机械工业出版社，2009.

[3] AT89S51 Datasheet. ATMEL Corporation. 2001.

[4] 杨居义. 单片机原理与工程应用[M]. 北京：清华大学出版社，2009.

[5] 张友德，等. 单片微型机原理、应用与实验[M]. 5 版. 上海：复旦大学出版社，2006.

[6] 董少明. 单片及原理与应用技术[M]. 北京：北京理工大学出版社，2009.

[7] 李金鹏，吴婷，赵传申，等. 单片机原理与接口技术习题与解析[M]. 北京：科学出版社，2008.

[8] 美丽风，王艳秋，汪毓铎，等. 单片机原理与接口技术[M]. 3 版. 北京：清华大学出版社，北京交通大学出版社，2009.

第3章 51系列单片机的指令系统和程序设计方法

【内容提要】

指令是计算机能够识别和执行、用于控制各种功能部件完成某一特定动作的命令。所有指令的集合构成了该类计算机的指令系统。指令是进行汇编语言程序设计和计算机应用的基础。本章首先介绍51系列单片机的指令分类和指令格式；其次介绍寻址方式，它可以帮助读者正确理解指令的含义；然后按指令功能分五类分别对数据传送类指令、算术运算类指令、逻辑运算类指令、位操作类指令和控制转移类指令做详细的解读和举例；最后基于指令系统对汇编语言程序设计方法做详细的介绍，并进行举例说明。

【基本知识点与要求】

(1) 理解指令的寻址方式及相应的寻址空间。

(2) 理解51系列单片机的111条基本指令的含义，熟练掌握其应用方法。

(3) 了解机器语言、汇编语言和高级语言的特点、汇编语言程序设计步骤。

(4) 掌握汇编语言的基本格式，熟练掌握汇编语言的程序设计思想和设计方法。

(5) 理解子程序的特点，掌握子程序的设计方法和设计中应该注意的问题。

【重点与难点】

本章重点是指令的寻址方式及相应的寻址空间、指令系统、子程序设计、汇编语言程序设计思想和设计方法；难点是寄存器间接寻址、相对寻址、变址寻址和位寻址，汇编语言程序设计思想和设计方法。

3.1 指令系统概述

指令是计算机能够识别和执行、用于控制各种功能部件完成某一特定动作的命令。所有指令的集合构成了该类计算机的指令系统。这里讲的是汇编语言指令，即以英文名称或者英文缩写形式作为助记符(帮助记忆的符号)。计算机的指令越丰富、寻址方式越多，则其总体功能就越强。

3.1.1 指令分类

51系列单片机指令系统共有111条指令，按照不同的分类标准可以有下列三种分类。

1. 按指令功能可分为五类

1) 数据传送类指令(29条)：内部8位数据传送指令15条，内部16位数据传送指令1条，外部数据传送指令4条，交换、查表和堆栈操作指令9条。

2) 算术传送类指令(24条)：加法指令14条(包括BCD码调整指令1条)，减法指令8条，乘/除法指令各1条。

3) 逻辑运算类指令(24条)：逻辑运算指令20条，循环移位指令4条。

4) 位操作指令(12条)：位传送指令2条，位置位、位清"0"和位取反指令6条，位运算指令4条。

5) 控制转移类指令(22条)：无条件转移指令4条，条件转移指令8条，调用和返回指令5条，位测试转移指令3条，判别CY标志转移指令2条。

2. 按指令执行所需要的时间可分为三类

1）单周期指令（64 条）。

2）双周期指令（45 条）。

3）四周期指令（2 条）。

3. 按指令所占的字节数可分为三类

1）单字节指令（49 条）。

2）双字节指令（46 条）。

3）三字节指令（16 条）。

3.1.2　指令格式

1. 指令格式介绍

在汇编语言中，指令的语句格式应符合下列结构：

［标号：］　操作码　［目的操作数］　［，源操作数］　［；注释］

1）汇编语言语句由标号、操作码、操作数和注释四部分组成。其中，标号和注释部分可以省略，某些指令也可以没有操作数，如 NOP 指令、RET 指令等。

2）标号位于语句的开始，由 1 ~ 8 个 ASCII 字符组成，第一个字符必须是字母。标号不能使用关键字（系统中已经定义的助记符、伪指令及其他标号）。标号的后面必须加冒号，标号与冒号之间不能有空格，冒号与操作码之间可以有空格，标号并不是每一条语句都需要。

3）操作码是用英文缩写的指令功能助记符。它确定了本条指令完成什么样的操作功能，不能省略。

4）操作数在操作码之后，两者用空格分开。操作数是指参加操作的对象或者对象存放的地址，可以是数据，也可以是地址。指令中有多个操作数时，操作数之间用逗号分开。一条指令中的操作数可以是 1 个、2 个、3 个或没有。

5）注释在语句的最后，以分号"；"开始，是说明性的文字，与语句的具体功能无关，但是能增加程序的可阅读性，便于程序的调试与交流。注释内容不参与程序的汇编。

2. 指令中数据的表示

指令中的数据可以是十进制、十六进制、二进制、八进制数和字符串，具体格式如下：

1）十进制数以 D 结尾，也可以省略，如 55D 或 55。

2）十六进制数以 H 结尾，如 55H。如果数据以 A ~ F 开头，其前必须加数字 0，如 0FFH。

3）二进制数以 B 结尾，如 00110011B。

4）八进制数以 O 或 Q 结尾，如 55O 或 55Q。

5）字符串用"　"括起来，如'M'表示字符 M 的 ASCII 码。

例如：

MAIN：　MOV　A，　#00H　　；将 A 清零

在这条指令中，MAIN 为标号，表示该指令的地址；MOV 为操作码，表示指令的功能为数据传送；A 和#00H 为操作数；"；将 A 清零"为注释，用于说明这条语句的功能、不参与汇编。

3.1.3　指令中常用缩写符号的意义

在各类指令中，约定了一些符号用于说明操作数或者操作数存放方式。指令系统中常用符号意义如下。

1）#data：8 位立即数。

2）#data16：16 位立即数。

3）Rn：工作寄存器，R0 ~ R7，n = 0 ~ 7。

4）Ri：工作寄存器，i = 0 或 1。

5）@：间接地址符号。@ Ri，寄存器 Ri 间接寻址。

6）direct：8 位直接地址，可以是特殊功能寄存器（SFR）的地址或片内 RAM 单元地址。

7）addr11：11 位目的地址。用于 AJMP 指令和 ACALL 指令，均在 2KB 地址范围内转移或调用。

8）addr16：16 位目的地址。用于 LJMP 指令和 LCALL 指令，可在 64KB 地址范围内转移或调用。

9）rel：有符号的 8 位偏移地址，主要用于所有的条件转移指令和 SJMP 指令。其范围是相对于下一条指令的第一字节地址，再偏移 – 128 ~ + 127 字节。

10）bit：位地址。片内 RAM 中的可寻址位和专用寄存器中的可寻址位。

11）/：位操作数的前缀，表示对该位操作数取反，如 /bit。

12）$：当前指令存放的地址。

13）（X）：表示由 X 所指定的某寄存器或某单元中的内容。

14）（（X））：表示由 X 间接寻址单元中的内容。

15）B：通用寄存器，常用于乘法 MUL 和除法 DIV 的指令。

16）C：进位标志位或者布尔处理器中的累加器。

17）←：表示指令的操作结果是将箭头右边的内容传送到左边。

3.2 寻址方式

计算机传送数据、执行算术操作、逻辑操作等都要涉及操作数。一条指令的运行，需要寻找操作数或者从操作数所在地址寻找到本指令有关的操作数，这就是寻址方式。计算机的指令系统中操作数以不同的方式给出，其相应的寻址方式也不尽相同。51 系列单片机的指令系统有立即寻址、直接寻址、寄存器寻址、间接寻址、变址寻址、相对寻址和位寻址等 7 种寻址方式。

3.2.1 立即寻址

立即寻址是指指令中直接给出操作数的寻址方式。立即数用前面加有#号的 8 位或 16 位数来表示。立即数是指令代码的一部分，只能作源操作数。这种寻址方式主要用于对特殊功能寄存器和指定的存储单元赋初值。

例如：

```
MOV  A, # 60H          ; (A)← 60H
MOV  DPTR, # 3400H     ; (DPTR)← 3400H
MOV  30H, # 40H        ; (30H)单元← 40H
```

上述 3 条指令执行完后，累加器 A 中数据为立即数 60H，DPTR 寄存器中数据为立即数 3400H，30H 单元中数据为立即数 40H。

3.2.2 直接寻址

直接寻址是指指令中直接给出操作数所在的存储单元地址号的寻址方式。该地址为操作数所在的字节地址或位地址，可以直接使用由符号名称所表示的地址，即符号地址。

例如：

```
MOV  A, 40H   ; (A)←(40H)
```

该指令的功能是把片内 RAM 40H 单元的内容送到累加器 A。指令直接给出了源操作数的地址 40H。

51 系列单片机中，直接寻址可访问以下三种地址空间：

1）特殊功能寄存器（SFR）：直接寻址是唯一的访问形式。

2）片内 RAM 低 128B 单元（地址范围 00H ~ 7FH）。

3）221 个位地址空间。

3.2.3　寄存器寻址

寄存器寻址是指操作数存放于寄存器中（Rn、A、B、DPTR、CY）的寻址方式。

例如：

MOV　A，R7　；（A）←（R7）

其功能是把寄存器 R7 内的操作数传送到累加器 A 中。由于操作数在 R7 中，因此在指令中指定了 R7，就能从中取得操作数。

3.2.4　寄存器间接寻址

寄存器间接寻址是指指令指出某个寄存器的内容作为操作数地址的寻址方法，简称寄存器间址。

寄存器间接寻址使用所选定寄存器区中的 R0 和 R1 作为地址指针（对堆栈操作时，使用堆栈指针 SP）来寻址片内 RAM（00 ~ 0FFH）的 256 个单元，但它不能访问特殊功能寄存器（SFR）。寄存器间接寻址也适用于访问片外 RAM，此时，用 R0、R1 或 DPTR 作为地址指针。为了区别于寄存器寻址，在寄存器间接寻址中的寄存器名前用间址符号"@"。

例如：

MOV　A，R0　　　　　　　　；（A）←（R0）

MOV　A，@ R0　　　　　　　；（A）←（（R0））

其中，第一条指令是寄存器寻址，R0 中内容为操作数，指令码为 0E8H；第二条指令是寄存器间址，R0 中为操作数地址，不是操作数，指令码为 0E6H。两条指令的含义是截然不同的。如图 3-1 所示，第一条指令执行后累加器 A 中为 30H，第二条指令执行后累加器 A 中为操作数 20H。

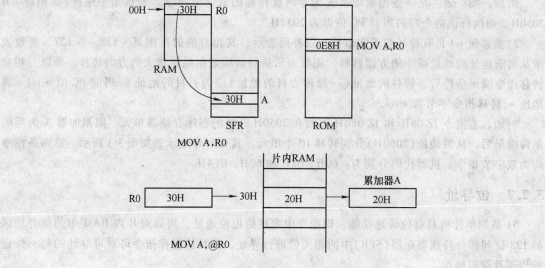

图 3-1　寄存器间接寻址示意图

3.2.5　变址寻址

变址寻址是指基址寄存器（DPTR 和 PC）与变址寄存器（A）的内容相加，作为操作数的地址，实现对程序存储器访问的寻址方式。由于程序存储器是只读的，因此变址寻址只有读操作而无写操作，指令助记符采用 MOVC。51 系列单片机的变址寻址指令只有 3 条：

MOVC　A，@ A + DPTR　　　　; (A)←((A) + (DPTR))
MOVC　A，@ A + PC　　　　　; (A)←((A) + (PC) + 1)
JMP　　@ A + DPTR　　　　　; (PC)←((A) + (DPTR))

例如：

MOVC　A，@ A + DPTR　　　　; (A)←((A) + (DPTR))

该指令的执行过程如图 3-2 所示。

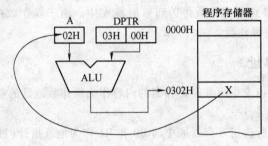

图 3-2　变址寻址示意图

3.2.6　相对寻址

相对寻址是指以当前程序计数器（PC）的内容为基础，加上指令给出的 1 字节补码（偏移量）形成新的 PC 值的寻址方式。

在使用相对寻址时要注意以下两点：

1）当前 PC 值是指相对转移指令所在地址（一般称为源地址）加上转移指令字节数，即当前 PC 值 = 源地址 + 转移指令字节数。也就是相对转移指令的下一条指令所在的地址。

例如，"JZ rel;"是一条当累加器 A 为零时就转移的双字节指令。若该指令地址（源地址）为 2050H，则执行该指令时的当前 PC 值即为 2052H。

2）偏移量 rel 是有符号的单字节数，以补码表示，其相对值的范围是 − 128 ~ + 127，负数表示从当前地址向地址减小的方向转移，正数表示从当前地址向地址增大的方向转移。所以，相对转移指令满足条件后，转移的地址（一般称为目的地址）应为：目的地址 = 当前 PC 值 + rel = 源地址 + 转移指令字节数 + rel。

例如，若指令 JZ 08H 和 JZ 0F4H 存放在 2050H 开始的程序存储器单元，则累加器 A 为零的条件满足后，从源地址（2050H）分别转移 10 个单元。其相对寻址示意如图 3-3 所示。这两条指令均为双字节指令，机器代码分别为：60H、08H 和 60H、0F4H。

3.2.7　位寻址

51 系列单片机具有位寻址功能，即指令中直接给出位地址，可以对片内 RAM 中的位寻址区的 128 位和部分特殊寄存器（SFR）中的相关位进行寻址，并且位操作指令可对可寻址的每一位进行传送及逻辑操作。

【注意】　位寻址只能对有位地址的单元作位寻址操作。位寻址其实是一种直接寻址方式，

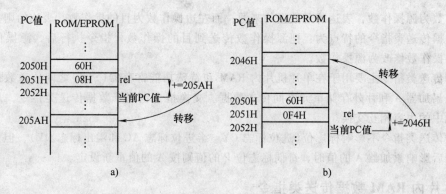

图 3-3　相对寻址示意图

a)指令 JZ 08H 寻址示意图　b)指令 JZ 0F4H 寻址示意图

不过其地址是位地址，只能用在位操作指令之中。

例如：

SETB　PSW.3　；（PSW.3）←1

该指令的功能是将程序状态字（PSW）寄存器中的第 3 位（RS0）置"1"。

51 系列单片机的位地址有如下 4 种表示方法：

1）直接使用位地址。例如，PSW 寄存器的位 5 地址为 0D5H。

2）位名称表示方法。例如，PSW 寄存器的位 5 是 F0 标志位，则可使用 F0 表示该位。

3）单元地址加位数的表示方法。例如，PSW 寄存器的位 5，表示为 0D0H.5。

4）专用寄存器符号加位数的表示方法。例如，PSW 寄存器的位 5，表示为 PSW.5。

【例 3-1】　将 0D5H 位的内容送入 CY，可用几种方式表达？

解：可有下列 4 种方式。

MOV　C，0D5H

MOV　C，0D0H.5

MOV　C，F0

MOV　C，PSW.5

综上所述，在 51 系列单片机的存储空间中，指令究竟对哪个存储器空间进行操作是由指令操作码和寻址方式确定的。7 种寻址方式及其寻址空间见表 3-1。

表 3-1　7 种寻址方式及寻址空间

序　号	寻址方式	寻址空间范围
1	寄存器寻址	R0 ~ R7，A，B，CY，DPTR 寄存器
2	立即寻址	程序存储器
3	寄存器间址	片内 RAM 的 00H ~ 0FFH，片外 RAM
4	直接寻址	片内 RAM 的 00H ~ 7FH，SFR
5	变址寻址	程序存储器
6	相对寻址	程序存储器
7	位寻址	片内 RAM 的 20H ~ 2FH 的 128 位，SFR 中的 93 位

3.3　数据传送类指令

数据传送类指令共有 29 条。51 单片机中的传送指令按从右向左传送数据的约定，即指令的右边操作数为源操作数，表达的是数据的来源；而左边操作数为目的操作数，表达的则是数据的去向。数据传送类指令的特点为：把源操作数传送到目的操作数，指令执行后，源操作数不改变，目的操作数修改为源操作数。

数据传送类指令主要用于在单片机片内 RAM 和特殊功能寄存器（SFR）之间传送数据，也可以用于在累加器 A 和片外存储单元之间传送数据。交换指令也属于数据传送类指令，是把两个地址单元中的内容相互交换。

数据传送类指令不影响标志位（进位标志 CY、半进位标志 AC 和溢出标志 OV），但当传送或交换数据后影响累加器 A 的值时，奇偶标志位 P 的值则按 A 的值重新设定。

3.3.1　片内 RAM 数据传送类指令

片内 RAM 区是数据传送最活跃的区域，可用的指令数也最多，共有 16 条指令，指令操作码助记符为 MOV。

指令格式为

MOV　[目的操作数]，[源操作数]

指令功能：把源字节的内容传给目的字节，而源字节的内容不变，不影响标志位，但当执行结果改变累加器 A 的值时，会使奇偶标志变化。

单片机片内 RAM 之间数据传递关系如图 3-4 所示。

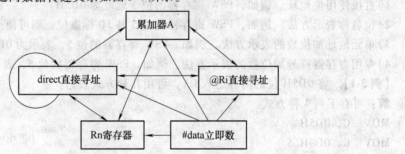

图 3-4　片内 RAM 间数据传递关系

1. 以累加器为目的操作数的指令（4 条）

MOV　A，Rn　　　　　；（A）←（Rn），（n = 0 ~ 7）

MOV　A，direct　　　　；（A）←（direct）

MOV　A，@Ri　　　　；（A）←（（Ri））（i = 0、1）

MOV　A，#data　　　　；（A）← data

这组指令的目的操作数都是累加器 A，源操作数的寻址方式采用寄存器寻址、直接寻址、寄存器间接寻址和立即寻址。

2. 以寄存器 Rn 为目的操作数的指令（3 条）

MOV　Rn，A　　　　　；（Rn）←（A），（n = 0 ~ 7）

MOV　Rn，direct　　　；（Rn）←（direct），（n = 0 ~ 7）

MOV　Rn，#data　　　；（Rn）← data，（n = 0 ~ 7）

这组指令都是以工作寄存器为目的操作数，源操作数的寻址方式采用寄存器寻址、直接寻址和立即寻址。

3. 以直接地址为目的操作数的指令（5 条）

MOV　direct，A　　　　；（direct）←（A）

MOV　direct，Rn　　　；（direct）←（Rn），（n = 0 ~ 7）

MOV　direct1, direct2　; (direct1)←(direct2)

MOV　direct, @Ri　　; (direct)←((Ri)), (i=0、1)

MOV　direct, #data　; (direct)←data

这组指令的目的操作数都是直接寻址单元, 源操作数采用寄存器寻址、直接寻址、寄存器间接寻址和立即寻址。

4. 以间接地址为目的操作数的指令(3 条)

MOV　@Ri, A　　　; ((Ri))←(A)

MOV　@Ri, direct　; ((Ri))←(direct)

MOV　@Ri, #data　; ((Ri))←data

这组指令的目的操作数都是间接寻址单元, 源操作数可采用寄存器寻址、直接寻址和立即寻址方式。

5. 16 位数据的传递指令(1 条)

MOV　DPTR, #data16 ;

指令功能: 将 16 位立即数送入 DPTR, 高 8 位送入 DPH, 低 8 位送入 DPL。

例如:

MOV　DPTR, #1234H

该指令执行之后, DPH 中的值为 12H, DPL 中的值为 34H。如果分别向 DPH、DPL 送数, 则结果也一样, 如下面两条指令:

MOV　DPH, #35H

MOV　DPL, #12H

就相当于执行了 MOV　DPTR, #3512H。

在使用指令编程时应注意: 每条指令的格式和功能均由制造厂家定义并提供用户使用, 因而是合法的, 用户只能正确使用它们。若要定义新的指令, 必须重新设计单片机。例如, 下列指令是非法的、错误的。

MOV　Rn , @Ri　　; 寄存器不能同寄存器间址互传数据

MOV　#data, A　　; 立即数不能作目标操作数

【例 3-2】　若(R0)=30H, 片内 RAM 中(30H)=57H, (40H)=7FH。试比较:

(1) MOV　A, R0　和　MOV　A, @R0

(2) MOV　A, #40H　和　MOV　A, 40H

执行后的结果。

解: 它们的执行结果为

MOV　A, R0　　　; (A)=30H

MOV　A, @R0　　; (A)=57H

MOV　A, #40H　　; (A)=40H

MOV　A, 40H　　; (A)=7FH

【例 3-3】　片内 RAM 中(70H)=60H, (60H)=20H, 若 P1 口输入的数据为 #0B7H, 执行下列程序段后的结果如何?

MOV　R0, #70H

MOV　A, @R0

MOV　R1, #60H

MOV　B, @R1

MOV　@R0, P1

MOV　P3, P1

解：运行结果为

P3 = 0B7H　(70H) = 0B7H　A = 60H　B = 20H　R1 = 60H　R0 = 70H

【例 3-4】　判断下列指令的对错。

MOV　#30H, 40H

MOV　A, @R2

MOV　R1, R3

MOV　R1, @R0

MOV　@R1, R2

MOV　@R0, @R1

解：上述指令均是错误的。

【例 3-5】　用指令完成将片内 RAM 15H 单元的内容 0A7H 送给 55H 单元。

解法一：MOV　55H, 15H

解法二：MOV　R6, 15H

　　　　　MOV　55H, R6

解法三：MOV　R1, #15H

　　　　　MOV　55H, @R1

解法四：MOV　A, 15H

　　　　　MOV　55H, A

【例 3-6】　编写把 30H 单元和 40H 单元中的内容进行交换的程序。

解：30H 和 40H 单元中都装有数据，要想把其中的内容相交换必须寻求第三个存储单元对其中的一个数进行缓冲，这个存储单元若选为累加器 A，则相应程序如下：

MOV　A, 30H　　　　　; (A)←(30H)

MOV　30H, 40H　　　　; (30H)←(40H)

MOV　40H, A　　　　　; (40H)←(A)

3.3.2　片外 RAM 数据传送类指令

在 51 系列单片机中，与片外 RAM 或 I/O 端口之间进行数据交换的只可以是累加器 A。即所有片外 RAM 或者 I/O 端口数据传送必须通过累加器 A 进行。指令助记符为 MOVX，其中的 X 表示外部(External)。

MOVX　A, @Ri　　　　; (A)←((Ri))

MOVX　@Ri, A　　　　; ((Ri))←(A)

MOVX　A, @DPTR　　 ; (A)←((DPTR))

MOVX　@DPTR, A　　 ; ((DPTR))←(A)

要点分析：

1)要访问片外 RAM，必须知道片外 RAM 单元的地址，在后两条指令中，地址是被直接放在 DPTR 中，可寻址片外 RAM 的 64KB 空间。而前两条指令，由于 Ri(即 R0 或 R1)是 8 位的寄存器，所以仅限于访问片外 RAM 的低 256B 单元。

2)使用访问片外 RAM 数据传送指令时，应当首先将要读或写的地址送入 DPTR 或 Ri 中，然后再用读或者写命令。

3)也可以由 P2 与 R0 或 P2 与 R1 组成 16 位地址指针，寻址片外 RAM 的 64KB 空间。

【例 3-7】　实现将片外 RAM 中 0010H 单元中的内容送入片外 RAM 中 2000H 单元中。

解：程序如下：

```
MOV    P2, #00H
MOV    R0, #10H
MOVX   A, @ R0
MOV    DPTR, #2000H
MOVX   @ DPTR, A
```

【例 3-8】　将片外 RAM 中 2000H 单元的内容送入 2100H 单元。

解：程序如下：

```
MOV   DPTR, #2000H        ；（DPTR）← 2000H
MOVX  A, @ DPTR          ；（A）←（（DPTR））
MOV   DPTR, #2100H        ；（DPTR）← 2100H
MOVX  @ DPTR, A          ；（（DPTR））←（A）
```

3.3.3　程序存储器向累加器 A 传送数据类指令

这类指令共有两条，均属于变址寻址指令，因专门用于从 ROM 中查找数据而又称为查表指令。指令助记符为：MOVC，其中的 C 表示代码（Code）。指令的格式为

```
MOVC  A, @ A + DPTR     ；（A）←（（A）+（DPTR））
MOVC  A, @ A + PC       ；（PC）←（PC）+ 1，（A）←（（A）+（PC））
```

指令功能：把累加器 A 中内容（8 位无符号数）加上基址寄存器（PC，DPTR）内容，求得程序存储器某单元地址，再将该单元内容送到累加器 A 中。

以上第一条 MOVC 指令是 64KB 存储空间内的查表指令，实现程序存储器到累加器的常数传送，每次传送 1 字节，如图 3-5 所示。

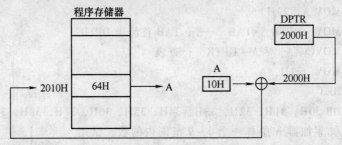

图 3-5　查表指令

两条指令的不同之处：

1）MOVC A, @ A + DPTR：这条指令的执行结果只与指针 DPTR 及累加器 A 的内容有关，与该指令存放的地址无关。因此，表格的大小和位置可以在 64KB 程序存储器中任意安排，并且一个表格可以为各个程序块所共用。

2）MOVC A, @ A + PC：这条指令的优点是不改变 SFR 和 PC 的状态，只要根据 A 的内容就可以取出表格中的常数。缺点是表格只能放在该条查表指令后面的 256B 单元之内，表格的大小受到限制，而且表格只能被一段程序所利用。

【例 3-9】　在片内 RAM 20H 单元中存有一个 0 ~ 9 的 BCD 码数，用查表法获得相应的 ASCII 码，并将其送入 21H 单元（设当（20H）= 07H 时）。

解：设 1008H 单元开始存放 BCD 码数的 ASCII 码，MOVC 指令所在地址（PC）= 1004H，则有：偏移量 = 1008H -（1004H + 1）= 03H。

相应的程序如下：

```
                ORG 1000H；指明程序在 ROM 中存放起始地址
1000H  BCD_ASCI：    MOV  A，20H          ；（A）←（20H），（A）= 07H
1002H               ADD  A，#3           ；累加器（A）←（A）+ 3，修正偏移量
1004H               MOVC  A，@ A + PC    ；⎧PC 当前值 1005H
1005H               MOV   21H，A          ⎨（A）+（PC）= 0AH + 1005H = 100FH
1007H               RET                   ⎩A←ROM（100FH），（A）= 37H
1008H        TAB：DB 30H
1009H             DB 31H
100AH             DB 32H
100BH             DB 33H
100CH             DB 34H
100DH             DB 35H
100EH             DB 36H
100FH             DB 37H
1010H             DB 38H
1011H             DB 39H
```

一般在采用 PC 作基址寄存器时，常数表与 MOVC 指令放在一起，称为近程查表。当采用 DPTR 作基址寄存器时，程序如例 3-10 所示，TAB 可以放在 64KB 程序存储器空间的任何地址上，称为远程查表，不用考虑查表指令与表格之间的距离。

若使用远程查表指令编程如下：

```
          ORG  1000H
BCD_ASC2：MOV  A，20H
          MOV  DPTR，#TAB    ；TAB 首址送 DPTR
          MOVC  A，@ A + DPTR ；查表
          MOV  21H，A
          RET
     TAB：DB 30H，31H，32H，33H，34H，35H，36H，37H，38H，39H
```

【例 3-10】　已知累加器 A 中有一个 0 ~ 9 范围内的数，试用以上查表指令编出能查出该数二次方值的程序。

解：为了进行查表，必须确定一张 0 ~ 9 的二次方值表。若该二次方值表起始地址为 2000H，则相应二次方值表如图 3-6 所示。

表中累加器 A 中之数恰好等于该数二次方值对表起始地址的偏移量。例如，5 的二次方值为 25，25 的地址为 2005H，它对 2000H 的地址偏移量也为 5。因此，查表时作为基址寄存器用的 DPTR 或 PC 的当前值必须是 2000H。

地址	值
2000H	0
2001H	1
2002H	4
2003H	9
2004H	16
2005H	25
2006H	36
2007H	49
2008H	64
2009H	81

图 3-6　0 ~ 9 二次方值表

```
     MOV  DPTR，#2000H  ；（DPTR）←表起始地址 2000H
     MOVC  A，@ A + DPTR；（A）←（（A）+（DPTR））
TAB：DB  0，1，4，9，16，25，36，49，64，81
```

显然，单片机根据 A + DPTR 便可找到累加器 A 中数的二次方值，且保留在 A 中。

3.3.4　数据交换类指令

数据交换类指令分为两种：字节交换指令和半字节交换指令。

1. 字节交换指令（Exchange，XCH 3 条）

XCH　A，Rn　　　；(A)←→(Rn)

XCH　A，@Ri　　；(A)←→((Ri))

XCH　A，direct　；(A)←→(direct)

指令功能：将累加器 A 的内容与源操作数（Rn、direct 或 @Ri）所指定单元的内容相互交换。

2. 半字节交换指令（1 条）

XCHD A，@Ri　　；(A)$_{3\sim0}$←→((Ri))$_{3\sim0}$

指令功能：将累加器 A 中的内容的低 4 位与 Ri 所指的片内 RAM 单元中的低 4 位互换，但它们的高 4 位均不变。

例如，设 (A)=0ABH，(R0)=30H，(30H)=12H，执行指令"XCHD A，@R0"后，(A)=0A2H，(30H)=1BH。

3. 累加器 A 高低半字节交换指令（1 条）

SWAP　A　　　；(A)$_{7\sim4}$←→(A)$_{3\sim0}$

指令功能：将累加器 A 的高 4 位与低 4 位内容互换，不影响标志位。

【注意】　数据交换主要是在片内 RAM 单元与累加器 A 之间进行，可以保存目的操作数。

例如，将片内 RAM 60H 单元与 61H 单元的数据交换，不能使用"XCH　60H，61H"指令。

应该写成：MOV　A，60H

　　　　　　XCH　A，61H

　　　　　　MOV　60H，A

【例 3-11】　已知片外 RAM 20H 单元中有一个数 X，片内 RAM 20H 单元中有一个数 Y，试编出可以使它们互相交换的程序。

解： 本题是一个字节交换问题，故可以采用 3 条字节交换指令中的任何一条。若采用第三条字节交换指令，则相应程序为

MOV　R1，#20H　　；(R1)←20H

MOVX　A，@R1　　　；(A)←X

XCH　A，@R1　　　；(20H)←X，(A)←Y

MOVX　@R1，A　　　；Y→(20H)（片外 RAM）

【例 3-12】　已知 50H 中有一个 0~9 的数，请使用交换指令编程把它变成相应的 ASCII 码程序。

解： 0~9 的 ASCII 码为 30H~39H。进行比较后发现，两者之间仅相差 30H，故可以利用半字节指令把 0~9 的数装配成相应的 ASCII 码。程序如下：

MOV　R0，#50H　　；(R0)←50H

MOV　A，#30H　　　；(A)←30H

XCHD　A，@R0　　　；A 中形成相应的 ASCII 码

MOV　@R0，A　　　；ASCII 码送回 50H 单元

3.3.5　堆栈操作类指令

片内 RAM 数据区中具有先进后出特点的存储区域称为堆栈，主要用于保护断点和恢复现场。堆栈操作有进栈和出栈操作，即压入和弹出数据。

PUSH　direct　；(SP)←(SP)+1，((SP))←(direct)

POP　direct　；(direct)←((SP))，(SP)←(SP)-1

指令功能：

1)PUSH 称为压栈指令，将指定的直接寻址单元的内容压入堆栈。先将堆栈指针 SP 的内容 +1，指向栈顶的一个单元，然后把指令指定的直接寻址单元内容送入该单元。

2)POP 称为出栈指令，它是将当前堆栈指针 SP 所指示的单元内容弹出到指定的片内 RAM 单元中，然后再将 SP 减 1。

指令执行过程如图 3-7 所示。

【注意】　堆栈操作的特点是"先进后出"，在使用时应注意指令顺序；进栈、出栈指令只能以直接寻址方式来取得操作数，不能用累加器 A 或工作寄存器 Rn 作为操作数。

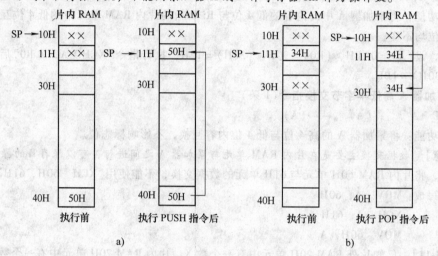

图 3-7　堆栈指令执行过程

a)指令"PUSH 40H"操作示意图　b)指令"POP 30H"操作示意图

【例 3-13】　分析以下程序的运行结果。

MOV　R2，#05H

MOV　A，#01H

PUSH　ACC　　　　　；ACC 表示累加器 A 的直接地址

PUSH　02H　　　　　；02H 表示 R2 的直接地址

POP　ACC

POP　02H

解：结果是(R2)=01H，而(A)=05H，也就是两者进行了数据交换。因此，使用堆栈时，入栈的顺序和出栈的顺序必须相反，才能保证数据被送回原位，即恢复现场。

3.4　算术运算类指令

51 系列单片机的算术运算类指令共有 24 条，包括加、减、乘、除 4 种基本算术运算指令，这 4 种指令能对 8 位的无符号数进行直接运算，借助溢出标志，可对有符号数进行补码运算；借助进位标志，可实现多字节的加、减运算，同时还可对压缩的 BCD 码进行运算，其运算功能较强。

算术运算类指令执行结果将影响标志位。但是加 1 和减 1 指令不影响进位标志(CY)、辅助进位标志(AC)和溢出标志位(OV)。

3.4.1 加法指令

51 系列的加法指令分为 4 类,共 14 条。

1. 不带进位位的加法指令(Addition,ADD 4 条)

ADD A,Rn	;(A)←(A) + (Rn)	
ADD A,direct	;(A)←(A) + (direct)	
ADD A,@Ri	;(A)←(A) + ((Ri))	
ADD A,#data	;(A)←(A) + #data	

指令功能:将两个操作数相加,结果再送回累加器中。

说明:对于无符号数相加,若 CY 置"1",说明和数溢出(大于 255)。对于有符号数相加时,和数是否溢出(大于 +127 或小于 -128),则可通过溢出标志 OV 来判断,若 OV 为"1",说明和数溢出。

【例 3-14】 (A)= 85H,R0 = 20H,(20H)= 0AFH,执行指令"ADD A,@R0"后,求 PSW 各位的值。

解:

$$
\begin{array}{r}
10000101 \\
+\quad 10101111 \\
\hline
1\ 00110100
\end{array}
$$

结果:(A)= 34H;(CY)= 1;(AC)= 1;(OV)= 1;(P)= 1。

对于加法,溢出只能发生在两个同符号数相加的情况。在进行有符号数的加法运算时,溢出标志 OV 是一个重要的编程标志,利用它可以判断两个有符号数相加,和数是否溢出。

2. 带进位加法指令(Addition with Carry,ADDC 4 条)

ADDC A,Rn	;(A)←(A) + (Rn) + (CY)
ADDC A,direct	;(A)←(A) + (direct) + (CY)
ADDC A,@Ri	;(A)←(A) + ((Ri)) + (CY)
ADDC A,#data	;(A)←(A) + data + (CY)

指令功能:累加器 A 中的内容加上源操作数中的内容及进位位 CY,再存入累加器 A 中。

说明:进位位为上一次进位标志 CY 的内容。指令对于标志位的影响与不带进位加法指令相同。

【例 3-15】 试把存放在 R1R2 和 R3R4 中的两个 16 位数相加,结果存于 R5R6 中。

解:参考程序如下:

MOV A,R2	;取第一个数的低 8 位
ADD A,R4	;两数的低 8 位相加
MOV R6,A	;保存和的低 8 位
MOV A,R1	;取第一个数的高 8 位
ADDC A,R3	;两数的高 8 位相加,并把低 8 位相加时的进位位加进来
MOV R5,A	;把相加的高 8 位存入 R5 寄存器中
SJMP $	

3. 增量指令(Increase,INC 5 条)

INC A	;(A)←(A) + 1
INC Rn	;(Rn)←(Rn) + 1
INC direct	;(direct)←(direct) + 1

```
INC    @ Ri              ;((Ri))←((Ri))+1
INC    DPTR             ;(DPTR)←(DPTR)+1
```

指令功能：将指令中指出的操作数内容加1，"INC A"指令对 P 标志有影响，其余指令不影响任何标志位。

说明：若原来的内容为 0FFH，则加1后将产生溢出，使操作数的内容变成 00H，但不影响任何标志位。最后一条指令是对16位的数据指针寄存器 DPTR 执行加1操作，指令执行时，先对低8位指针 DPL 的内容加1，当产生溢出时就对高8位指针 DPH 加1，也不影响任何标志位。

【例 3-16】 (A) = 12H，(R3) = 0FH，(35H) = 4AH，(R0) = 56H，(56H) = 00H

分析执行如下指令：
```
INC    A      ;
INC    R3     ;
INC    35H    ;
INC    @ R0   ;
```
运行后的结果。

解：

执行后 (A) = 13H；(R3) = 10H；(35H) = 4BH；(56H) = 01H

4. 十进制调整指令（Decimal Adjust for Addition，DA 1 条）

```
DA    A
```

指令功能：若 $A_{3\sim0} > 9$ 或 AC = 1 则 $A_{3\sim0} \leftarrow A_{3\sim0} + 6$；若 $A_{7\sim4} > 9$ 或 CY = 1 则 $A_{7\sim4} \leftarrow A_{7\sim4} + 6$。

要点分析：

1）这条指令必须紧跟在 ADD 或 ADDC 指令之后，对加法指令的结果进行调整，且这里的 ADD 或 ADDC 的操作是对压缩的 BCD 码表示的数进行运算。

2）DA 指令不影响溢出标志。

例如，两个十进制数"65"与"58"相加，结果应为 BCD 码"123"，程序如下：

```
MOV    A，#65H
ADD    A，#58H
DA     A
```

结果：(A) = 23H   (CY) = 1

这段程序中，第一条指令将立即数 65H（BCD 码）送入累加器 A；第二条指令进行加法，得结果 0BDH。第三条指令对累加器 A 进行十进制调整，最后得到调整的 BCD 码 23，(CY) = 1，如下所示：

$$
\begin{array}{r r l}
 & 6\ 5 & 0110\ 0101 \\
 & 5\ 8 & 0101\ 1000 \\
\hline
+ & 6\ 6 & 0110\ 0110 \\
\hline
 & 18\ 19 & 10010\ 0011 \\
 & 1\ 2\ 3 &
\end{array}
$$

3.4.2　减法指令

51 系列单片机的减法指令分为两类，共8条。

1. 带借位减法指令（Subtract with Borrow，SUBB 4 条）

SUBB　A，#data　　　　　；（A）←（A）－data－（CY）

SUBB　A，Rn　　　　　　；（A）←（A）－（Rn）－（CY）

SUBB　A，direct　　　　；（A）←（A）－（direct）－（CY）

SUBB　A，@Ri　　　　　；（A）←（A）－（（Ri））－（CY）

指令功能：累加器 A 中的内容减去源操作数中的内容及进位位 CY，差值存入累加器 A 中。

2. 减 1 指令（Decrease，DEC 4 条）

DEC　A　　　　　　　　；（A）←（A）－1

DEC　Rn　　　　　　　；（Rn）←（Rn）－1

DEC　direct　　　　　；（direct）←（direct）－1

DEC　@Ri　　　　　　；（（Ri））←（（Ri））－1

指令功能：使指令中源地址所指 RAM 单元中的内容减 1。第一条减 1 指令对奇偶标志位有影响，其余减 1 指令不影响 PSW 标志位。

【例 3-17】　分析执行程序指令"SUBB A，#64H"的结果，设（A）=49H，（CY）=1。

解：

$$
\begin{array}{r}
0100\ 1001\ (49\mathrm{H}) \\
0110\ 0100\ (64\mathrm{H}) \\
-\qquad\qquad 1 \\
\hline
\boxed{1}\ 1110\ 0100
\end{array}
$$

结果：（A）=0E4H，（CY）=1，（P）=0，（AC）=0，（OV）=0

【例 3-18】　设（A）=0D9H，（R0）=87H，求执行减法指令后的结果。

解：

程序为　CLR　C　　　　　；清进位位

　　　　SUBB　A，R0

$$
\begin{array}{r}
11011001\ (0\mathrm{D}9\mathrm{H}) \\
10000111\ (87\mathrm{H}) \\
-\qquad\qquad 0\ (\mathrm{CY}) \\
\hline
01010010
\end{array}
$$

结果：（A）=52H，（CY）=0，（AC）=0，（P）=1，（OV）=0

【例 3-19】　十进制减法程序（单字节 BCD 数减法）要求：（20H）－（21H）→（22H）

解：首先要考虑到"DA A"指令只能对加法调整，故必须先化 BCD 减法为加法，关键是求两位十进制减数的补码（9AH－减数），如图 3-8 所示。

参考程序如下：

```
CLR   C
MOV   R0, #20H
MOV   R1, #21H
MOV   A, #9AH
SUBB  A, @R1    ；求补
ADD   A, @R0    ；求差
DA    A
```

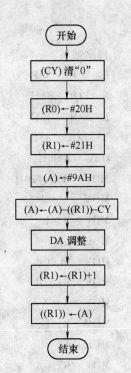

图 3-8　例题 3-19 程序流程图

```
INC   R1
MOV   @R1, A      ; 存结果
```

3.4.3 乘法指令

乘法指令(Multiplication，MUL)的格式为

MUL AB   ; (B)(A)←(A)×(B)

指令功能：把累加器 A 和寄存器 B 中的 8 位无符号整数相乘，乘积为 16 位，乘积的低 8 位存于 A 中，高 8 位存于 B 中。指令执行对 PSW 的影响如下：

1)若乘积大于 255，(OV) = 1；否则(OV) = 0。

2)CY 总是为"0"。

3)P 受累加器 A 中的内容影响。

例如，(A) = 50H，(B) = 0A0H，执行"MUL AB"。

结果：(B) = 32H，(A) = 00H，(OV) = 1

【例 3-20】　设有任意一个 3 字节数 EFL 作为被乘数，有一单字节数 N 作为乘数，试编程求其积，并将结果存在 20H ~ 23H 单元中(由低字节到高字节顺序存放)。

解：实现该功能的程序流程如图 3-9 所示。

		E	F	L
	×			N
			LN 高（R1）	LN 低(R0)
	FN 高(R3)	FN 低（R2)		
EN 高(R5)	EN 低(R4)			
23H	22H	21H	20H	

程序如下：

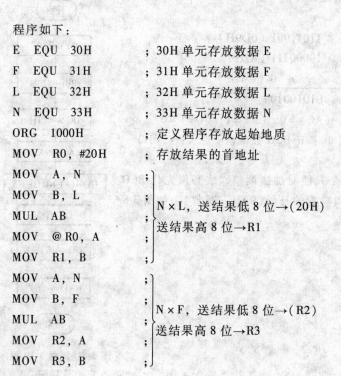

```
E  EQU  30H      ; 30H 单元存放数据 E
F  EQU  31H      ; 31H 单元存放数据 F
L  EQU  32H      ; 32H 单元存放数据 L
N  EQU  33H      ; 33H 单元存放数据 N
ORG  1000H       ; 定义程序存放起始地质
MOV  R0, #20H    ; 存放结果的首地址
MOV  A, N        ;
MOV  B, L        ;
MUL  AB          ; N × L, 送结果低 8 位→(20H)
MOV  @R0, A      ; 送结果高 8 位→R1
MOV  R1, B       ;
MOV  A, N        ;
MOV  B, F        ;
MUL  AB          ; N × F, 送结果低 8 位→(R2)
MOV  R2, A       ; 送结果高 8 位→R3
MOV  R3, B       ;
```

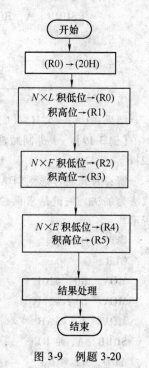

图 3-9　例题 3-20
程序流程图

```
MOV   A, N        ;┐
MOV   B, E        ; │
MUL   AB          ; │  N × E，送结果低 8 位→(R4)
MOV   R4, A       ; │  送结果高 8 位→(R5)
MOV   R5, B       ;┘

MOV   A, R1       ;┐
ADD   A, R2       ; │
INC   R0          ; │
MOV   @R0, A      ; │
MOV   A, R3       ; │
ADDC  A, R4       ; ├  相加，保存结果
INC   R0          ; │
MOV   @R0, A      ; │
CLR   A           ; │
ADDC  A, R5       ; │
INC   R0          ; │
MOV   @R0, A      ;┘
SJMP  $           ; 等待新的指令
```

3.4.4　除法指令

除法指令(Division，DIV)的格式为

DIV　AB　　；(A)←(A/B)的商，(B)←(A/B)的余数

指令功能：把累加器 A 中的 8 位无符号整数除以寄存器 B 中 8 位无符号整数，商放在 A 中，余数放在 B 中。指令执行对 PSW 的影响如下：

1)CY、OV，清"0"。

2)若(B) = 0，(OV) = 1。

3)P 受累加器 A 中的内容影响。

【例 3-21】　试编写程序，要求：把 A 中的二进制数转换为 3 位 BCD 码。百位放在 20H，十位、个位放在 21H 中。

解：编程要点分析：

1)将要转换的二进制数除以 100，商即为百位数，余数再除以 10，商和余数分别为十位和个位数。

2)通过 SWAP、ADD 指令组成一个压缩的 BCD 数，其中十位数放在 $A_{7\sim4}$，个位数放在 $A_{3\sim0}$。

程序流程如图 3-10 所示。

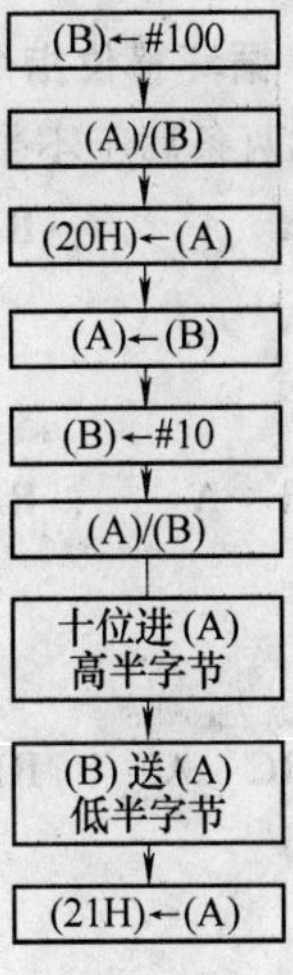

参考程序如下：

```
MOV   B, #100    ; 置除数为 100
DIV   AB         ; 除以 100
MOV   20H, A     ; 商放入 20H
MOV   A, B       ; 余数放 A
MOV   B, #10     ; 置除数为 10
DIV   AB         ; 除以 10，个位数放入 B，十位放入 A
```

图 3-10　例 3-21 流程图

```
SWAP  A          ；十位数放入 A7~4
ADD  A，B         ；组合 BCD 码
MOV  21H，A       ；存十位和个位数
SJMP  $
```

乘除法指令说明：

1）乘法指令和除法指令需要 4 个机器周期，是指令系统中执行时间最长的指令。

2）在进行 8 位数乘除法运算时，必须将相应的被乘数和乘数、被除数和除数分别放入累加器 A 和寄存器 B 中，才能进行计算。

3）在 51 单片机中，乘法和除法指令仅适用于 8 位数乘法和除法运算。如果被乘数、被除数和除数中有一个是 16 位数时，不能用两个指令。

3.5　逻辑运算类指令

逻辑运算类指令用于对两个操作数进行逻辑乘、逻辑加、逻辑取反和异或等操作。循环移位指令可以对累加器 A 中的数进行循环移位。

逻辑运算指令共 24 条，包括与、或、异或、清"0"、求反和左移位、右移位等逻辑指令。按操作数也可分为单、双操作数两种。逻辑运算指令涉及累加器 A 时，影响 P，但对 AC、OV 及 CY 没有影响。

3.5.1　累加器 A 的逻辑运算指令

A 操作指令共有 6 条，可以实现将累加器 A 中的内容进行取反、清"0"，循环左移位、循环右移位、带 CY 循环左移位和带 CY 循环右移位。

1. 累加器清"0"（Cleav　　CLR，1 条）

```
CLR  A   ；(A)←0
```

2. 累加器按位取反指令（　　Complment CPL，1 条）

```
CPL  A   ；(A)←(/A)
```

【注意】　逻辑运算是按位进行的，累加器的按位取反实际上是逻辑非运算；当需要只改变字节数据的某几位，而其余位不变时，不能使用直接传送方法，只能通过逻辑运算完成。

3. 循环移位指令（4 条）

前两条属于不带 CY 标志位的循环移位指令，后面两条指令为带 CY 标志位的左移和右移。

```
RL  A    ；RL(Rotate Left)，将 A 的内容循环左移 1 位
```

A7←A6←A5←A4←A3←A2←A1←A0

```
RR  A    ；RL(Rotate Right)，循环右移 1 位
```

A7→A6→A5→A4→A3→A2→A1→A0

```
RRC  A   ；RLC(Rotate Right with Carry)，带 CY 循环右移 1 位
```

CY → A7→A6→A5→A4→A3→A2→A1→A0

```
RLC  A   ；RLC(Rotate Left with Carry)，带 CY 循环左移 1 位
```

【注意】 执行 RL 指令 1 次，相当于把原内容乘以 2；执行 RR 指令 1 次，相当于把原内容除以 2。

【例 3-22】 编程实现 16 位数的算术左移。设 16 位数存放在片内 RAM 40H、41H 单元，低位在前。算数左移是指将操作数整体左移一位，最低位补充 0。相当于完成对 16 位数的乘 2 操作。

解： 需要带 CY 的循环左移，在第一次移位之前 CY 必须清"0"。程序如下：

```
CLR   C              ; CY 清"0"
MOV   A, 40H         ; 取操作数低 8 位送 A
RLC   A              ; 低 8 位左移一位
MOV   40H, A         ; 送回原单元保存
MOV   A, 41H         ; 指向高 8 位
RLC   A              ; 高 8 位左移
MOV   41H, A         ; 送回 41H 单元保存
```

3.5.2 两个操作数的逻辑操作运算指令

两个操作数的逻辑运算指令共有 18 条，分为逻辑"与"指令、逻辑"或"指令和逻辑"异或"指令。

1. 逻辑"与"操作指令（And on logical 6 条）

```
ANL   A, Rn          ; (A)←(A)∧(Rn)
ANL   A, direct      ; (A)←(A)∧(direct)
ANL   A, @Ri         ; (A)←(A)∧((Ri))
ANL   A, #data       ; (A)←(A)∧data
ANL   direct, A      ; (direct)←(direct)∧(A)
ANL   direct, #data  ; (direct)←(direct)∧data
```

指令功能：将两个操作数的内容按位进行逻辑"与"操作，并将结果送回目的操作数的单元中。

利用"与"操作可屏蔽一些位或影响标志位。例如，要将一个字节中的高 4 位清"0"，可用 0FH 进行"与"操作。

2. 逻辑"或"操作指令（Or on Logical 6 条）

```
ORL   A, Rn          ; (A)←(A)∨(Rn)
ORL   A, direct      ; (A)←(A)∨(direct)
ORL   A, @Ri         ; (A)←(A)∨((Ri))
ORL   A, #data       ; (A)←(A)∨data
ORL   direct, A      ; (direct)←(direct)∨(A)
ORL   direct, #data  ; (direct)←(direct)∨data
```

指令功能：将两个操作数的内容按位进行逻辑"或"操作，并将结果送回目的操作数的单元中。利用"或"操作可进行数位的组合。例如，要把数字转换成 ASCII 码，可用 30H 进行或操作。

【例 3-23】 在 30H 与 31H 单元有两个非压缩 BCD 码（高位在 30H 单元），编程将它们合并到 30H 单元以节省内存空间。

解： 程序如下：

```
MOV   A, 30H
SWAP  A              ; (A)₇~₄←(30H)₃~₀
ORL   A, 31H         ; 合并为压缩 BCD 码
MOV   30H, A         ; 回存到 30H 单元
```

【例 3-24】 编写程序将累加器 A 中的低 4 位从 P1 口的低 4 位输出，P1 口的高 4 位不变。

解： 程序如下：

```
ANL   A, #00001111B
MOV   30H, A         ; 保留 A 中的低 4 位
MOV   A, P1
ANL   A, #11110000B  ; P1 的高 4 位不变
ORL   A, 30H
MOV   P1, A
```

3. 逻辑"异或"指令（6 条）

```
XRL   A, Rn          ; (A)←(A)⊕(Rn)
XRL   A, direct      ; (A)←(A)⊕(direct)
XRL   A, @Ri         ; (A)←(A)⊕((Ri))
XRL   A, #data       ; (A)←(A)⊕ data
XRL   direct, A      ; (direct)←(direct)⊕(A)
XRL   direct, #data  ; (direct)←(direct)⊕data
```

指令功能：将两个操作数的内容按位进行逻辑"异或"操作，并将结果送回目的操作数。

【注意】 逻辑"异或"指令常用来使字节中某些位进行取反操作，其他位保持不变。若某位需要取反则该位与"1"相异或；保留某位则该位与"0"相"异或"。利用"异或"指令对某单元自身"异或"，可以实现清"0"操作。

【例 3-25】 已知片外 RAM 30H 中有数 0AAH，现欲令其高 4 位不变，低 4 位取反，试编写相应程序。

解： 完成本题有多种求解方法，现介绍其中两种。

(1) 利用 MOVX A, @Ri 类指令

```
ORG   0100H          ; 定位程序的起始地址
MOV   R0, #30H       ; 地址 30H 送 R0
MOVX  A, @R0         ; (A)←0AAH
XRL   A, #0FH        ; (A)←0AAH⊕0FH = 0A5H
MOVX  @R0, A         ; 送回 30H 单元
SJMP  $              ; 等待
END                  ; 汇编程序结束
```

程序中，异或指令执行过程为

$$
\begin{array}{r}
(30H) = 1\,0\,1\,0\,1\,0\,1\,0\,B \\
\oplus \quad data = 0\,0\,0\,0\,1\,1\,1\,1\,B \\
\hline
(30H) \quad 1\,0\,1\,0\,0\,1\,0\,1\,B
\end{array}
$$

(2) 利用 MOVX A, @DPTR 类指令

```
ORG   0200H          ; 定位程序的起始地址
MOV   DPTR, #0030H   ; 地址 0030H 送 DPTR
```

```
MOVX  A, @DPTR          ;(A)←0AAH
XRL  A, #0FH            ;(A)←0AAH⊕0FH = 0A5H
MOVX  @DPTR, A          ;送回 30H 单元
SJMP  $                 ;等待
END                     ;汇编程序结束
```

【例 3-26】　编写程序完成下列各题：

1）选用工作寄存器组中 0 区为工作区。

2）利用移位指令实现累加器 A 的内容乘 6。

解：程序如下：

```
1) ANL  PSW, #11100111B  ;PSW 的 D4、D3 位为 00
2) CLR  C
   RLC  A                ;左移 1 位，相当于乘 2
   MOV  R0, A
   CLR  C
   RLC  A                ;再乘 2，即乘 4
   ADD  A, R0            ;乘 2 + 乘 4 = 乘 6
```

【例 3-27】　将累加器 A 中压缩 BCD 码分为 2 字节，形成非压缩 BCD 码，放入 30H 和 31H 单元中。

解：程序如下：

```
MOV  40H, A             ;保存 A 中的内容
ANL  A, #00001111B      ;清高 4 位，保留低 4 位
MOV  30H, A
MOV  A, 40H             ;取原数据
ANL  A, #11110000B      ;保留高 4 位，清低 4 位
SWAP  A
MOV  31H, A
```

3.6　位操作类指令

位操作指令又称为布尔指令。51 系列单片机的硬件结构除了 8 位 CPU 外，还有一个布尔处理机（或称位处理机），可以进行位寻址。位操作指令可以分为位传送指令，位修改及位逻辑操作等。该类指令一般不影响标志位。

寻址片内 RAM 中的范围为：片内 20H ～ 2FH（00H ～ 07FH）中的 128 个可寻址位和 SFR 中的可寻址位。

3.6.1　位变量传送指令

位变量传送指令有互逆的 2 条，可实现进位位 C 与某直接寻址位 bit 间内容的传送。

```
MOV  C, bit            ;(CY)←(bit)
MOV  bit, C            ;(bit)←(CY)
```

指令功能：把源操作数的布尔变量送到目的操作数指定的位地址单元，其中一个操作数必须为进位标志 CY，另一个操作数可以是任何可直接寻址位。

【例 3-28】　编写程序将 20H.0 的内容传送到 22H.0。

解：程序如下：

MOV　C, 20H. 0

MOV　22H. 0, C

也可写成

MOV　C, 00H　　　　　　　　; (CY)←20H. 0

MOV　10H, C　　　　　　　　; 22H. 0←(CY)

值得注意的是，后两条指令中的 00H 和 10H 分别为 20H. 0 和 22H. 0 位地址，它不是字节地址。

3.6.2　位变量修改指令

位变量修改指令共有 6 条，分别是对位进行清"0"、置"1"和取反指令，不影响其他标志。

CLR　C　　　　　　　　　　; (CY)←0

CLR　bit　　　　　　　　　; (bit)←0

CPL　C　　　　　　　　　　; (CY)←(/CY)

CPL　bit　　　　　　　　　; (bit)←(/bit)

SETB　C　　　　　　　　　　; (CY)←1

SETB　bit　　　　　　　　　; (bit)←1

3.6.3　位变量逻辑操作指令

位变量逻辑操作指令包括位变量逻辑"与"和逻辑"或"，共有 4 条指令。

ANL　C, bit　　　　　　　; (CY)←(CY)∧(bit)

ANL　C, /bit　　　　　　; (CY)←(CY)∧(/bit)

ORL　C, bit　　　　　　　; (CY)←(CY)∨(bit)

ORL　C, /bit　　　　　　; (CY)←(CY)∨(/bit)

【**注意**】　位变量逻辑运算指令中无逻辑"异或"(XRL)。

【**例 3-29**】　编写程序段满足只在 P1.0 为 1、ACC.7 为 1 和 OV 为 0 时，置位 P3.1 的逻辑控制(其硬件电路如图 3-11 所示)。

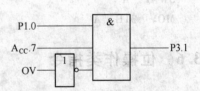

图 3-11　例 3-29 硬件逻辑电路

解：程序如下：

MOV　C, P1. 0

ANL　C, ACC. 7

ANL　C, /OV

MOV　P3. 1, C

3.7　控制转移类指令

控制转移类指令的共同特点是可以改变程序执行的顺序，使 CPU 转移到另一处执行，或者是继续顺序执行。无论是哪一类指令，执行后都以改变程序计数器(PC)中的值为目标。

控制转移类指令分为 4 类：无条件转移、条件转移、调用指令及返回指令，共计有 21 条指令，另外还有一条 NOP 指令。除 NOP 指令执行时间为一个机器周期外，其他转移指令的执行时间都是两个机器周期。

3.7.1　无条件转移指令

无条件转移指令有 4 条，执行指令后程序的执行顺序是必须转移的。

1. 绝对转移指令（Absolute Jump）

AJMP　addr11 ；$(PC)\leftarrow(PC)+2$，$(PC)_{10-0}\leftarrow addr11$

这是 2KB 范围内的无条件转移指令，执行该指令时，先将 PC 的内容加 2，然后将 addr11 送入 $PC_{10}\sim PC_0$，而 $PC_{15}\sim PC_{11}$ 保持不变。需要注意的是，由于 AJMP 是双字节指令，当程序转移时 PC 的内容加 2，因此转移的目标地址应与 AJMP 下相邻指令第一字节地址在同一双字节范围。本指令不影响标志位。

其指令格式为

$A_{10}A_9A_8$	0	0	0	0	1
A_7	A_6A_5	A_4	A_3	A_2A_1	A_0

例如，程序存储器的 2070H 地址单元有绝对转移指令：

2070H　AJMP　16AH(00101101010B)

因此指令的机器代码为

0	0	1	0	0	0	0	1
0	1	1	0	1	0	1	0

程序计数器 $(PC)_{当前}=(PC)+2=2070H+02H=2072H(0010\ 0000\ 0111\ 0010)$，取 $(PC)_{当前}$ 的高 5 位 00100 和指令机器代码给出的 11 位地址 00101101010 最后形成的目的地址为：0010 0001 0110 1010B = 216AH。

2. 相对转移指令（Short Jump）

SJMP　rel ；$(PC)\leftarrow(PC)+2+rel$

转移范围为当前 PC 值的 $-128\sim+127$ 范围内，共 256 个单元。

若偏移量 rel 取值为 0FEH（ -2 的补码），则目标地址等于源地址，相当于动态停机，程序终止在这条指令上，停机指令在调试程序时很有用。51 系列单片机没有专用的停机指令，若要求动态停机可用 SJMP 指令来实现：

HERE：SJMP　HERE；动态停机

或写成 HERE：SJMP $；"$"表示本指令首字节所在单元的地址，使用它可省略标号。

3. 长转移指令（Long Jump）

LJMP　addr16 ；$(PC)\leftarrow addr16$

执行该指令时，将 16 位目标地址 addr16 装入 PC，程序无条件转向指定的目标地址。转移指令的目标地址可在 64KB 程序存储器地址空间的任何地方，不影响任何标志。

4. 间接转移指令（散转指令）

JMP　@A + DPTR ；$(PC)\leftarrow(A)+(DPTR)$

指令功能：把累加器 A 中的 8 位无符号数与数据指针 DPTR 的 16 位数相加，其和作为下一条指令的地址送入 PC，不影响标志位。间接转移指令采用变址方式实现无条件转移，其特点是转移地址可以在程序运行中加以改变。例如，把 DPTR 作为基地址时，根据 A 的不同值就可以实现多分支转移，故一条指令可完成多条条件判断转移指令功能。这种功能称为散转功能，所以间接指令又称为散转指令。

【例 3-30】　编写程序根据 A 中的内容（命令编号 0~9）转相应的命令处理程序。

解： 由于 LJMP 为三字节指令，因此变址寄存器的内容必须乘 3。

```
        ORG   1000H
START: MOV   R1, A
        RL      A           ; 乘 2
        ADD   A, R1          ; 完成偏移量(A) = (A) × 3
        MOV   DPTR, #TABLE   ; 设定表格首地址
        JMP   @ A + DPTR
TABLE: LJMP COMD0
                ⋮
        LJMP   COMD9
COMD0:
                ⋮
COMD9:
        END
```

3.7.2 条件转移指令

条件转移指令有 13 条。若条件满足则进行程序转移，若条件不满足，仍按原程序顺序执行，故称为条件转移指令或称判跳指令。

1. 进位/无进位转移指令(Jump on Carry/Not Carry 2 条)

```
JC    rel  ; (CY) = 1, 则(PC)←(PC) + 2 + rel
           ; (CY) = 0, 则(PC)←(PC) + 2
JNC   rel  ; (CY) = 0, 则(PC)←(PC) + 2 + rel
           ; (CY) = 1, 则(PC)←(PC) + 2
```

指令功能：第一条指令执行时，先判断 CY 中的值。若 CY = 1，则程序发生转移；若(CY) = 0，则程序不转移，继续执行原程序。第二条指令执行时的情况与第一条指令恰好相反：若(CY) = 0，则程序发生转移；若(CY) = 1，则程序不转移，继续执行原程序。

2. 累加器内容为零/非零转移指令(Jump on Zero/Not Zero 2 条)

```
JZ    rel  ; (A) = 0, 则(PC)←(PC) + 2 + rel
           ; (A) ≠ 0, 则(PC)←(PC) + 2
JNZ   rel  ; (A) ≠ 0, 则(PC)←(PC) + 2 + rel
           ; (A) = 0, 则(PC)←(PC) + 2
```

指令功能：指令不改变原累加器内容，不影响标志位。转移的目标地址在以下一条指令的起始地址为中心的 256 字节范围之内(− 128 ～ + 127)。当条件满足时，(PC)←(PC) + 2 + rel，其中(PC)为该条件转移指令的第一个字节的地址。其执行过程如图 3-12 所示。

3. 比较不相等转移指令(Compare Jump on Not Equal 4 条)

```
CJNE  A, #data, rel  ; (A) = data, 则(PC)←(PC) + 3
                     ; (A) ≠ data, 则(PC)←(PC) + 3 + rel, 并产生 CY 标志
CJNE  A, direct, rel ; (A) = (direct), 则(PC)←(PC) + 3
                     ; (A) ≠ (direct), 则(PC)←(PC) + 3 + rel
                     ; 并产生 CY 标志
CJNE  Rn, #data, rel ; (Rn) = data, 则(PC)←(PC) + 3
                     ; (Rn) ≠ data, 则(PC)←(PC) + 3 + rel
                     ; 并产生 CY 标志
```

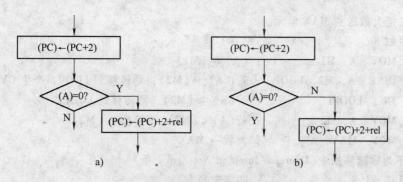

图 3-12　JZ 和 JNZ 指令执行示意图

a）JZ rel 指令　b）JNZ rel 指令

CJNE　@Ri，#data，rel　；（（Ri）） = data，则（PC）←（PC） + 3

；（（Ri）） ≠ data，则（PC）←（PC） + 3 + rel

；并产生 CY 标志

比较不相等转移指令为三字节、三操作数相对转移指令。

指令功能：比较前面两个操作数的大小，如果它们的值不相等则转移。转移地址的计算方法与上述两条指令相同。

这类指令十分有用，但使用时应注意以下问题：

1）这 4 条指令都是三字节指令，指令执行时 PC　3 次加 1，然后再加地址偏移量 rel。由于 rel 的地址范围为 − 128 ~ + 127，因此指令的相对转移范围为 − 125 ~ + 130。

2）指令执行过程中的比较操作实际上是减法操作，但不保存两数之差，产生 CY 标志。

3）若参加比较的两个操作数 X 和 Y 是无符号数，则可以直接根据指令执行后产生的 CY 来判断两个操作数的大小。若 CY = 0，则 X ⩾ Y；若 CY = 1，则 X < Y。

4）若参加比较的两个操作数 X 和 Y 是有符号数补码。判断有符号数补码的大小可采用如图 3-13 所示的方法。

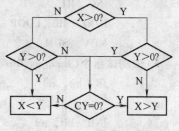

图 3-13　带符号数的比较方法

由图 3-13 中可知，若 X > 0 且 Y < 0，则 X > Y；若 X < 0 且 Y > 0，则 X < Y；若 X > 0 且 Y > 0（或 X < 0 又 Y < 0 时，则需对比较条件转移中产生的 CY 值进一步判断。若 CY = 0，则 X > Y；若 CY = 1，则 X < Y。不影响任何操作数的内容。

【例 3-31】　已知 20H 中有一无符号数 X，若它小于 50，则转向 LOOP1 执行；若它等于 50，则转向 LOOP2 执行；若它大于 50，则转向 LOOP3 执行，试编写相应程序段。

解：程序如下。

```
        MOV   A, 20H          ;(A)←X
        CJNE  A, #50, COMP    ;若 X ≠ 50，则转移到 COMP，产生 CY 标志
        SJMP  LOOP2           ;若 X = 50，则转移到 LOOP2
COMP:   JNC   LOOP3           ;若 X > 50，则转移到 LOOP3
LOOP1：                       ;LOOP1 程序段
LOOP2：                       ;LOOP2 程序段
LOOP3：                       ;LOOP3 程序段
        END
```

【例 3-32】　已知片内 RAM 的 M1 和 M2 单元中各有一个无符号 8 位二进制数。试编程比较它

们的大小，并把大数送到 MAX 单元。

解：程序如下。

```
        MOV   A, M1              ；(A)←(M1)
        CJNE  A, M2, LOOP        ；若(A)≠(M2)，则转移到 LOOP，产生 CY 标志
LOOP：  JNC   LOOP1              ；若(A)≥(M2)，则转移到 LOOP1
        MOV   A, M2              ；若(A)<(M2)，则(A)←(M2)
LOOP1：MOV   MAX, A              ；大数→ MAX
```

4. 减 1 不为零转移指令（Decrease Jump on Not Zero 2 条）

```
DJNZ   Rn, rel                   ；两字节指令
DJNZ   direct, rel               ；三字节指令，direct 可以是片内 RAM 任意字节地址
```

指令功能：把源操作数减 1，结果回送到源操作数中去，如果结果不为 0 则转移。

【注意】 这两条指令均可以构成循环结构程序。

【例 3-33】 编写程序将片内 RAM 从 DATA 单元开始的 10 个无符号数相加，相加结果送 SUM 单元保存（假设结果不超过 8 位二进制数）。

解：程序如下。

```
        MOV   R0, #0AH           ；设置循环次数
        MOV   R1, #DATA          ；R1 作地址指针，指向数据块首地址
        CLR   A                  ；A 清"0"
LOOP：  ADD   A, @R1             ；加一个数
        INC   R1                 ；修改指针，指向下一个数
        DJNZ  R0, LOOP           ；R0 减 1 不为 0，继续循环
        MOV   SUM, A             ；存 10 个数相加的和
```

5. 位测试指令（Jump on Bit/Not Bit 3 条）

```
        JB    bit, rel           ；(bit)=1，则(PC)←(PC)+3+rel
                                 ；(bit)=0，则(PC)←(PC)+3
        JNB   bit, rel           ；(bit)=0，则(PC)←(PC)+3+rel
                                 ；(bit)=1，则(PC)←(PC)+3
        JBC   bit, rel           ；(bit)=1，则(PC)←(PC)+3+rel 且(bit)←0
                                 ；(bit)=0，则(PC)←(PC)+3
```

指令功能：当某一特定条件满足时，执行转移操作指令（相当于一条相对转移指令）；条件不满足时，顺序执行下面的一条指令。

【注意】 这类指令可以根据位地址 bit 中的内容来决定程序的流向。其中，第一条指令和第三条指令的不同是 JBC 指令执行后还能把 bit 位清"0"，一条指令起到了两条指令的作用。

【例 3-34】 编写程序，统计片内 RAM 30H 单元开始的 20 个带符号数中负数的个数，结果存入 50H 单元。

解：程序如下：

```
        MOV   R7, #20            ；循环次数存 R7
        MOV   R3, #0             ；计数变量清"0"
        MOV   R0, #30H           ；数据单元首地址存 R0
LOOP：  MOV   A, @R0             ；取数据送至 A
        RLC   A                  ；带进位向左循环移 1 位
        JNC   L1                 ；CY=0(非负数)转 L1
```

```
        INC   R3              ；CY = 1，负数，统计，(R3)←(R3) + 1
L1：    INC   R0              ；修改 R0，取下一个数
        DJNZ  R7，LOOP        ；(R7)←(R7) - 1，若(R7)≠0 继续循环
        MOV   50H，R3
        SJMP  $
```

【例 3-35】 利用 P1.0、P1.1 作为外接发光二极管(LED)的启停按钮，P1.2 作为外接 LED端，试编写控制程序。

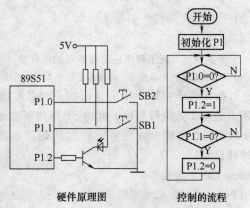

图 3-14   按键连接图及流程图

解：程序如下。
```
START：MOV  P1，#03H        ；P1 口作输入时，端口锁存器先置"1"
  WT1：JB  P1.0，WT1
       SETB  P1.2
  WT2：JB  P1.1，WT2
       CLR  P1.2
       SJMP  WT1
```

3.7.3   调用与返回指令

在程序设计中，通常把具有一定功能的公用程序段编写成子程序，供主程序需要时调用。当主程序需要调用子程序时用调用指令，而在子程序的最后安排一条子程序返回指令，以便执行完子程序后能返回主程序继续执行。按两者的关系有多次调用和子程序嵌套两种调用情况，如图 3-15 所示。

执行调用指令时，CPU 自动将当前 PC 值(该值也称断点地址)压入堆栈中，并自动将子程序入口地址送入 PC 中；当执行返回指令时，CPU 自动把堆栈中的断点地址恢复到 PC 中。

图 3-16a 是一个两级嵌套的子程序调用示意图，图 3-16b 为两级子程序调用后堆栈中断点地址的存放情况。

当单片机执行主程序中的调用指令时，断点地址 1 被压入堆栈保护起来(先压入低 8 位，后压入高 8 位)。当执行到子程序 1 中的调用指令时，

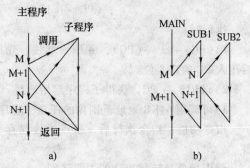

图 3-15   主程序与子程序结构
a)二次调用 b)二级子程序嵌套

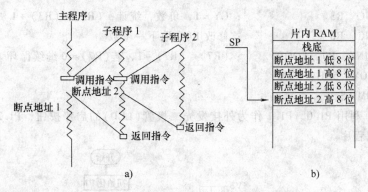

图 3-16　二级子程序嵌套及断点地址存放

a)二级子程序嵌套示意图　b)转入子程序 2 时的堆栈

断点地址 2 又被压入堆栈。当执行到子程序 2 中的返回指令时，堆栈中的断点地址 2 被恢复到 PC，故计算机能自动返回断点地址 2 处执行程序，此时 SP 指向断点地址 1 的高 8 位单元。当执行到子程序 1 中的返回指令时，断点地址 1 被恢复到 PC，再返回断点地址 1 处执行主程序，此时 SP 指向堆栈的栈底(即堆栈已空)。

1. 绝对调用指令(Absolute Call 1 条)

ACALL　addr11　　　; (PC)←(PC) + 2

　　　　　　　　　　; (SP)←(SP) + 1, (SP)←PC7 ~ PC0

　　　　　　　　　　; (SP)←(SP) + 1, (SP)←PC15 ~ PC8

　　　　　　　　　　; PC10 ~ 0←addr11

执行时：

1)(PC) + 2 →(PC)，并压入堆栈，先压入 PC 低 8 位，后压入 PC 高 8 位。

2)PC15 ~ 11 a10 ~ 0 → PC，获得子程序起始地址。

【例 3-36】　设"ACALL addr11"指令在程序存储器中起始地址为 1FFEH，堆栈指针 SP 为 60H。试画出单片机执行该指令时的堆栈变化示意图。

解：执行指令时的断点地址为 1FFEH + 2 = 2000H，指令执行后堆栈中的数据变化如图 3-17 所示。

2. 长调用指令(Long Call 1 条)

LCALL　addr16　　　; (PC)←(PC) + 3

　　　　　　　　　　; (SP)←(SP) + 1, (SP)←PC7 ~ PC0

　　　　　　　　　　; (SP)←(SP) + 1, (SP)←PC15 ~ PC8

　　　　　　　　　　; (PC)←addr16

执行时：

1)(PC) + 3 →(PC)，并压入堆栈，先压入 PC 的低 8 位，后压入 PC 的高 8 位。

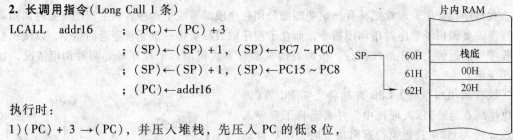

图 3-17　例 3-36 图

2)addr16 → PC，获得子程序起始地址。

3)可调用 64KB 地址范围内的任意子程序。

指令功能：指令执行后，断点进栈保存，addr16 作为子程序起始地址，编程时可用标号代替。

调用指令与转移指令的主要区别：

1)转移指令不保存返回地址，而子程序调用指令在转向目的地址的同时，必须保留返回地址(也称为断点地址)，以便执行返回指令时回到主程序断点的位置。通常采用堆栈技术保存断点地址，这样可以允许多重子程序调用，即在子程序中再次调用子程序。

2）堆栈是片内 RAM 中一片存储区，采用先进后出的原则存取数据，调用时保护断点的工作由调用指令完成，调用后恢复断点的工作由返回指令完成。

3. 返回指令（2 条）

返回指令能自动恢复断点，将原压入堆栈的 PC 值弹回到 PC 中，保证回到断点处继续执行主程序。返回指令必须用在子程序或中断服务子程序的末尾。

（1）子程序的返回

RET 　；PC15 ~ PC8←（SP），（SP）←（SP）－1

　　　；PC7 ~ PC0←（SP），（SP）←（SP）－1

指令功能：RET（Return）指令从堆栈中取出 16 位断点地址送回 PC，使子程序返回主程序。

（2）中断返回指令

RETI 　；PC15 ~ PC8←（SP），（SP）←（SP）－1

　　　；PC7 ~ PC0←（SP），（SP）←（SP）－1

指令功能：RETI（Return for Interrupt）将堆栈顶部 2 字节的内容送到 PC 中，该指令用于中断服务程序的末尾。

与 RET 指令不同之处：RETI 指令还具有清除中断优先级触发器状态、恢复中断逻辑等功能。

【**例 3-37**】　如图 3-18 所示，在 P1.0 ~ P1.3 分别装有两个红灯和两个绿灯，试编制一种红绿灯定时切换的程序。红 1 和绿 1 为东西灯，红 2 和绿 2 为南北灯。

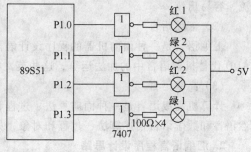

图 3-18　红绿灯和 P1 口连接图

解：

```
MAIN：  MOV   A，#03H
  ML：  MOV   P1，A      ；切换红绿灯
        ACALL DL         ；调用延时子程序
MXCH：  CPL   A
        AJMP  ML
  DL：  MOV   R7，#0A3H  ；置延时用常数
 DL1：  MOV   R6，#0FFH
 DL6：  DJNZ  R6，DL6    ；用循环来延时
        DJNZ R7，DL1
        RET              ；返回主程序
```

在执行上面的程序过程中，执行到"ACALL DL"指令时，程序转移到子程序 DL，执行到子程序中的 RET 指令后又返回到主程序中的 MXCH 处。这样 CPU 不断在主程序和子程序之间转移，实现对红绿灯的定时切换。

4. 空操作指令（1 条）

NOP 　；（PC）←（PC）+1

说明：

1）该指令不执行任何操作，仅仅将 PC 加 1，使程序继续向下执行。

2）该指令为单周期指令，所以在时间上占用一个机器周期，常用于程序的等待或时间的延迟。

3.8　汇编语言程序设计

汇编语言是用助记符、符号和数字等来表示指令的程序语言，它与机器码指令一一对应。用汇编语言编写的程序必须经编译后才能生成目标代码，才能被计算机识别和执行，汇编语言和用高级语言写的程序均称为源程序。

3.8.1　汇编语言程序设计概述

源程序转换成目标程序的过程是由通用个人计算机（PC）执行一种特定的翻译程序（称为汇编程序）自动完成的。

1. 程序设计的三种语言

程序是完成某一特定任务的若干指令的有序集合。程序设计就是用计算机所能识别的语言把解决问题的步骤描述出来，即编写程序。目前计算机语言种类繁多，性能各异，大致可分为三类：机器语言、汇编语言和高级语言。

（1）机器语言

在计算机中，用二进制代码表示的指令、数字和符号简称为机器语言。直接用机器语言编写的程序称为机器语言程序。但是用机器语言编制的程序不易看懂，难于编写、难于查错和难于交流，容易出错。

（2）汇编语言

汇编语言是一种面向机器的程序设计语言，它用英文字符来代替对应的机器语言。例如，用ADD 代替机器语言中的加法运算，这些英文字符被称为助记符。

（3）高级语言

计算机高级语言是一种面向算法、过程和对象的程序设计语言，它采用更接近人们习惯的自然语言和数学语言描述算法、过程和对象，如 BASIC、C、Java 等都是常用的高级语言。

2. 汇编语言程序设计思路

在编写汇编语言程序时，应遵循程序设计简明、占用内存少、执行时间最短的原则，一般有以下几个过程：

（1）分析问题，确定算法

先对所需解决的问题进行分析，明确目的和任务，了解现有条件和目标要求后再确定解决该问题的方法和步骤，即通常所说的算法。对于一个问题，一般有多种不同的解决方案，通过比较从中挑选最优方案。

（2）画程序流程图

把算法用流程图描述出来，即用流程图中的各种图形、符号、流向线等来描述程序设计的过程，它可以清晰表达程序的设计思路。

起止框：开始和结束框，在程序的开始和结束时使用。

判断框：进行条件判断，以决定程序的流向。

处理框：表示各种处理和运算。

流向线：表示程序执行的流向。

连接点：圈中标注相同数字或符号的，表示连接在一起。

（3）编写源程序

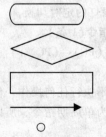

根据流程图中各部分的功能，选取合适的指令和结构编写出具体程序。

（4）汇编和调试

对已编写好的程序，先进行汇编。在汇编过程中，若还有语法错误，需要对源程序进行修改。汇编工作完成后，上机调试运行。先输入给定的数据，运行程序，检查运行结果是否正确，若发现错误，通过分析，再对源程序进行修改。

3.8.2　常用伪指令

伪指令又称汇编程序控制指令，是指示性语句，并不是真正的指令，不产生相应的机器码。它们只在计算机将汇编语言转换为机器码时，指导汇编过程，告诉汇编程序如何完成汇编工作。

1. 汇编起始地址伪指令

格式：

ORG　16 位绝对地址或表达式

指令功能：规定程序块或数据块存放的起始地址。

例如：ORG　8000H

　　　　START：MOV　A，#30H

该伪指令规定第一条指令从地址单元 8000H 开始存放，即标号 START 的值为 8000H。

【注意】　一个源程序中，可以多次使用 ORG 指令，规定不同的程序段地址。地址必须由小到大，不能交叉、重叠。若程序段前无 ORG 伪指令，则汇编后的目标程序将从 0000H 地址开始或紧接前段程序。

2. 汇编结束伪指令

格式：

END

指令功能：END 是汇编源程序的结束标志，在整个源程序中只能有一条 END 命令，且位于程序的最后。如果 END 命令出现在中间，则其后的源程序汇编时将不予处理。

例如：　　　　ORG　8100H

　　　　START：MOV　A，#00H

　　　　　　　　MOV　R7，#10H

　　　　　　　　MOV　R0，#20H

　　　　LOOP：MOV　@R0，A

　　　　　　　　INC　R0

　　　　　　　　DJNZ　R7，LOOP

　　　　　　　　SJMP　$

　　　　　　　　END

END 表示以标号 START 开始的程序段结束。

3. 定义字节数据伪指令

格式：

［标号：］　DB　8 位字数据表

指令功能：DB（Definition Byte）命令用于定义从指定的地址开始，在程序存储器的连续单元中定义字数据。常用于存放数据表格。

说明：字节数据可以是一字节常数或字符，或用逗号分开的字符串，或用引号括起来的字符串。

例如：　　　　ORG　1000H

　　　　TAB：DB　　23H，73，'6'，'B'

　　　　TAB1：DB　　110B

DB 功能是从指定地址单元 1000H 开始定义若干字节：

　　　　（1000H）=23H　　　（1001H）=49H

　　　　（1002H）=36H　　　（1003H）=42H

　　　　（1004H）=06H

其中，36H 和 42H 分别是字符 6 和 B 的 ASCII 码，其余的十进制数（73）和二进制数（110B）也都换算为十六进制数了。

4. 定义字数据伪指令

格式：

［标号：］　DW　　16 位字数据表

指令功能：DW（Definition Word）命令用于定义从指定地址开始，在程序存储器的连续单元中定义 16 位的字数据。

说明：存放时，数据的高 8 位在前（低地址），低 8 位在后（高地址）。

例如：　　　　ORG　1000H

　　　　TAB：DW　　1234H，0ABH，10

汇编后：（1000H）=12H　　　（1001H）=34H　　　（1002H）=00H　　　（1003H）=0ABH

　　　　（1004H）=00H　　　（1005H）=0AH

【注意】　DB 和 DW 定义的数据表，数的个数不得超过 80 个。如果数据的数目较多时，可使用多个定义命令。

5. 赋值伪指令

格式：

字符名称　EQU　赋值项

指令功能：EQU（Equate）用于给字符名称赋值。赋值后，其符号值在整个程序中有效。

说明：赋值项可以是常数、地址、标号或表达式。其值为 8 位或 16 位二进制数。赋值以后的字符名称既可以作立即数使用，也可以作地址使用。必须先定义后使用，放在程序开头。

例如：　　　TEST　EQU　80H

　　　　MOV　A，TEST

表示 TEST=80H，在汇编时，凡是遇到 TEST，均以 80H 代替。

6. 数据地址赋值伪指令

格式：

字符名称　DATA　表达式

指令功能：将数据地址赋给字符名称。DATA 与 EQU 指令既相似又有区别：

1）EQU 指令可以把一个汇编符号赋给一个字符名称，而 DATA 指令不能。

2）EQU 指令应先定义后使用，而 DATA 指令可以先使用后定义。

7. 位地址符号定义伪指令

格式：

字符名称　BIT　位地址

指令功能：用于给字符名称赋以位地址。

说明：位地址可以是绝对地址，也可以是符号地址（即位符号名称）。

例如：

KEY0　BIT　P1.0

表示把 P1.0 的位地址赋给变量 KEY0，在其后的编程过程中，KEY0 就可以作为位地址（P1.0）使用。

3.8.3　顺序结构程序设计

顺序结构程序是最简单、最基本的程序。程序按编写的顺序依次往下执行每一条指令，直到最后一条指令。它能够解决某些实际问题，或成为复杂程序的子程序。

顺序结构是按照语句出现的先后次序、执行一系列的操作，它没有分支、循环和转移。

【例 3-38】　将片内 RAM 30H 单元中的压缩 BCD 码转换成二进制数送到片内 RAM 40H 单元中。

解： 两位压缩 BCD 码转换成二进制数的算法为：$(a_1 a_0)_{BCD} = 10 \times a_1 + a_0$，程序流程图如图 3-19 所示。

程序如下：

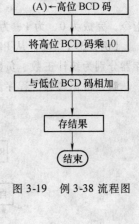

图 3-19　例 3-38 流程图

```
        ORG   1000H
START：MOV  A，30H      ；取两位 BCD 压缩码 a₁a₀ 送 A
        ANL  A，#0F0H    ；取高 4 位 BCD 码 a₁
        SWAP  A         ；高 4 位与低 4 位换位
        MOV  B，#0AH     ；将二进制数 10 送入 B
        MUL  AB         ；将 10×a₁ 送入 A 中
        MOV  R0，A       ；结果送入 R0 中保存
        MOV  A，30H      ；再取两位 BCD 压缩码 a₁a₀ 送 A
        ANL  A，#0FH     ；取低 4 位 BCD 码 a₀
        ADD  A，R0       ；求和 10×a₁ + a₀
        MOV  40H，A      ；结果送入 40H 保存
        SJMP  $         ；程序执行完，"原地踏步"
        END
```

3.8.4　分支结构程序设计

分支结构又叫条件选择结构，根据不同情况作出判断和选择，以便执行不同的程序段。分支的意思是在两个或多个不同的操作中选择其中一个。根据不同的条件，确定程序的走向。它主要靠条件转移指令、比较转移指令和位转移指令来实现。分支程序的结构如图 3-20 所示。编写分支程序主要在于正确使用转移指令。分支程序有：单分支结构、双分支结构、多分支结构（散转）。结构框图如图 3-21 所示。

分支程序的设计要点如下：

1）建立测试条件。

2）选用合适的条件转移指令。

3）在转移的目的地址处设定标号。

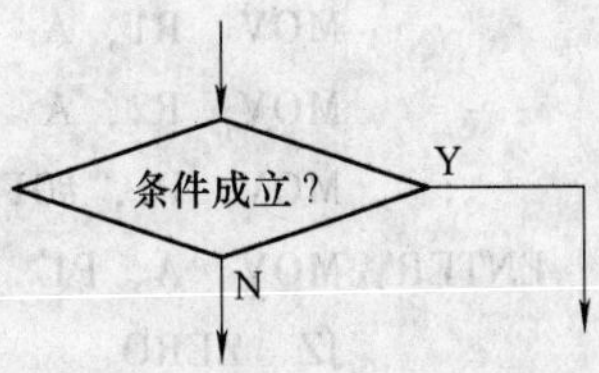

1. 单分支程序

单分支程序是通过条件转移指令实现的，即根据条件对程序的执行结果进行判断，条件满足则进行程序转移，条件不满足则程序顺序执行。

图 3-20　分支结构图

在 51 系列单片机指令系统中，可利用 JZ、JNZ、CJNE、DJNZ、JC、JNC、JB、JNB、JBC 等

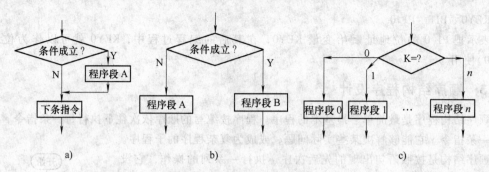

图 3-21　分支程序结构图

a)单分支结构图　b)双分支结构图　c)多支结构图

指令，完成为 0、为 1、为正、为负以及相等、不相等各种条件判断。

【例 3-39】　统计从 P1 口输入的字串中正数、负数、零的个数。设 R0、R1、R2 三个工作寄存器分别为统计正数、负数、零的个数的计数器。

解：根据题意，程序流程如图 3-22 所示。

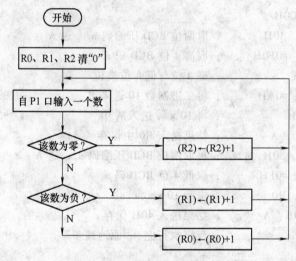

图 3-22　例 3-39 流程图

程序如下：

```
            ORG   0000H
            LJMP  START
            ORG   0100H
START：CLR  A
            MOV   R0, A
            MOV   R1, A
            MOV   R2, A
            MOV   P1, #0FFH      ；置 P1 口为输入状态
ENTER：MOV  A, P1          ；从 P1 口读取一个数
            JZ  ZERO             ；该数为 0，转 ZERO
            JB  ACC.7, NEG       ；该数为负，转 NEG
            INC  R0              ；该数不为 0、不为负则必为正数，R0 内容加 1
            SJMP  ENTER          ；循环自 P1 口取数
```

```
ZERO：   INC   R2                    ；零计数器加1
         SJMP ENTER
NEG：    INC   R1                    ；负数计数器加1
         SJMP  ENTER
         END
```

【例 3-40】　编程实现，设 a 存放在累加器 A 中，b 存放在寄存器 B 中，结果 Y 存放在 A 中。若 a≥0，则 Y = a − b；若 a < 0，则 Y = a + b。

解：

分析，这里的关键是判断 a 是正数，还是负数；可通过判断 ACC.7 确定。

程序如下：

```
         ORG   0000H
         SJMP   BR
         ORG   0100H
    BR： JB   ACC.7，MINUS      ；负数，转到 MINUS
         CLR   C                ；清进位位
         SUBB   A，B            ；(A) − (B)
         SJMP   DONE
MINUS： ADD   A，B             ；(A) + (B)
DONE：  SJMP   $                ；等待
         END
```

2. 多分支程序

51 系列单片机指令系统没有多分支转移指令，无法使用单条指令完成多分支转移。要实现多分支转移，可采用以下几种方法：

1）使用多条 CJNE 指令，通过逐次比较，实现多分支程序转移。

2）使用查地址表方法实现多分支程序转移。

【例 3-41】　某温度控制系统，采集的温度值（Ta）放在累加器 A 中。此外，在片内 RAM 的 54H 单元存放控制温度下限值（T54），在片内 RAM 55H 单元存放控制温度上限值（T55）。若 Ta > T55，程序转向 JW（降温处理程序）；若 Ta < T54，则程序转向 SW（升温处理程序）；若 T55 ≥ Ta ≥ T54，则程序转向 0FH（返回主程序）。

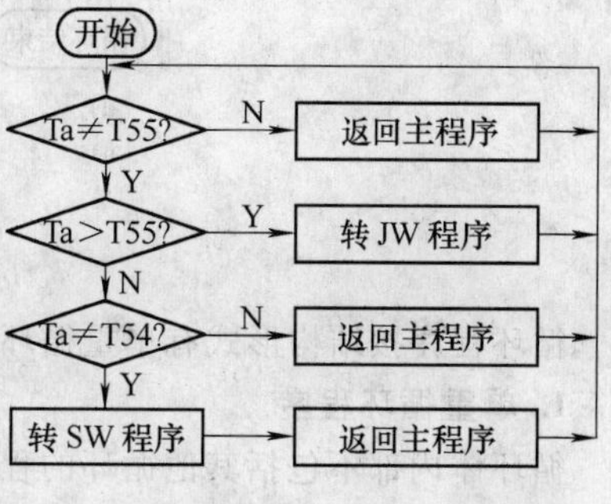

解：根据题意，程序流程如图 3-23 所示。

程序如下：

图 3-23　例题 3-41 程序流程图

```
         ORG   0300H
         CJNE   A，55H，LOOP1；Ta≠T55，转 LOOP1
         AJMP   FH               ；Ta = T55，返回主程序
LOOP1： JNC   JW                ；(CY) = 0，Ta > T55，转 JW
         CJNE   A，54H，LOOP2；Ta≠T54，转 LOOP2
         AJMP   FH               ；Ta = T54，返回主程序
LOOP2： JC   SW                  ；(CY) = 1，Ta < T54，转 SW
    FH： RET                     ；T55 ≥ Ta ≥ T54，返回主程序
         END
```

3.8.5　循环结构程序设计

循环结构是重复执行一系列操作，直到某个条件出现为止。采用循环结构程序设计可以有效地缩短程序，减少程序占用的内存空间，提高程序的紧凑性和可读性。

循环程序结构一般由下面4部分组成：

1）循环初始化。位于循环程序开头，用于完成循环前的准备工作，如设置各工作单元的初始值以及循环次数。

2）循环体。位于循环内，是循环程序的主体，被多次重复执行。要求编写得尽可能简练，以提高程序的执行速度。

3）循环控制。一般由循环次数的修改、循环修改和条件语句等组成，用于控制循环次数和修改每次循环的相关参数。

4）循环结束。用于存放执行循环程序所得的结果。

按照条件判断执行的先后不同，可以把循环分为"直到型循环"和"当型循环"，前者是先执行一次循环，然后判断是否继续循环；后者先作条件判断，决定是否执行循环体，如图3-24所示。

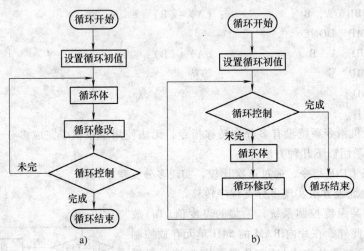

图 3-24　循环程序结构

a）先处理后控制　b）先控制后处理

循环程序按结构形式有单重循环与多重循环之分。

1. 单重循环程序

循环体内部不包括其他循环的程序称为单重循环程序。

【例 3-42】　片内 RAM 30H 开始的 20 个连续单元中，存放有 20 个数，统计等于 8 的单元个数，结果放在 R2 中。

解：取一个数与 8 比较，若相等 R2 加 1，不相等跳过，并作 20 次重复即可。程序流程如图3-25 所示。

程序如下：

```
        ORG   1000H
START:  MOV   R0, #30H      ;设数据区指针
        MOV   R7, #20       ;设置循环计数器
        MOV   R2, #0        ;设置统计计数器
```

```
LOOP：    CJNE   @R0, #08H, NEXT
          INC   R2
NEXT：    INC   R0
          DJNZ   R7, LOOP
          SJMP   $
```

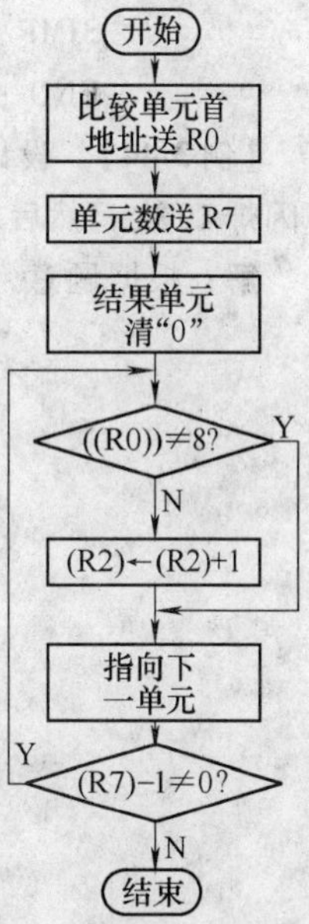

2. 多重循环程序

若循环体中还包含有循环，称为多重循环(或循环的嵌套)。

【例 3-43】　排序程序。片内 RAM 从 50H 单元开始存放了 10 个无符
号数，编写程序将它们按由小到大的顺序排列。

解： 数据排序的方法有很多，本例采用常用的冒泡排序法，又称为两
两比较法。

把 10 个数纵向排列，自上而下将存储单元相邻的两个数进行比较，
若前数大于后数，则存储单元中的两个数互换位置；若前数小于后数，则
存储单元中的两个数保持原来位置。按同样的原则依次比较后面的数据，
直到该组数据全部比较完，经过第 1 轮的比较，最大的数据就像冒泡一样
排在存储单元最末的位置上。经过 9 轮冒泡，便可完成 10 个数据的排序。

在实际排序中，10 个数不一定要经过 9 轮排序冒泡，可能只要几次就
可以了。为了减少不必要的冒泡次数，可以设计一个交换标志，每一轮冒泡的开始将交换标志位
清"0"，在该轮数据比较中若有数据位置互换，则将交换标志位置"1"；每轮冒泡结束时，若交
换标志位仍为 0，则表明数据排序已完成，可以提前结束排序。

图 3-25　例 3-42 流程图

程序流程如图 3-26 所示。

```
          ORG   0000H

          LJMP   MAIN
          ORG   0100H
MAIN：    MOV   R1, #50H        ; 设置数据块首地址
          MOV   R2, #09H        ; 设置每次冒泡比较次数
          CLR   40H             ; 交换标志位清"0"
LOOP1：   MOV   A, @R1           ; 取前一个数
          INC   R1
          MOV   30H, @R1        ; 取后一个数
          CJNE   A, 30H, LOOP2   ; 比较前数与后数的大小
LOOP2：   JC   LOOP3             ; 若前数小于后数则转移，
                                   不互换
          MOV   @R1, A          ; 大数存放到后数的位置
          DEC   R1
          MOV   @R1, 30H        ; 小数存放到前数的位置
          INC   R1              ; 恢复数据指针，准备下
                                   一次比较
          SETB   40H            ; 有互换，标志位置"1"
LOOP3：   DJNZ   R2, LOOP1      ; 若一次冒泡未完，继续进行比较
          JB   40H, MAIN        ; 若有交换，继续进行下一轮冒泡
```

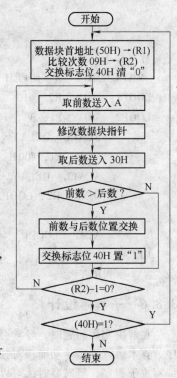

图 3-26　例 3-43 流程图

```
        SJMP    $
        END
```

【例3-44】 设计节日灯，通过 P1.0 ~ P1.7 控制 8 个 LED，先点亮 L1 灯、隔 1s 后，所有的灯闪烁 10 次，然后左移 1 位，所有的灯闪 10 次后，再亮 L2 灯，如此循环。

解： 根据题意，程序流程如图 3-27b 所示。

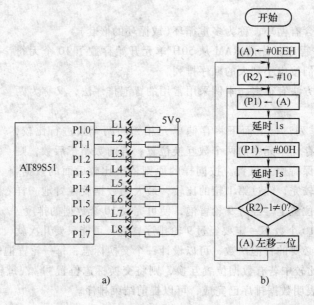

图 3-27　例 3-44 图
a) 硬件连线图　　b) 程序流程图

程序如下：

```
  MAIN:   MOV  A, #0FEH
LOOP1:    MOV  R2, #10
LOOP2:    MOV  P1, A
          ACALL  DELAY
          MOV  P1, #00H
          ACALL  DELAY
          DJNZ  R2, LOOP2
          RL  A
          AJMP  LOOP1
DELAY:                             ; 1s 延时子程序(略)
          RET
```

3.8.6　子程序设计

在解决实际问题时，经常会遇到一个程序中多次使用同一个程序段，如延时程序、查表程序、算术运算程序等功能相对独立的程序段。为了节约内存，把这种具有一定功能的独立程序段编写成子程序。当需要时，可以去调用这些独立的子程序。调用子程序的程序叫做主程序或称调用程序。被调用的程序称为子程序。

子程序的特点：

子程序可以多次重复使用，避免重复性工作，缩短整个程序，节省程序存储空间，有效地简化程序的逻辑结构，便于程序调试。

1. 子程序的调用与返回

主程序调用子程序的过程：在主程序中需要执行这种操作的地方执行一条调用指令（LCALL或 ACALL），然后程序转到子程序，当完成规定的操作后，再执行子程序最后一条 RET 指令返回到主程序断点处，继续执行下去。

（1）子程序的调用

子程序的起始地址：子程序的第一条指令地址称为子程序的起始地址（或者称为入口地址），常用标号表示。

程序的调用过程：单片机执行 ACALL 或 LCALL 指令后，首先将当前的 PC 值（调用指令的下一条指令的首地址）压入堆栈（低 8 位先进堆栈，高 8 位后进堆栈），然后将子程序的起始地址送入 PC，转去执行子程序。

（2）子程序的返回

主程序的断点地址：子程序执行完毕后，返回主程序的地址称为主程序的断点地址，它在堆栈中保存。

子程序的返回过程：子程序执行到 RET 指令后，将压入堆栈的断点地址弹回给 PC（先弹回PC 的高 8 位，后弹回 PC 的低 8 位），使程序回到原先被中断的主程序地址（断点地址）去继续执行。

【注意】　中断服务程序是一种特殊的子程序，它是在计算机响应中断时，由硬件完成调用而进入相应的中断服务程序。RETI 指令与 RET 指令相似，区别在于 RET 是从子程序返回，RETI是从中断服务程序返回。

2. 保存与恢复寄存器内容

（1）保护现场

主程序转入子程序后，保护主程序的信息以便在运行子程序时不被丢失的过程，称为保护现场。保护现场通常在进入子程序的开始时，由堆栈操作完成。例如：

PUSH　PSW
PUSH　ACC
…

（2）恢复现场

从子程序返回时，将保存在堆栈中的主程序的信息还原的过程称为恢复现场。恢复现场通常在从子程序返回之前将堆栈中保存的内容弹回各自的寄存器。

例如：
…

POP　ACC
POP　PSW

3. 子程序的参数传递

主程序在调用子程序时传送给子程序的参数和子程序结束后送回主程序的参数统称为参数传递。

入口参数：子程序需要的原始参数。主程序在调用子程序前将入口参数送到约定的存储器单元（或寄存器），然后子程序从约定的存储器单元（或寄存器）获得这些入口参数。

出口参数：子程序根据入口参数执行程序后获得的结果参数。子程序在结束前将出口参数送到约定的存储器单元（或寄存器），然后主程序从约定的存储器单元（或寄存器）获得这些出口参数。

子程序的参数传递方法有以下几种：

1）应用工作寄存器或累加器传递参数。优点是程序简单、运算速度较快，缺点是工作寄存器有限。

2）应用内存单元。优点是能有效节省传递数据的工作量。

3）应用堆栈传递参数。优点是简单，能传递的数据量较大，不必为特定的参数分配存储单元。

4）利用位地址传送子程序参数。

4. 子程序的嵌套

在子程序中若再调用子程序，称为子程序的嵌套，如图 3-28 所示。51 系列单片机也允许多重嵌套。

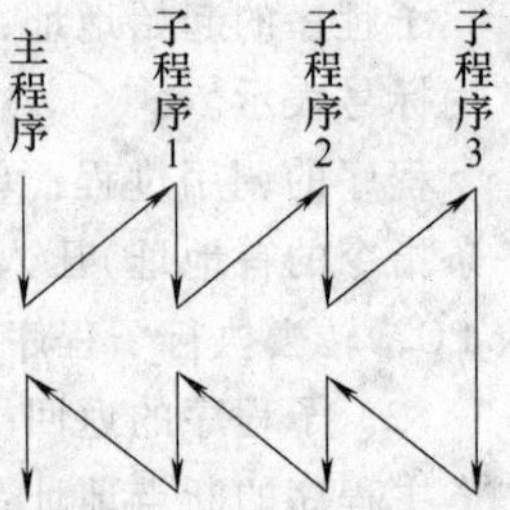

5. 典型子程序设计

（1）延时程序

软件延时程序一般都是由 "DJNZ Rn，rel" 指令构成。执行一条 DJNZ 指令需要两个机器周期。软件延时程序的延时时间主要与机器周期和延时程序中的循环次数有关，在使用 12 MHz 晶振时，一个机器周期为 $1\mu s$，执行一条 DJNZ 指令需要两个机器周期，即 $2\mu s$。适当设置循环次数，即可实现延时功能。但是注意，软件延时不允许有中断，否则将严重影响定时的准确性。

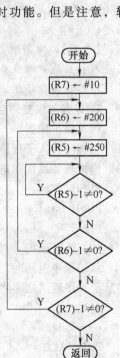

图 3-28 子程序嵌套示意图

【例 3-45】 利用 DJNZ 指令设计延时子程序，已知 $f_{osc} = 12\text{MHz}$。

解：根据题意，延时子程序的时限可以有以下几种方法。

入口参数：循环的次数放在 R7、R6、R5 中。

出口参数：无。

1）单循环延时，延时时间 $\Delta t = (2 \times 10 + 1 + 2)\mu s = 23\mu s$

```
DELAY：MOV   R7, #10
       DJNZ   R7, $
       RET
```

2）双重循环延时，延时时间 $\Delta t = [(2 \times 100 + 2 + 1) \times 10 + 1 + 2]\mu s = 2033\mu s$

```
DELAY：MOV   R7, #0AH
   DL：MOV   R6, #64H
       DJNZ     R6, $
       DJNZ   R7, DL
       RET
```

3）三重循环延时，程序流程如图 3-29 所示。延时时间 $\Delta t = [(2 \times 250 + 2 + 1) \times 200) + 2 + 1) \times 10 + 1 + 2]\mu s = 1006033\mu s \approx 1s$。

```
DELAY：MOV   R7, #10
  DL2：MOV   R6, #200
  DL1：MOV   R5, #250
       DJNZ   R5, $
       DJNZ R6, DL1
       DJNZ R7, DL2
       RET
```

（2）查表程序

图 3-29 延时子程序流程图

实际应用中，线性表是一种常用的数据结构。查表就是根据变量 X，在表格中查找对应的 Y 值，使 $Y = F(X)$。在单片机指令集中，设有两条查表指令：

MOVC　A，@ A + DPTR
MOVC　A，@ A + PC

【例 3-46】　编制程序实现 $c = a^2 + b^2$（a、b 均为 1 位十进制数）。

解：计算某数的二次方可采用查表的方法实现，并编写成子程序。只要两次调用子程序，并求和就可得运算结果。

设 a、b 分别存放于片内 RAM 的 30H、31H 两个单元中，结果 c 存放于片内 RAM 的 40H 单元。程序流程如图 3-30 所示。

主程序如下：

```
        ORG    1000H
SR: MOV    A, 30H      ; 将 30H 中的内容 a 送入 A
    ACALL  SQR         ; 转求二次方子程序 SQR 处执行
    MOV    R1, A       ; 将 a² 结果送 R1
    MOV    A, 31H      ; 将 31H 中的内容 b 送入 A
    ACALL  SQR         ; 转求二次方子程序 SQR 处执行
    ADD    A, R1       ; a² + b² 结果送 A
    MOV    40H, A      ; 结果送 40H 单元中
    SJMP   $           ; 程序执行完，"原地踏步"
```

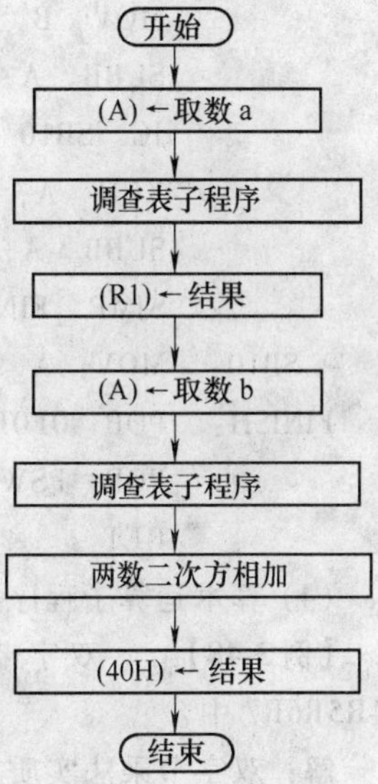

求二次方子程序如下（采用查平方表的方法）：

入口参数：A 中放置所要查询二次方值的数据。

出口参数：A 中放置查询结果。

```
    SQR: INC    A
         MOVC   A, @ A + PC
         RET
TABLE: DB   0, 1, 4, 9, 16
       DB   25, 36, 49, 64, 81
       END
```

图 3-30　例 3-46 流程图

（3）代码转换程序

在计算机内部，任何数据最终都是以二进制形式出现的，但是人们通过外部设备与计算机交换数据采用的常常又是一些其他形式。在前面的例题中已经讲述过有关代码转换的例题，这里作进一步分析。

例如，标准的编码键盘和标准的 CRT 显示器使用的都是 ASCII 码；人们习惯使用的是十进制数，在计算机中表示为 BCD 码等。因此，汇编语言程序设计中经常会遇到代码转换的问题，这里介绍 BCD 码、ASCII 码与二进制数之间相互转换的基本方法和相应的子程序。

【例 3-47】　ASCII 码转换为二进制数，将累加器 A 中十六进制数的 ASCII 码（0～9，A～F）转换成 4 位二进制数。

解：在单片机汇编程序设计中，主要涉及十六进制的 16 个符号"0～F"的 ASCII 码及其数值的转换。ASCII 码是有一定规律的，数字 0～9 的 ASCII 码为该数值加上 30H，而对于字母"A～F"的 ASCII 码为该数值加上 37H。"0～F"对应的 ASCII 码如下：

0～F

0　1　2　3　4　5　6　7　8　9　A　B　C　D　E　F

ASCII 码(十六进制)

30H 31H 32H 33H 34H 35H 36H 37H 38H 39H 41H 42H 43H 44H 45H 46H

参考程序如下:

1)入口参数。要转换的 ASCII 码(30H ~ 39H,41H ~ 46H)存在 A 中。

2)出口参数。转换后的 4 位二进制数(0 ~ F)存放在 A 中。

```
ASCBCD: PUSH  PSW          ; 保护现场
        PUSH  0F0H          ; B 入栈
        CLR   C             ; 清 CY
        SUBB  A, #30H       ; ASCII 码减 30H
        MOV   B, A          ; 结果暂存 B 中
        SUBB  A, #0AH       ; 结果减 10
        JC    SB10          ; 如果(CY) = 1,表示该值≤9
        XCH   A, B          ; 否则该值 >9,必须再减 7
        SUBB  A, #07H
        SJMP  FINISH
SB10:   MOV   A, B
FINISH: POP   0F0H          ; 恢复现场
        POP   PSW
        RET
```

(4)算术运算子程序

【例 3-48】 双字节乘法程序。设被乘数和乘数分别放在 R0R1 和 R2R3 中,乘积放入 R4R5R6R7 中。

解:双字节乘法实质上是相应字节相乘后对应字节相加,计算过程如下:

		R0	R1
×		R2	R3
		$(R1×R3)_高$	$(R1×R3)_低$
	$(R0×R3)_高$	$(R0×R3)_低$	
	$(R1×R2)_高$	$(R1×R2)_低$	
+	$(R0×R2)_高$	$(R0×R2)_低$	
R4	R5	R6	R7

双字节乘法程序段如下:

```
START: MOV  A, R1
       MOV  B, R3
       MUL  AB           ; (R1) × (R3)
       MOV  R7, A
       MOV  R6, B        ; (R1) × (R3)存入 R6R7 中
       MOV  A, R0
       MOV  B, R3
       MUL  AB           ; (R0) × (R3)
       ADD  A, R6
       MOV  R6, A        ; (R0) × (R3)低字节送 R6
       MOV  A, B         ; (R0) × (R3)高字节送 A
```

```
        ADDC  A, #0H        ; 加 CY
        MOV   R5, A         ; (R0)×(R3)存入 R5R6 中
        MOV   A, R1
        MOV   B, R2
        MUL   AB            ; (R1)×(R2)
        ADD   A, R6
        MOV   R6, A         ; (R1)×(R2)低字节累加进入 R6
        MOV   A, B          ; (R1)×(R2)高字节送 A
        ADDC  A, R5
        MOV   R5, A         ; (R1)×(R2)累加存入 R5R6
        CLR   A
        ADDC  A, #0H
        MOV   R4, A         ; (R1×R2)高 + (R0×R3)高产生的进位存入 R4
        MOV   A, R0
        MOV   B, R2
        MUL   AB            ; (R0)×(R2)
        ADD   A, R5
        MOV   R5, A         ; (R0)×(R2)低字节送 R5
        MOV   A, B          ; (R0)×(R2)高字节送 A
        ADDC  A, R4
        MOV   R4, A         ; (R0)×(R2)存入 R4R5
        RET
```

3.8.7 综合编程举例

【例 3-49】 某机床动力头，其行程如图 3-31a 所示。SQ1、SQ2 为左、右行程开关，要求：每次按 SB1 起动，工作 3 个来回后停止，等待下次起动。

硬件原理图如图 3-31b 所示，其中：

1）输入信号。起动按钮接 P1.0、左右行程开关 SQ1、SQ2 分别接至 P1.2、P1.3。

2）输出信号。前进 LED 灯接 P1.7、后退 LED 灯接 P1.6。请编写程序。

解：根据题意要求，程序流程如图 3-31c 所示。

参考程序如下：

```
  ORG   0000H
        LJMP   MAIN
  ORG   0030H
MAIN：MOV   R0, #00H     ; R0 存放往返运动次数
        MOV   P1, #0FH    ; P1 端口初始化
  WT1：JB   P1.0, WT1     ; SB1 按下吗？
LOOP：SETB  P1.7         ; 前进灯亮
  WT2：JB   P1.3, WT2     ; 到右极限处吗？
        CLR   P1.7         ; 关前进灯，开后退灯
        SETB  P1.6
        INC   R0
```

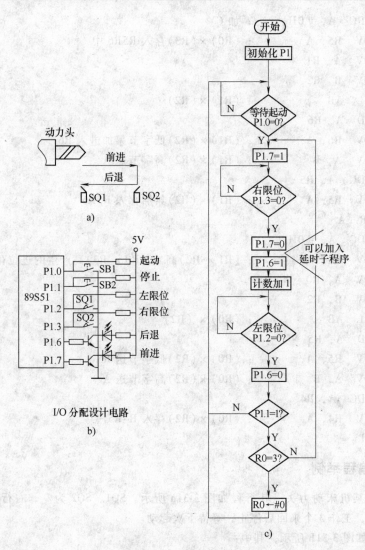

图 3-31　例 3-49 图

```
      LCALL   DIR           ;调延时子程序(略)
 WT3: JB   P1. 2, WT3
      CLR   P1. 6
      CJNE  R0, #3, LOOP
      MOV   R0, #00H
      AJMP  WT1
```

【例 3-50】　编写程序实现电动机的起停控制，控制过程如图 3-32a 所示，其控制的硬件示意图如图 3-32b 所示。

解：输入信号为起动按钮 SB1、停止按钮 SB2；输出信号为继电器 KA。

假定：按下按钮，相应的接口信号为低电平($P1.1 = 0$)时；若程序使 $P1.3 = 1$，即 KA $= 1$；电动机起动。

按照上述的控制思路，可以方便地画出程序流程如图 3-32c 所示。相应的程序如下：

```
      ORG   1000H
 STR: MOV   P1, #00000110B
```

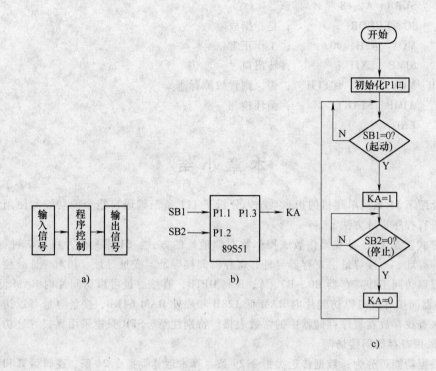

图 3-32 例 3-50 图

```
WT1: JB   P1.1, WT1      ; 起动?
      SETB  P1.3          ; 电动机起动
WT2: JB   P1.2, WT2      ; 停止?
      CLR   P1.3          ; 电动机停止
      SJMP  WT1
      END
```

【例 3-51】 空调机在制冷时若排出空气比吸入空气温度低 8℃，则认为工作正常，否则认为工作故障，并设置故障标志。请编写相应的程序。

解：设内存 40H 单元存放吸入空气温度值，41H 单元存放排出空气温度值。若 (40H) − (41H) ≥ 8℃，则空调机制冷正常，在 42H 单元中存放"0"，否则在 42H 单元中存放"0FFH"，以示故障 (在此 42H 单元被设定为故障标志)。

为了可靠地控制空调机的工作情况，应作两次减法，第一次减法 (40H) − (41H)，若 CY = 1，则肯定有故障；第二次减法用两个温度的差值减去 8℃，若 CY = 1，说明温差小于 8℃，空调机工作亦不正常。

参考程序如下：

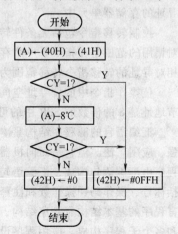

```
      ORG   1000H
START: MOV  A, 40H       ; 吸入温度值送 A
      CLR   C
      SUBB  A, 41H       ; (40H) − (41H)→(A)
      JC    ERROR        ; (CY) = 1, 则故障
```

图 3-33 例题 3-51 程序流程图

```
            SUBB   A, #8
            JC    ERROR           ; 是，则故障
            MOV   42H, #0          ; 工作正常
            SJMP  EXIT            ; 转出口
    ERROR: MOV   42H, #0FFH        ; 否，则置故障标志
    EXIT:  AJMP  START           ; 循环检测
            END
```

本 章 小 结

本章介绍了 51 系列单片机的指令系统，分析了 111 条汇编语言指令的功能和使用方法，介绍了汇编语言程序设计方法。

寻址方式就是 CPU 寻找操作数或操作数存储地址的方式。51 系列单片机有 7 种寻址方式，分别是立即寻址、直接寻址、寄存器寻址、寄存器间接寻址、变址寻址、相对寻址、位寻址。寄存器寻址可以访问工作寄存器 R0～R7、A、B 和 DPTR，直接寻址可以访问片内 RAM 低 128B 和 SFR，寄存器间接寻址可以访问片内 RAM 低 128B 和片外 RAM 64KB，变址寻址可以访问程序存储器，用来查找存放在程序存储器中的常数表格。特别注意，SFR 只能采用直接寻址访问，片外 RAM 只能采用寄存器间接访问。

指令根据功能可分为：数据传送类指令 29 条、算术运算类指令 24 条、逻辑运算和移位操作指令 24 条、控制转移类指令 17 条和位操作指令 17 条。若按指令的字节数分类，有 49 条单字节指令、46 条双字节指令和 16 条三字节指令。若按指令的执行时间分类，有 64 条单机器周期指令，45 条 2 个机器周期指令，2 条 4 个机器周期指令。

数据传送指令是把源操作的内容传送到目的操作数中，而源操作数内容不变。片外 RAM 数据传送指令只能通过累加器 A 进行。堆栈是具有"后入先出"存储原则的连续的数据存储器。堆栈操作指令可以将某一直接寻址单元内容入栈，也可以把栈顶单元内容弹出到某一直接寻址单元。

算术运算类指令中的加、减、乘、除指令执行后影响 PSW 中的 CY、AC 和 OV 标志位。但是加 1 和减 1 指令不影响进位标志(CY)、辅助进位标志(AC)和溢出标志位(OV)。

逻辑运算指令是将对应的存储单元按位进行逻辑操作，并将结果保存到累加器 A 或者直接寻址的存储器单元中。

控制转移指令包括无条件转移指令、条件转移指令、子程序调用和返回指令。绝对转移和绝对调用的范围是在指令下一个存储单元所在的 2KB 空间。长转移和长调用的范围是 64KB 空间。相对寻址的转移指令转移范围为 256B。

位操作指令中的位寻址空间包括片内 RAM 的 20H～2FH 单元(位地址是 00H～7FH)，及字节地址是 8 的倍数的 SFR 中的可寻址位。

汇编语言的源程序结构紧凑、灵活，汇编成的目标程序占存储空间少、运行速度快、实时性强、应用广泛。但它是面向机器的语言，所以缺乏通用性，编程复杂繁琐等。单片机汇编语言源程序由汇编语句构成，汇编语句包括指令性语句和指示性语句。指令性语句由指令构成，一般包括标号、操作码、操作数和注释 4 个部分；指示性语句由伪指令构成，不产生指令代码。汇编语言程序的基本结构有顺序结构、分支结构、循环结构和子程序四种。应用程序通常由一个主程序和多个子程序构成。应用程序设计首先要确定解决实际问题的方法和步骤，即算法。然后采用模块化的程序设计方法设计结构，再编写程序和调试。

思考题与习题

3-1　什么是寻址方式？51 单片机有哪几种寻址方式？

3-2　要访问片外 RAM，有哪几种寻址方式？

3-3　要访问 ROM，有哪几种寻址方式？

3-4　试按寻址方式对 51 系列单片机的各指令重新进行归类（一般根据源操作数寻址方式归类，程序转移类指令例外）。

3-5　针对 51 系列单片机，试分别说明"MOV A，direct"指令与"MOV　A，@ Ri"指令的访问范围。

3-6　数据传送类指令中哪几个小类是访问 RAM 的？哪几个小类是访问 ROM 的？

3-7　51 系列单片机汇编语言有哪几条常用伪指令？各有什么作用？

3-8　什么是指令系统？51 系列单片机共有多少条指令？

3-9　"DA A"指令的作用是什么？怎样使用？

3-10　片内 RAM 单元 20H ~ 2FH 中的 128 个位地址与直接地址 00H ~ 7FH 形式完全相同，如何在指令中区分出位寻址操作和直接寻址操作？

3-11　在"MOVC A，@ A + DPTR"和"MOVC A，@ A + PC"中，分别使用了 DPTR 和 PC 作基址，请问这两个基址代表什么地址？使用中有何不同？

3-12　设堆栈指针（SP）= 60H，片内 RAM 中的（30H）= 24H，（31H）= 10H。执行下列程序后，61H、62H、30H、31H 及 SP 中的内容将有何变化？

```
PUSH   30H
PUSH   31H
POP    60H
POP    61H
```

3-13　请选用指令，分别实现下列操作：

（1）将累加器内容送工作寄存器 R0。

（2）将累加器内容送片内 RAM 的 7BH 单元。

（3）将累加器内容送片外 RAM 的 7BH 单元。

（4）将累加器内容送片外 RAM 的 007BH 单元。

（5）将片外 ROM 中 007BH 单元内容送累加器。

3-14　指出下列指令功能有何不同：

（1）MOV　A，#24H 与 MOV　A，24H

（2）MOV　A，R0 与 MOV　A，@ R0

（3）MOV　A，@ R0 与 MOVX　A，@ R0

3-15　设片内 RAM 30H 单元内容为 40H；片内 RAM 40H 单元内容为 10H；片内 RAM 10H 单元内容为 00H；（P1）= 0CAH。

请写出执行下列指令后的结果（指各有关寄存器、RAM 单元与端口的内容）。

（1）MOV　R0，#30H

（2）MOV　A，@ R0

（3）MOV　R1，A

（4）MOV　B，@ R1

（5）MOV　@ R0，P1

（6）MOV　P3，P1

（7）MOV　10H，#20H

（8）MOV　30H，10H

3-16　已知：（A）= 55H，（R0）= 8FH，（90H）= 0F0H，（SP）= 0B0H，试分别写出执行下列各条指令

后的结果。

　（1）MOV　R6，A

　（2）MOV　@R0，A

　（3）MOV　A，#90H

　（4）MOV　A，90H

　（5）MOV　80H，#81H

　（6）MOVX　@R0，A

　（7）PUSH　A

　（8）SWAP　A

　（9）XCH　A，R0

3-17　已知（A）＝02H，（R1）＝89H，（DPTR）＝2000H，片内 RAM（89H）＝70H，片外 RAM（2070H）＝11H，ROM（2070）＝64H，试分别写出执行下列各条指令后的结果。

　（1）MOV　A，@R1

　（2）MOVX　@DPTR，A

　（3）MOVC　A，@A+DPTR

　（4）XCHD　A，@R1

3-18　已知（A）＝78H，（R1）＝78H，（B）＝04H，C＝1，片内 RAM（78H）＝0DDH，片内 RAM（80H）＝6CH，试分别写出执行下列各条指令后的结果（如涉及标志位，也需要写出）。

　（1）ADD　A，@R1

　（2）ADDC　A，78H

　（3）SUBB　A，#77H

　（4）INC　R1

　（5）DEC　78H

　（6）MUL　AB

　（7）DIV　AB

　（8）ANL　78H，#78H

　（9）ORL　A，#0FH

　（10）XRL　80H，A

3-19　编程计算片内 RAM 区 30H~37H 的 8 个单元中数的算术平均值，结果存在 3AH 单元中。

3-20　试编写一查表程序，从片外首地址为 2000H、长度为 9FH 的数据块中找出第一个 ASCII 码 A，并将其地址送到片外 20A0H 和 20A1H 单元中。

3-21　编制程序将片内 RAM 的 30H~4FH 单元中的内容传送至片外 RAM 的 2000H 开始的单元中。

3-22　求符号函数的值。已知片内 RAM 的 40H 单元内有一自变量 X，编写程序按如下条件求函数 Y 的值，并将其存入片内 RAM 的 41H 单元中。

$$Y = \begin{cases} 1 & X > 0 \\ 0 & X = 0 \\ -1 & X < 0 \end{cases}$$

3-23　两个 8 位无符号二进制数比较大小。假设在片外 RAM 中有 ST1、ST2 和 ST3 共 3 个连续单元（单元地址从小到大），其中 ST1、ST2 单元中存放着两个 8 位无符号二进制数 N1、N2，要求找出其中的大数并存入 ST3 单元中。

3-24　设双字节数存在片内 RAM 的 addr1 和 addr1+1 单元（高字节在低地址），将其取补后存入 addr2（存放高字节）和 addr2+1（存放低字节）单元。

3-25　编程统计累加器 A 中"1"的个数。

3-26　假设在片内 RAM 41H~4AH 和 51H~5AH 单元分别存放 10 个无符号数，求两组无符号数据的最大值之差。

3-27　编制一个循环闪烁灯程序。设 8051 单片机的 P1 口作为输出口，经驱动电路 74LS240（8 反相三态缓冲/驱动器）接 8 只 LED，如图 3-34 所示。当输出位为"1"时，LED 被点亮，输出位为"0"时，LED 熄灭。试编程实现：每个灯闪烁点亮 10 次，再转移到下一个灯闪烁点亮 10 次，循环不止。

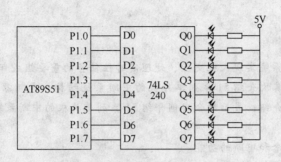

图 3-34　习题 3-27 图

参 考 文 献

［1］　严洁. 单片机原理及其接口技术［M］. 北京：机械工业出版社，2010.

［2］　李全利. 单片机原理及其接口技术［M］. 北京：高等教育出版社，2004.

［3］　周明德. 微机原理与接口技术［M］. 2 版. 北京：人民邮电出版社，2007.

［4］　胡汉才. 单片机原理及其接口技术［M］. 北京：清华大学出版社，2004.

［5］　张鑫. 单片机原理及应用［M］. 北京：电子工业出版社，2010.

第4章 中断系统

【内容提要】

中断系统是计算机系统实现人机交互、处理实时性任务的重要组成部分。本章首先介绍中断的概念、特点和功能；其次介绍51系列单片机的中断系统结构、中断源与中断控制；然后对中断的处理过程进行详细介绍；最后结合实例介绍51系列单片机的中断系统应用。

【基本知识点与要求】

（1）理解中断的概念和中断的功能。

（2）掌握51系列单片机的中断系统结构、中断响应、中断处理、中断系统的初始化和应用方法。

【重点与难点】

本章重点和难点是51系列单片机的中断系统结构、中断响应、中断处理、中断系统的初始化和应用方法。

4.1　中断系统概述

中断技术是计算机在实时处理和实时控制中不可缺少的一个很重要的技术。中断系统是计算机中实现中断功能的各种软、硬件的总称。计算机采用中断技术能够极大地提高工作效率和处理问题的灵活性。

4.1.1　中断的概念

CPU正在执行程序时，计算机外部或内部发生某一事件，CPU暂时中止当前的工作，转到中断服务程序处理所发生的事件，处理完该事件后，再回到原来被中止的地方，继续原来的工作，这个过程称为中断。CPU处理事件的过程，称为CPU的中断响应过程，如图4-1所示。向CPU发出中断请求的来源，或引起中断的原因称为中断源。中断源提出的服务请求称为中断请求。原来正在运行的程序称为主程序，主程序被断开的位置（地址）称为断点。中断源可分为两大类：一类来自计算机内部，称为内部中断源；另一类来自计算机外部，称为外部中断源。

一般计算机中断处理包括4个步骤：中断请求、中断响应、中断处理和中断返回。

图4-1　中断过程示意图

4.1.2　中断系统的功能及特点

中断系统是指能实现中断功能的硬件和软件。

1. 中断系统的功能

中断系统的功能一般包括以下几个方面：

（1）进行中断优先级排队

当有几个中断源同时向CPU发出中断请求，或者CPU正在处理某中断源服务程序时，又有另一中断源申请中断，那么CPU既要能够区分每一个中断源，且要能够确定优先处理哪一个中断源，即**中断的优先级**。通常首先为优先级最高的中断源服务，再响应级别较低的中断源。按中断源级别高低依次响应的过程称为优先级排队。这个过程可以由硬件电路实现，也可以通过软件查询来实现。

（2）实现中断嵌套

当 CPU 响应了某一中断请求进行中断处理时，若有优先级更高的中断源发出请求，则 CPU 会停止正在执行的中断服务程序，并保留此程序的断点，转去执行优先级更高的中断服务程序，等处理完这个高优先级的服务程序后，再返回继续执行被暂停的中断服务程序。这个过程称为**中断嵌套**，如图 4-2 所示。

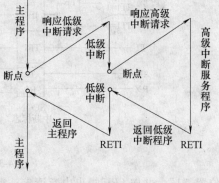

图 4-2　中断嵌套

（3）自动响应中断

当某一个中断源发出中断请求时，CPU 将根据有关条件（是否允许中断、中断的优先级等）进行相应的判断，以决定是否响应该中断请求。若响应该中断请求，CPU 在执行完当前指令后，再把断点处的 PC 值压入堆栈保存起来，这个过程称为**保护断点**，由硬件自动完成。在中断服务程序开始时，由用户把相关寄存器和标志位的状态也压入堆栈保存起来，这称为**保护现场**。随后开始执行中断服务程序。

（4）实现中断返回

执行中断服务程序到最后时，需要从堆栈中恢复相关寄存器和标志位的状态，这称为**恢复现场**。再执行 RETI 指令，恢复 PC 值，即**恢复断点**，继续执行主程序。

2. 中断的特点

1）可以提高 CPU 的工作效率。

2）实现实时处理。

3）处理故障。

4.2　51 系列单片机的中断系统

4.2.1　中断系统的结构与中断源

1. 51 系列单片机的中断系统结构

51 系列单片机的中断系统是 8 位单片机中功能较强的一种，包括中断源、中断允许寄存器（IE）、中断优先级寄存器（IP）、中断矢量等。可以提供 5 个中断源（AT89S52 有 6 个中断源），具有 2 个中断优先级，可实现 2 级中断服务程序嵌套。AT89S51 单片机的中断系统结构示意图如图 4-3 所示。它有 4 个用于中断控制的寄存器 IE、IP、TCON 和 SCON，用来控制中断的类型、中断的开/关和各种中断的优先级别。

2. 51 系列单片机的中断源

AT89S51 单片机的 5 个中断源为：

1）$\overline{INT0}$——外部中断源 0 请求，通过 P3.2 引脚输入。

2）$\overline{INT1}$——外部中断源 1 请求，通过 P3.3 引脚输入。

外部中断请求有两种信号触发方式，即电平触发方式和边沿触发方式，可通过设置有关控制位进行定义。

当设定为电平触发方式时，若 CPU 从$\overline{INT0}$或$\overline{INT1}$引脚上采样到有效的低电平，则中断标志

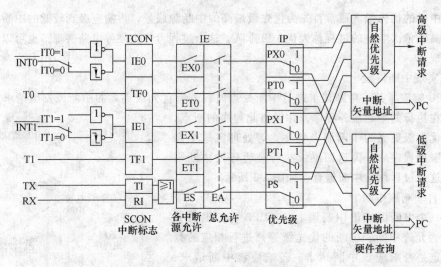

图 4-3　AT89S51 中断系统结构

位置 "1"，并向 CPU 提出中断请求；当设定为边沿触发方式时，若 CPU 从 $\overline{\text{INT0}}$ 或 $\overline{\text{INT1}}$ 引脚上采样到有效的负跳变信号，则中断标志位置 "1"，并向 CPU 提出中断请求。

3）TF0——定时器/计数器 T0 溢出中断请求标志。

4）TF1——定时器/计数器 T1 溢出中断请求标志。

定时器中断是为满足定时或计数的需要而设置的。当定时器/计数器发生溢出时，表明设定的定时时间到或计数值已满，这时定时器/计数器溢出中断请求标志置 "1"，并向 CPU 申请中断。由于定时器/计数器在单片机芯片内部，所以定时器中断属于内部中断。

5）TI/RI——串行接口中断请求。串行接口接收中断标志 RI，串行接口发送中断标志 TI。

串行接口中断是为串行数据传送的需要而设置的。每当串行接口发送或接收完毕一帧串行数据时，就产生一次中断请求。

4.2.2　中断控制

AT89S51 单片机中与其中断系统密切相关的特殊功能寄存器有 4 个：
- 定时器控制寄存器（TCON）。
- 串行接口控制寄存器（SCON）。
- 中断允许寄存器（IE）。
- 中断优先级寄存器（IP）。

其中，TCON 和 SCON 有一部分位用于中断控制。通过对 4 个特殊功能寄存器的各位进行置位或复位操作，可实现各种中断控制功能。

1. 定时器控制寄存器

定时器控制寄存器（TCON）的作用是控制定时器的启动和停止、保存 T0 和 T1 的溢出中断标志和外部中断 $\overline{\text{INT0}}$、$\overline{\text{INT1}}$ 的中断标志和触发方式。其各位的位地址和定义如下：

位地址	8FH	8EH	8DH	8CH	8BH	8AH	89H	88H
TCON（88H）	TF1		TF0		IE1	IT1	IE0	IT0

1）IT0——外部中断 0 的触发方式选择位。该位可由软件置 "1" 或清 "0"（SETB IT0 或 CLR IT0）。

IT0 = 0 为电平触发方式，低电平有效。在电平触发方式中，CPU 响应中断后，硬件自动使

IE0 清"0"。但若加到 $\overline{INT0}$ 引脚的外部中断请求未被撤销，则中断请求标志 IE0 会被再次置"1"。因此，中断返回前必须撤销 $\overline{INT0}$ 引脚上的低电平，否则将再次引起中断，导致出错。

IT0 = 1 为边沿触发方式，负跳变有效。在边沿触发方式中，CPU 响应中断后硬件自动使 IE0 清"0"。要求外部输入的高电平或低电平的持续时间必须大于 12 个时钟周期，才能保证检测到先高后低的负跳变。

2）IE0——外部中断请求 0 的中断请求标志位。

IE0 = 0，无中断请求；IE0 = 1，有中断请求。当 CPU 响应该中断时，则程序转向中断服务程序。

3）IT1——外部中断 1 的请求方式选择位，其含义、设置与 IT0 类似。

4）IE1——外部中断请求 1 的中断请求标志位，其含义、设置与 IE0 类似。

5）TF0——T0 溢出中断请求标志位。T0 可以对内部时钟信号或从外部输入（P3.4）的脉冲进行计数。当计数器计数溢出时，即表明定时时间到或计数值已满，这时由硬件将 TF0 置"1"，并向 CPU 发出中断请求，CPU 响应 TF0 中断时，硬件自动将 TF0 清"0"，TF0 也可由软件清"0"。

6）TF1——T1 的溢出中断请求标志位，功能和 TF0 类似。

51 系列单片机复位后 TCON 为 0，初始无中断标志位。

2. 串行接口控制寄存器

SCON 中低两位为串行接口的接收中断和发送中断标志 RI 和 T1。其各位的位地址和定义如下：

位地址	9FH	9EH	9DH	9CH	9BH	9AH	99H	98H
SCON（98H）							TI	RI

1）RI——串行接口接收中断请求标志位。

当串行接口接收完一帧数据后，RI 由硬件自动置"1"，向 CPU 申请中断。转向中断服务程序后，RI 必须用软件清"0"。

2）TI——串行接口发送中断请求标志位。

当发送完一帧串行数据后，TI 由硬件自动置"1"，向 CPU 申请中断。转向中断服务程序后，TI 必须用软件清"0"。

串行接口中断请求由 TI 和 RI 的逻辑"或"得到，即无论是发送中断标志还是接收中断标志，都会产生串行接口中断请求。

3. 中断允许寄存器

51 系列单片机对中断源的开放或禁止是由中断允许寄存器（IE）控制的。IE 对中断的开放或禁止实现两级控制。所谓两级控制，就是除了有一个总中断控制位 EA（IE.7）外，还有 5 个中断源各自的中断允许控制位（见图 4-3）。IE 中位地址和定义如下：

位地址	0AFH	0AEH	0ADH	0ACH	0ABH	0AAH	0A9H	0A8H
IE（0A8H）	EA			ES	ET1	EX1	ET0	EX0

IE 中位的含义如下：

1）EA——中断允许总控制位。当 EA = 0 时，CPU 禁止所有的中断请求；当 EA = 1 时，CPU 开放中断。此时每个中断源的中断是否允许，还取决于各中断源的中断允许控制位的状态。

2）EX0——外部中断 0 中断允许位。当 EX0 = 1 时，允许外部中断 0 中断；否则，禁止其中断。

3）ET0——定时器/计数器 T0 的溢出中断允许位。当 ET0 = 1 时，允许定时器/计数器 T0 溢出时提出的中断请求；否则，禁止其中断。

4）EX1——外部中断 1 中断允许位。当 EX1 = 1 时，允许外部中断 1 中断；否则，禁止其中断。

5）ET1——定时器/计数器 T1 的溢出中断允许位。当 ET1 = 1 时，允许定时器/计数器 T1 溢出时提出中断请求；否则，禁止其中断。

6）ES——串行接口中断允许位。当 ES = 1 时，允许串行接口中断；否则，禁止其中断。

51 系列单片机复位后寄存器 IE 被清 "0"，所以单片机是处于禁止中断的状态。若要开放中断，必须使 EA 位为 1 且相应的中断允许位也为 1。开、关中断既可使用位操作指令，也可使用字节操作指令实现。

【例 4-1】　若允许片内两个定时器/计数器中断，禁止其他中断源的中断请求。编写设置 IE 的相应程序段。

解：

（1）用位操作指令实现

```
CLR    ES        ；禁止串行口中断
CLR    EX1       ；禁止外部中断 1 中断
CLR    EX0       ；禁止外部中断 0 中断
SETB   ET0       ；允许定时器/计数器 T0 中断
SETB   ET1       ；允许定时器/计数器 T1 中断
SETB   EA        ；CPU 开中断
```

（2）用字节操作指令实现

```
MOV    IE，#8AH
```

或者：

```
MOV    0A8H，#8AH ；0A8H 为 IE 寄存器字节地址
```

4. 中断优先级寄存器

51 系列单片机有两个中断优先级，即高优先级和低优先级。每个中断源的优先级由中断优先级寄存器（IP）的状态决定，通过对 IP（字节地址为 0B8H）赋值来设定各个中断源的优先级。IP 中的低 5 位为各中断源优先级的控制位，可用软件来设置。各位的含义如下：

位地址	0BFH	0BEH	0BDH	0BCH	0BBH	0BAH	0B9H	0B8H
IP（0B8H）				PS	PT1	PX1	PT0	PX0

1）PX0——外部中断 0 的中断优先级控制位。当 PX0 = 1 时，外部中断 0 为高中断优先级；否则，为低中断优先级。

2）PT0——定时器/计数器 T0 中断优先级控制位。当 PT0 = 1 时，定时器/计数器 T0 为高中断优先级；否则，为低中断优先级。

3）PX1——外部中断 1 中断优先级控制位。当 PX1 = 1 时，外部中断 1 为高中断优先级；否则，为低中断优先级。

4）PT1——定时器/计数器 T1 中断优先级控制位。当 PT1 = 1 时，定时器/计数器 T1 为高中断优先级；否则，为低中断优先级。

5）PS——串行接口中断优先级控制位。当 PS = 1 时，串行接口为高中断优先级；否则，为低中断优先级。

51 系列单片机复位后 IP 被清 "0"，所有中断源均设定为低优先级中断。

　　51 系列单片机通常可以和多个中断源相连，某一瞬间可能会发生两个或两个以上中断源同时请求中断的情况。当两个不同优先级的中断源同时提出中断请求时，CPU 先响应优先级高的中断请求，后响应优先级低的中断请求；当几个同一优先级的中断源同时向 CPU 请求中断时，CPU 将按如下的自然优先级顺序依次响应。

中断源	同级内优先级
外部中断 0	最高优先级
定时器/计数器 T0 溢出中断	
外部中断 1	
定时器/计数器 T1 溢出中断	
串行口中断	最低优先级

　　当 CPU 正在执行一个低优先级中断服务程序时，它能被高优先级的中断源所中断，在 51 单片机内部，当多个中断源处于同一中断级别时，由自然优先级确定中断嵌套顺序。

　　中断优先原则：

　　1）低级不打断高级；高级可以中断低级，实现中断的嵌套。

　　2）高级不睬低级。

　　3）同级中断由自然优先级确定终端嵌套顺序。

　　4）同级、同时中断，按照事先约定。

　　【例 4-2】　假设允许外部中断 0 中断，并设定它为高级中断，采用边沿触发方式，其他中断源为低级中断。编写中断初始化程序。

　　解：

```
SETB    EA      ; CPU 开中断
SETB    EX0     ; 允许外部中断 0 产生中断
SETB    PX0     ; 外部中断 0 为高优先级中断
SETB    IT0     ; 外部中断 0 为边沿触发方式
```

4.3　中断处理过程

4.3.1　中断响应与过程

　　中断响应是在满足 CPU 的中断响应条件后，对中断源中断请求的应答。其中的任务包括保护断点和将程序转向中断服务程序的入口地址，该入口地址也称为中断矢量。CPU 执行程序的过程中，在每个机器周期的 S5P2 期间顺序采样每个中断源，这些采样值在下一个机器周期 S6 期间将按优先级或内部顺序依次查询，若查询到某个中断标志为 1，将在接下来的一个机器周期 S1 期间按优先级进行中断处理。中断系统通过硬件自动将相应的中断服务程序的入口地址装入 PC，以便进入相应的中断服务程序。

　　1. 中断响应的条件

　　单片机响应中断的前提条件是中断源有请求，CPU 总中断允许开放（即 EA = 1），且 IE 相应位为 1。此外，还必须满足下列 3 个条件：

　　1）无同级或者高级中断服务程序在执行中。

2）现行指令执行到最后一个机器周期且已结束。

3）若现行指令为 RETI 或需访问特殊功能寄存器 IE 或 IP 的指令时，执行完该指令且紧随其后的另一条指令也已执行完。

2. 中断响应过程

若满足中断响应的条件，CPU 响应中断。中断响应时，首先执行一条由中断系统提供的硬件 LCALL 指令把被中断程序的断点压入堆栈。然后，相应的中断服务程序的入口地址装入 PC，程序转至中断服务程序入口。5 个中断源相应的中断服务程序入口地址是固定的，见表 4-1。从表可知，两相邻的中断服务程序入口地址的间隔为 8 个单元，即若要在其中存放相应的服务程序，其长度不得超过 8 字节。通常，中断服务程序的长度不止 8 个字节，就需要在相应的中断服务程序入口地址中放一条长跳转指令 LJMP。

表 4-1 中断服务程序入口地址表

中断源	中断服务程序入口地址
外部中断源 0	0003H
T0 溢出中断	000BH
外部中断源 1	0013H
T1 溢出中断	001BH
串行口中断	0023H

编写中断服务程序时，主程序和中断服务程序格式如下：

```
          ORG      0000H          ; 主程序起始地址
          SJMP     MAIN
          ORG      0003H          ; 不同的中断服务程序入口地址
          AJMP     INJERRVP
MAIN:     …
HERE:     SJMP     HERE
INJERRVP: …                       ; 中断服务程序
          RETI
```

4.3.2 中断处理

从开始执行中断服务程序，到执行 RETI 指令为止的过程就是中断处理过程，其内容包括保护现场、处理中断源的请求和恢复现场三部分。中断处理过程如图 4-4 所示。

1. 保护现场

在执行中断服务程序时，首先应将在中断服务程序中要使用的累加器 A、PSW、工作寄存器等的内容压入堆栈，完成保护现场的任务。为了不使现场数据受到破坏或者造成混乱，在保护现场的过程中，应关中断（禁止中断）。当保护现场完成后应开放中断（允许中断）。

2. 中断服务

中断服务程序要根据具体任务要求编制。通常，在中断服务时允许 CPU 响应优先级比其高的中断请求。

3. 恢复现场

在中断服务结束后，应立即关中断，以保证在恢复现场过程中不受干扰。恢复现场即把原来压入堆栈的工作寄存器、PSW 和累加器 A 等的内容弹回。恢复现场后，应立即开中断，以便响应更高级的中断请求。

4.3.3 中断返回

中断返回是指中断服务完成后，计算机返回到原来断
开的位置（即断点），继续执行原来的程序。中断返回由
专门的中断返回指令 RETI 来实现，该指令的功能是把断
点地址取出，送回到 PC 中去。另外，它还通知中断系统
已完成中断处理，将清除优先级状态触发器。

中断返回时完成的操作：

1）恢复断点地址。

2）开放中断。

4.3.4 中断请求撤销

中断响应后，TCON 或 SCON 中的中断请求标志应及
时清除。否则就意味着中断请求仍然存在，会造成中断的
混乱。

1. 定时中断请求的撤销

定时中断响应后，硬件自动把中断标志位（TF0 或
TF1）清"0"，因此定时中断的中断请求是自动撤销的。

2. 外部中断的撤销

外部中断请求有两种触发方式：电平触发方式和边沿
触发方式，对于这两种中断触发方式，51 系列单片机撤
销的方法不同。

在边沿触发方式下，外部中断在中断响应后通过硬件
自动地把标志位（IE0 或 IE1）清"0"，即中断请求的撤
销也是自动的。

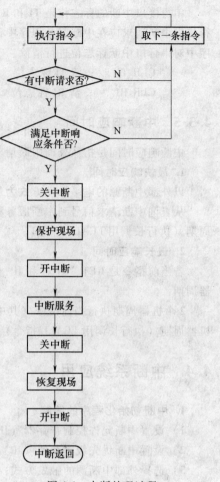

图 4-4　中断处理过程

但是对于电平触发方式，情况特殊，仅靠清除
中断标志，并不能彻底解决中断请求的撤销问题。
因为尽管中断请求标志位清除了，但是中断请求的
有效低电平仍然存在，在下一个机器周期采样中断
请求时，又会使 IE0 或 IE1 重新置"1"。为此，要
想彻底解决中断请求的撤销，还需在中断响应后把
中断请求输入端从低电平强制改为高电平，为达此
目的可在系统中增加如图 4-5 所示的电路。

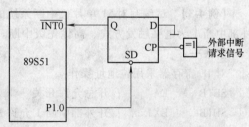

图 4-5　电平触发方式外部中断请求的撤销

用 D 触发器锁存外来的中断请求低电平，并通过触发器的输出端 Q 送至 $\overline{INT0}$ 或 $\overline{INT1}$。中断
响应后，为了撤销中断请求，可利用 D 触发器的直接置位端 SD 实现，把 SD 端接单片机的一个
端口线（图 4-5 中为 P1.0）。因此只要 P1.0 输出一个负脉冲就可以使 D 触发器置"1"，从而撤
销了低电平的中断请求。所需的负脉冲可在中断服务程序中增加如下两条指令：

```
ORL    P1, #01H    ;P1.0 输出高电平
ANL    P1, #0FEH   ;P1.0 输出低电平
```

这两条指令执行后，使 P1.0 输出一个负脉冲，其持续时间为 2 个机器周期，使 D 触发器置
位，而撤销端口的中断请求。

3. 串行接口中断的撤销

　　串行接口中断的标志位是 TI 和 RI，这两个中断标志在中断响应后不会自动清 "0"，所以串行接口中断请求应在中断服务程序中，必须使用软件方法进行撤销。采用如下指令在中断服务程序中对串行口中断标志位进行清除：

```
CLR TI    ；清 TI 标志位
CLR RI    ；清 RI 标志位
```

4.3.5　中断响应时间

　　中断响应时间是指从查询中断请求标志位到转向中断区入口地址所需的机器周期数。

　　1. 最快响应时间

　　以外部中断源的电平触发方式为最快。

　　从查询中断请求信号到中断服务程序需要 3 个机器周期：1 个机器周期（查询）＋2 个机器周期（执行长调用 LCALL 指令）。

　　2. 最长响应时间

　　若当前指令是 RET、RETI 和 IP、IE 指令，紧接着下一条是乘除指令发生，则最长为 8 个机器周期：

　　2 个机器周期执行当前指令（其中含有 1 个机器周期查询）＋4 个机器周期乘除指令＋2 个机器周期（执行长调用 LCALL 指令）＝8 个周期。

4.4　中断系统应用

　　1. 中断初始化程序的编制

　　1）设置中断允许控制寄存器（IE）。

　　2）设置中断优先级寄存器（IP）。

　　3）选择外部中断源的触发方式：电平触发还是边沿触发。

　　4）编写中断服务程序，处理中断请求。

　　【例 4-3】　试编写对 51 单片机中断系统的初始化程序，允许外部中断 1 及串行口中断，并使外部中断 1 为电平触发方式、高优先级中断。

　　解法一：

　　对 IE 寄存器采用位地址操作

```
SETB      EA    ；开总允许开关
SETB      EX1   ；开外部中断 1 允许开关
SETB      ES    ；禁止串行口中断
CLR       IT1   ；电平触发方式
SETB      PX1   ；高优先级
```

　　解法二：

　　对 IE 寄存器采用字节操作

```
MOV       IE，#94H
CLR       IT1
SETB      PX1
```

　　【例 4-4】　若规定外部中断 1 为边沿触发方式，低优先级，在中断服务程序中将寄存器 B 的内容左移一位，B 的初值设为 01H。试编写主程序与中断服务程序。

　　解：根据题意要求，相应的程序如下。

```
        ORG     0000H       ;主程序入口地址
        LJMP    MAIN        ;主程序转至 MAIN 处
        ORG     0013H       ;中断服务程序入口地址
        LJMP    INTSE       ;中断服务程序转至 INTSE 处
MAIN:   MOV     SP,#60H     ;设置堆栈指针
        SETB    EA          ;开中断
        SETB    EX1         ;允许外中断 1 中断
        CLR     PX1         ;设为低优先级
        SETB    IT1         ;边沿触发
        MOV     B,#01H      ;B 赋初值
HALT:   SJMP    HALT        ;暂停等待中断
INTSE:  MOV     A,B         ;A←B
        RL      A           ;左移一位
        MOV     B,A         ;结果回送到 B
        RETI                ;中断返回
```

2. 中断处理程序格式

在中断服务程序中用软件保护现场,如要用到 PSW、工作寄存器和 SFR 等寄存器时,则在进入中断服务之前应将它们的内容保护起来,在中断结束、执行 RETI 指令前应恢复现场。注意:PUSH 和 POP 指令应成对出现。

中断源服务程序:

```
INTT0:  CLR     EA
        PUSH    ACC
        PUSH    DPH
        PUSH    DPL
        PUSH    PSW         ;保护现场
        SETB    EA
        ;中断的任务处理
        ...
        CLR     EA
        POP     PSW
        POP     DPL
        POP     DPH
        POP     ACC ;恢复现场
        SETB    EA
        RETI
```

【例 4-5】 如图 4-6 所示为一检测报警电路,图中按键 AN 为无锁按钮开关,P1.0、P1.1 分别驱动声、光报警电路。P1.0、P1.1 输出 "1" 时报警电路工作。试编写程序完成每当按键按下一次后,P1.0、P1.1 输出报警信号 10s,并使片内 RAM 55H 单元数据加 1,设 10s 延时子程序为 DELLAY10,机器主频为 6MHz。

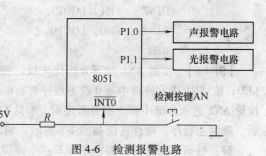

图 4-6 检测报警电路

解：根据题目要求，相应的主程序和中断部分程序如下：

```
            ORG     0000H
            LJMP    MAIN            ;上电或复位后自动跳转
            ORG     0003H           ;外中断 0 入口地址
            LJMP    BJ              ;转向中断服务子程序
            ORG     0030H
MAIN：      MOV     SP, #60H        ;设置堆栈指针
            MOV     55H, #00H       ;计数器清"0"
            CLR     P1.0            ;关报警
            CLR     P1.1
            SETB    IT0             ;选择边沿触发方式
            SETB    EA              ;总中断允许
            SETB    EX0             ;允许外部中断 0 申请中断
HERE：      SJMP    HERE            ;等待中断
            ORG     00A0H
BJ：        PUSH    ACC             ;保护现场
            MOV     A, #03H
            MOV     P1, A           ;P1.0、P1.1 置"1"，发出声光报警
            LCALL   DELAY10         ;延时 10s
            MOV     A, #00H
            MOV     P1, A           ;清除报警
            INC     55H             ;计数器加 1
            POP     ACC             ;现场恢复
            RETI                    ;中断返回
            ORG     0100H
DELAY10：   MOV     R0, #0BH        ;延时 10s 子程序
LOOP0：     MOV     R1, #0FFH
LOOP1：     MOV     R2, #0FFH
LOOP2：     NOP
            NOP
            NOP
            NOP
            NOP
            DJNZ    R2, LOOP2
            DJNZ    R1, LOOP1
            DJNZ    R0, LOOP0
            RET
```

【例 4-6】 按键 AN1 按下为低优先级，按键 AN2 按下为高优先级，主程序执行时顺序点亮 LED；按 AN1 进入外部中断 0 服务程序时，8 只 LED 全亮然后全暗，如此 16 次后，返回主程序；按键 AN2 进入外部中断 1 服务程序时，8 只 LED 则为一次亮 4 只，然后亮另外 4 只，如此 16 次后，返回主程序。硬件连接如图 4-7 所示，编写程序完成上述任务。

解：根据题意，相应的程序如下：

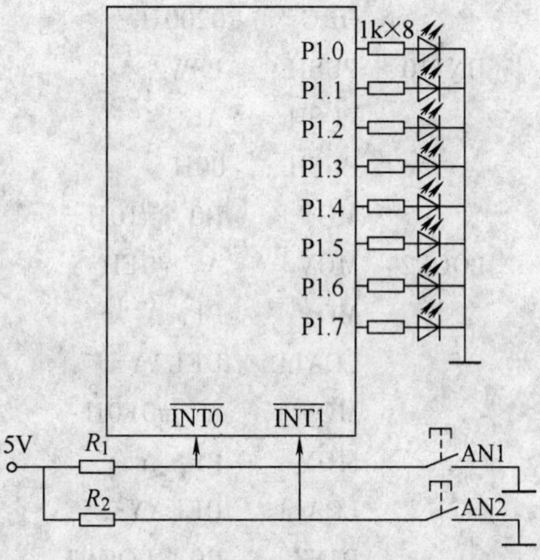

```
        ORG     0000H
        LJMP    MAIN
        ORG     0003H
        LJMP    IINT00
        ORG     0013H
        LJMP    IINT10
        ORG     0030H
MAIN：   MOV     SP, #60H        ; 设堆栈指针
        SETB    PX1             ; 设外部中断
                                  1 为高优先级
        CLR     PX0             ; 设外部中断
                                  0 为低优先级
        MOV     TCON，#05H       ; 设置外部中
                                  断为边沿触发
        SETB    EA              ; 总中断允许
        SETB    EX0             ; 允许外部中断 0 中断
        SETB    EX1             ; 允许外部中断 1 中断
        MOV     A, #01H         ; 从 P1.0 至 P1.7 循序亮一只
TOR1：   MOV     P1, A
        LCALL   DELAY           ; 调用延时程序
        RL      A
        LJMP    TOR1
        ORG     00A0H
DELAY： MOV     R3, #0FFH
LOOP：  MOV     R4, #0FFH
        DJNZ    R4, $
        DJNZ    R3, LOOP
        RET
        ORG     0100H
IINT00：PUSH    PSW             ; 保护现场
        PUSH    ACC
        MOV     R0, #10H        ; 循环 16 次
LOOP1： MOV     A, #0FFH        ; 全亮
        MOV     P1, A
        LCALL   DELAY           ; 延时
        MOV     A, #00H         ; 全熄灭
        MOV     P1, A
        LCALL   DELAY           ; 延时
        DJNZ    R0, LOOP1
        POP     ACC             ; 恢复现场
        POP     PSW
        RETI
```

图 4-7　例 4-6 硬件图

```
            ORG     0200H
IINT10：PUSH    PSW             ；保护现场
        PUSH    ACC
        PUSH    00H
        MOV     R0，#10H         ；执行 16 次
LOOP2：MOV     A，#0FH          ；一次点亮 4 只
        MOV     P1，A
        LCALL   DELAY           ；延时
        MOV     A，#0F0H         ；点亮另 4 只
        MOV     P1，A
        LCALL   DELAY           ；延时
        DJNZ    R0，LOOP2
        POP     00H
        POP     ACC             ；恢复现场
        POP     PSW
        RETI
```

【例 4-7】　图 4-8 所示是三相交流电的故障检测电路，图中 ZA、ZB、ZC 为常闭触点。当 A 相缺电时，发光二极管 LEDA 亮；当 B 相缺电时，发光二极管 LEDB 亮；当 C 相缺电时，发光二极管 LEDC 亮。编写程序实现上述任务。

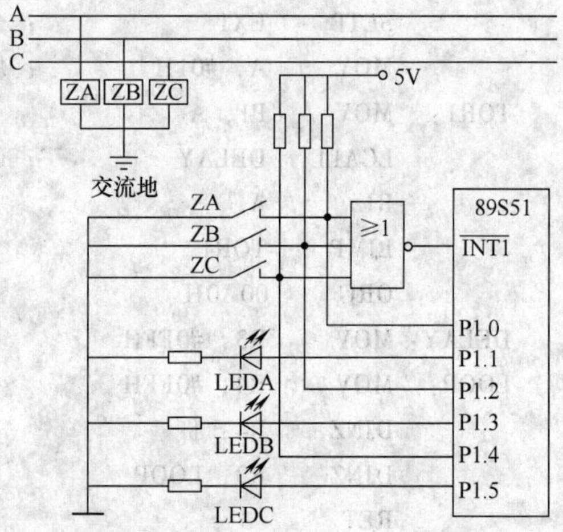

解：

（1）外部中断 $\overline{INT1}$ 由 3 个交流继电器的触点和一个或非门扩展而成。

（2）3 个 220V 的交流继电器的线圈 ZA、ZB、ZC 分别接在 A、B、C 各相和交流地之间。

程序如下：

图 4-8　例 4-7 硬件图

```
            ORG     0000H
            LJMP    MAIN            ；转至主
                                    程序
            ORG     0013H           ；中断入口地址
            LJMP    TEST            ；转至中断服务程序
            ORG     0100H           ；主程序地址
MAIN：     MOV SP，#60H            ；设置堆栈指针
            MOV     P1，#15H         ；P1.0、P1.2、P1.4 作为输入
                                    ；P1.1、P1.3、P1.5 作为输出
            SETB    EX1             ；开中断
            CLR     IT1             ；设置外部中断 1 为电平触发方式
            SETB    EA              ；CPU 开中断
            SJMP    $               ；等待中断
TEST：     JNB     P1.0，LB         ；A 相正常，转测 B 相
            SETB    P1.1            ；A 相掉电，点亮 LEDA
```

LB:	JNB	P1.2, LC	；B相正常，转测 C 相
	SETB	P1.3	；B相掉电，点亮 LEDB
LC:	JNB	P1.4, LL	；C相正常，返回
	SETB	P1.5	；C相掉电，点亮 LEDC
LL:	RETI		
	END		

【延伸与拓展】

在单片机控制系统中，外部中断的使用非常重要，通过它可以中断 CPU 的运行，转去处理更为紧迫的外部事务，如报警、电源掉电保护等。51 系列单片机提供了两个外部中断源$\overline{INT0}$、$\overline{INT1}$，而在实际应用系统中可能有两个以上的外部中断源，这时必须对外部中断源进行扩展。

扩展外部中断源的方法有：

1）定时器/计数器扩展法。

2）中断和查询相结合的扩展法。

3）硬件电路扩展法。

1. 定时器/计数器扩展法

利用 51 系列单片机内部定时器/计数器计数溢出时向 CPU 申请中断。

编写程序的具体步骤如下：

1）使被借用定时器/计数器工作在方式 2（8 位自动重装），并设定计数工作方式。

2）定时器装载初值 0FFH，每来一个脉冲产生一次溢出中断。

3）将定时器的计数脉冲输入端 T0（或 T1）作为扩展外部中断源的中断输入端。

4）在被借用定时器中断入口地址 000BH（或 001BH）处存放一条 3 字节长转移指令。

【例 4-8】 写出定时器 T0 中断源用作外部中断源的初始化程序。

解：程序如下：

MOV TOMD, #06H	；定时器方式送 TOMD
MOV TL0, #0FFH	；送低 8 位定时器初值
MOV TH0, #0FFH	；送高 8 位定时器初值
SETB EA	；打开总中断开关
SETB ET0	；允许定时器 0 中断
SETB TR0	；起动定时器 0 工作
…	
END	

2. 中断和查询相结合的扩展法

扩展硬件电路，使用多个中断源共用一个外部中断输入端，并将中断源分别接在 I/O 端口线上，便于软件查询中断源，如例 4-7。

【例 4-9】 现有 5 个外中断源 EX1、EX20、EX21、EX22 和 EX23，高电平时表示请求中断，要求执行相应中断服务程序，试编写程序实现上述要求。硬件连接如图 4-9 所示。

解：根据题意要求，程序流程如图 4-10 所示。

程序如下：

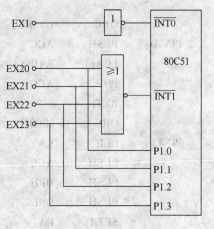

图 4-9　例 4-9 硬件图

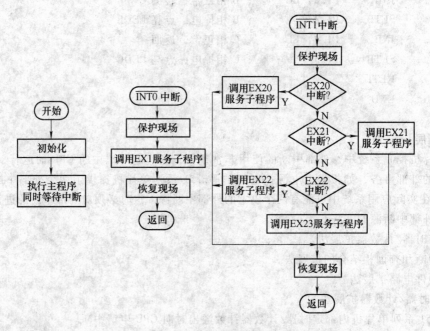

图 4-10　例 4-9 程序流程图

```
              ORG     0000H          ; 主程序入口地址
              LJMP    MAIN           ; 转主程序
              ORG     0003H          ; 中断服务程序入口地址
              LJMP    PINT0          ; 转中断服务程序
              ORG     0013H          ; 中断服务程序入口地址
              LJMP    PINT1          ; 转中断服务程序
              ORG     0100H          ; 主程序
MAIN：        MOV     SP, #60H       ; 设置堆栈指针
              ORL     TCON, #05H     ; 置外部中断为边沿触发方式
              SETB    PX0            ; 置为高优先级
              MOV     IE, #0FFH      ; 全部开放中断
              …                      ; 主程序内容
              ORG     1000H          ; 中断服务程序
PINT0：       PUSH    ACC            ; 中断, 保护现场
              LCALL   WORK1          ; 调用 EX1 服务子程序
              POP     ACC            ; 恢复现场
              RETI                   ; 中断返回
              ORG     2000H          ; 中断服务程序
PINT1：       CLR     EA             ; CPU 禁止中断
              PUSH    ACC            ; 保护现场
              PUSH    DPH
              PUSH    DPL
              SETB    EA             ; CPU 开放中断
              JB      P1.0, LWK20    ; P1.0 = 1, EX20 请求中断
```

	JB	P1.1，LWK21	；P1.1 = 1，EX21 请求中断
	JB	P1.2，LWK22	；P1.2 = 1，EX22 请求中断
	LCALL	WORK23	；P1.3 = 1，调用 EX23 服务子程序
LRET：	CLR	EA	；中断返回，CPU 禁止中断
	POP	DPL	；恢复现场
	POP	DPH	
	POP	ACC	
	SETB	EA	；CPU 开放中断
	RETI		；中断返回
LWK20：	LCALL	WORK20	；P1.0 = 1，调用 EX20 服务子程序
	SJMP	LRET	；转中断返回
LWK21：	LCALL	WORK21	；P1.1 = 1，调用 EX21 服务子程序
	SJMP	LRET	；转中断返回
LWK22：	LCALL	WORK22	；P1.2 = 1，调用 EX22 服务子程序
	SJMP	LRET	；转中断返回

本 章 小 结

　　51 系列单片机中断系统主要由定时器控制寄存器（TCON）、串行口控制寄存器（SCON）、中断允许寄存器（IE）、中断优先级寄存器（IP）和硬件控制电路、查询电路等组成。

　　TCON 用于控制定时器/计数器的启动、停止，并保存 T0、T1 的溢出中断标志和外部中断的中断标志，设置外部中断的触发方式。SCON 的低 2 位 TI 和 RI 用于保存串行口的接收中断和发送中断标志。IE 用于控制 CPU 对中断的开放或屏蔽以及每个中断源是否允许中断。IP 用于设定各中断源的优先级别。

　　单片机中断处理有中断请求、中断响应、中断处理和中断返回 4 个步骤。中断返回是指中断服务完成后，返回到原程序的断点，继续执行原来的程序；在返回前，要撤销中断请求，不同中断源中断请求的撤销方法不一样。

　　中断系统初始化的内容包括开放中断允许、确定中断源的优先级别和外部中断的触发方式等。

思考题与习题

4-1　什么是中断和中断系统？其主要功能是什么？计算机采用中断有什么好处？

4-2　51 系列单片机共有哪些中断源？对其中断请求如何进行控制？

4-3　什么是中断优先级？中断优先处理的原则是什么？

4-4　说明外部中断请求的查询和响应过程。

4-5　51 系列单片机在什么条件下可响应中断？

4-6　简述 51 系列单片机的中断响应过程。

4-7　当正在执行某一中断源的中断服务程序时，如果有新的中断请求出现，试问在什么情况下可响应新的中断请求？在什么情况下不能响应新的中断请求？

4-8　51 系列单片机外部中断源有几种触发中断请求的方法？如何实现中断请求？

4-9　用一条指令分别实现下列要求：

（1）$\overline{INT0}$、T0 开中断，其余禁止中断；

（2）T0、串行口开中断，其余禁止中断；

（3）全部开中断；

（4）全部禁止中断。

4-10　如图 4-11 所示采用中断和查询两种方法分别编写完整的程序。要求：指示灯最初为熄灭状态，当按下开关 S 时，点亮 LED 灯。

4-11　利用中断实现彩灯控制系统，当 P3.2 引脚没有下降沿出现时 P1 口上的 8 个彩灯全灭，当有下降沿出现时 P1 口的 8 个彩灯循环点亮 1 遍（假设 P1 口某个引脚上有高电平时对应的彩灯亮），画出硬件图并编制相应的程序。

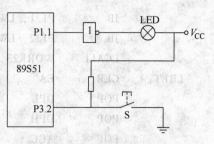

图 4-11　习题 4-10 硬件图

参考文献

［1］　胡汉才 . 单片机原理及其接口技术［M］. 北京：清华大学出版社，2004.

［2］　张义和，等 . 例说 8051［M］. 北京：人民邮电出版社，2006.

［3］　严洁 . 单片机原理及其接口技术［M］. 北京：机械工业出版社，2010.

第5章　51系列单片机的定时器/计数器

【内容提要】

在控制系统中，常常要求有定时或延时控制，如定时输出、定时监测、定时扫描等；同时要求有计数功能，即能对外部事件进行计数。本章首先介绍定时器/计数器的一般结构和工作原理；其次介绍定时器/计数器控制；最后介绍定时器/计数器的工作模式及其应用。

【基本知识点与要求】

(1) 了解51系列单片机定时器/计数器的结构和工作原理。

(2) 掌握51系列单片机定时器/计数器的工作模式、特点及其应用。

【重点与难点】

本章重点和难点是51系列单片机的定时器/计数器的工作模式、特点及其应用。

5.1　定时器/计数器简介

5.1.1　定时器/计数器的一般工作方式

在微型计算机应用系统中，常常需要进行定时或计数，比如在数据采集系统中需要定时采样，对外部发生的事件需要进行计数等。

实现定时/计数的主要方法有三种：软件定时、硬件定时和可编程定时器/计数器。

软件定时是通过执行一段循环程序而产生延时。这是常用的一种定时方法，主要用于短时定时。其优点是不需要增加硬件设备；缺点是增加了CPU的时间开销，降低了CPU的效率。此外，软件定时的时间随微型计算机时钟频率不同而发生变化。

硬件定时是采用硬件电路完成定时，不占用CPU的时间。这种方法定时时间长，但是当要求改变定时时间时，只能通过改变硬件电路中的元件参数来实现，使用不够灵活。

可编程定时器/计数器综合了软件定时和硬件定时各自的优点，其最大的灵活性是可以通过软件编程来选择定时或者计数、改变定时时间。其优点是工作方式灵活、占用CPU的时间少。目前，通用的定时器/计数器集成芯片种类很多，如Intel 8253/8254、ZiLOG公司的CTC等。

通常微型计算机系统中均采用可编程定时器/计数器。可编程定时器/计数器由N位计数器、计数时钟源控制电路、状态寄存器和控制寄存器等组成。计数器的计数方式有加1计数和减1计数两种，计数的时钟可以使用内部时钟也可以使用外部输入的时钟，其一般结构如图5-1所示。可编程定时器/计数器可以工作在定时器方式，也可以工作在计数器方式。

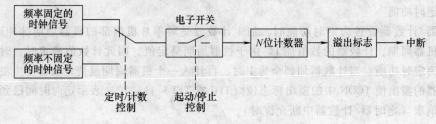

图 5-1　定时器/计数器的一般结构

1. 定时器方式

定时的本质是计数，只不过这里"数"的单位是时间单位。例如，以秒为单位来计数，计满 60 秒为 1 分，计满 60 分为 1 小时，计满 24 小时即为 1 天。定时器方式就是计数器对内部机器周期计数，由于机器周期持续的时间是固定的，所以对机器周期的计数也就是定时功能。计数值乘以机器周期的时间就是定时时间。

2. 计数器方式

计数器方式是对外部输入的脉冲计数，其计数的目的是对外部脉冲累加统计或是为了测量外部输入脉冲的参数。

5.1.2 定时器/计数器的结构与原理

单片机中采用功能强、使用灵活的可编程定时器/计数器，即通过对可编程定时器/计数器软件编程来实现定时或计数。

1. 定时器/计数器的结构

AT89S51 单片机内部集成了 2 个 16 位的可编程定时器/计数器，即定时器/计数器 0 和定时器/计数器 1，分别简记为 T0 和 T1。它们既可以实现定时，又可以对外部事件进行计数，T1 还可以作为串行接口通信的波特率发生器。单片机内部定时器的结构如图 5-2 所示。

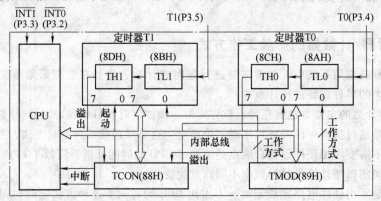

图 5-2　AT89S51 定时器/计数器内部结构

AT89S51 单片机的定时器/计数器主要由 2 个 16 位加 1 计数器（T0、T1）、定时器工作模式寄存器（TOMD）和定时器控制寄存器（TCON）等四部分组成。16 位的定时器/计数器分别由 2 个 8 位寄存器组成，即 T0 由 TH0 和 TL0 组成，TH0 是高 8 位、TL0 是低 8 位；T1 由 TH1 和 TL1 组成，TH1 是高 8 位、TL1 是低 8 位。这些寄存器用于存放定时初值或计数初值，每一个寄存器均可单独访问，TL0、TL1 和 TH0、TH1 的地址依次为 8AH ~ 8DH。

2. 定时器/计数器的工作原理

51 系列单片机内部的可编程定时器/计数器具有定时和计数两种功能。

（1）定时功能

定时器/计数器设置为定时功能时，加 1 计数器是对单片机内部的机器周期脉冲进行计数，每过一个机器周期，计数器的数值加 1。由于机器周期是定值，因此计数值确定时，时间也随之而定，即为定时功能。当计数器加到全为 1 时，再计入一个机器周期就使计数器发生溢出并回到零。计数器的溢出使 TCON 中的溢出标志位（TF0 或 TF1）置"1"，表示定时时间已到，向 CPU 发出中断请求（定时器/计数器中断允许时）。

（2）计数功能

定时器/计数器设置为计数功能时，是对单片机的 T0（P3.4）或 T1（P3.5）引脚上输入脉冲的每一个 1 到 0 的跳变进行加 1 计数。单片机在每个机器周期都会对 T0 和 T1 引脚的输入电平进行采样，如果前一个机器周期的采样值为 1，而下一个机器周期的采样值为 0，则加 1 计数器的值加 1。所以检测一个由 1 到 0 的跳变需要两个机器周期，故外部输入计数脉冲频率不能高于时钟频率的 1/24，或者说输入计数脉冲的高电平或者低电平的宽度必须大于一个机器周期。

5.2　定时器/计数器控制

定时器/计数器的工作模式设定、功能选择和控制是由 TMOD 和 TCON 两个特殊功能寄存器来完成的，当单片机系统复位后，两个特殊功能寄存器都被清"0"。

5.2.1　定时器/计数器的工作模式寄存器

工作模式寄存器（TMOD）用于选择 T0 和 T1 的工作模式，是一个逐位定义的 8 位寄存器，只能进行字节寻址，字节地址为 89H。其格式为

	D7	D6	D5	D4	D3	D2	D1	D0
TMOD (89H)	GATE	$C/\overline{T}$	M1	M0	GATE	$C/\overline{T}$	M1	M0
	←――――― T1 ―――――→				←――――― T0 ―――――→			

其中，低 4 位用来定义定时器/计数器 T0 的功能和工作模式，高 4 位用来定义定时器/计数器 T1 的功能和工作模式，它们的含义完全相同。各位的含义如下（以 T0 为例）。

（1）GATE：门控位

当 GATE = 1 时，由外部中断引脚$\overline{INT0}$输入的电平和定时器/计数器启、停控制位（TR0）共同来控制定时器。当 TR0 置位且$\overline{INT0}$引脚为高电平时，启动 T0；当 TR0 置位且$\overline{INT0}$引脚为低电平时，T0 停止计数。

当 GATE = 0 时，仅由 TR0（TR1）置位或者清"0"来启动或者停止 T0（T1）。

（2）$C/\overline{T}$：功能选择位

当 $C/\overline{T}$ = 1 时，选择计数功能，通过引脚 T0（P3.4）对外部输入脉冲信号进行计数。在每个机器周期的 S5P2 期间，CPU 采样引脚的输入电平。若前一个机器周期采样值为 1，下一个机器周期采样值为 0，则计数器加 1。

当 $C/\overline{T}$ = 0 时，选择定时功能。计数输入信号是内部时钟脉冲，每个机器周期计数器的值加 1。计数频率为时钟频率的 1/12，当采用 12MHz 的晶振时，计数频率为 1MHz。定时器的定时时间与系统的时钟频率 f_{osc}、计数器的长度和初始值等有关。

（3）M1、M0：工作模式选择位

M1、M0 有 4 种工作模式，见表 5-1。

表 5-1　M1、M0 控制的 4 种工作模式

M1	M0	工作模式	功　能　描　述
0	0	模式 0	13 位计数器
0	1	模式 1	16 位计数器
1	0	模式 2	自动重装入初值 8 位计数器
1	1	模式 3	定时器 0：分成两个 8 位计数器；定时器 1：停止计数

5.2.2　定时器/计数器的控制寄存器

控制寄存器（TCON）是一个逐位定义的 8 位寄存器，既可字节寻址也可以位寻址，字节地址是 88H，位寻址的地址为 88H ~ 8FH。其格式为

位地址	8FH	8EH	8DH	8CH	8BH	8AH	89H	88H
位功能	TF1	TR1	TF0	TR0	IE1	IT1	IE0	IT0

TCON 寄存器可分成两部分：高 4 位用于定时器/计数器的控制，低 4 位用于外部中断的控制。其中，与定时器/计数器有关位的含义如下。

（1）TF1（TCON.7 位）：T1 的溢出标志位

T1 溢出时，该位由内部硬件自动置位。若中断开放，即向 CPU 发出中断申请，响应中断进入中断服务程序后，由硬件自动清"0"；若中断禁止，TF1 位可作溢出查询测试用（判断该位是否为 1），此时只能由软件清"0"。

（2）TR1（TCON.6 位）：T1 的启动、停止控制位

当 GATE = 0 时，若使用指令"SETB TR1"，则启动 T1。若使用指令"CLR TR1"，则停止定时器 T1 工作；当 GATE = 1 时，若使用指令"SETB TR1"，且外部中断$\overline{INT1}$的引脚输入高电平时才能启动 T1 工作。

（3）TF0（TCON.5 位）：T0 的溢出标志位

TF0 的功能及操作情况与 TF1 相同。

（4）TR0（TCON.4）：T0 的启动、停止控制位

TR0 的功能及操作情况与 TR1 相同。

5.2.3　定时器/计数器的初始化

定时器/计数器运行前，CPU 必须将一些命令（称为控制字）写入定时器/计数器，这个过程称为定时器/计数器的初始化。初始化的内容主要包括设置 TMOD、中断允许寄存器（IE）和中断优先级寄存器（IP），装入时间常数，启动定时器/计数器工作。

1. 定时器/计数器的初始化步骤

1）选择定时器/计数器及其工作模式，确定模式控制字，并写入 TMOD。使用 T0，需定义 TMOD 的低 4 位，使用 T1，需定义 TMOD 的高 4 位。

2）根据需要开启定时器/计数器的中断。定义中断允许寄存器 IE，IE 中与定时器/计数器中断有关的位为 EA、ET0 和 ET1。

EA 位：中断允许总控制位。EA = 0，禁止中断，EA = 1，允许中断。

ET0、ET1 位：定时器/计数器 T0 和 T1 的中断允许控制位。ET0 = 0，禁止 T0 中断；ET0 = 1，允许 T0 中断。ET1 = 0，禁止 T1 中断；ET1 = 1，允许 T1 中断。

3）装入定时器/计数器的初值。根据定时时间或计数次数，计算定时或计数初值，并写入 TH1、TL1 或 TH0、TL0 中。定时或计数初值就是预先置入定时器/计数器中的计数器的常数，称为定时常数或计数常数，标记为 TC（Timer Constant）。

4）设置定时器/计数器的中断优先级。IP 中与定时器/计数器优先级有关的位是 PT0 和 PT1 位。PT0 = 0，T0 的中断优先级为低优先级；PT0 = 1，则 T0 的中断优先级为高优先级。PT1 控制 T1 的优先级。

5）启动定时器/计数器工作。置位 TR0 或 TR1，就可以启动定时器/计数器 T0 或 T1。

2. 定时器/计数器初值计算

定时器/计数器运行前，要预先置入定时或计数初值。若需要定时的时间为 t，则有

$$t = T_c \times (2^L - TC) = \frac{12}{f_{osc}} \times (2^L - TC) \tag{5-1}$$

式中，t 为定时时间；T_c 为机器周期；f_{osc} 为单片机时钟频率；L 为计数器长度，模式 0 时，$L = 13$；模式 1，$L = 16$；模式 2 或 3，$L = 8$；TC 为定时器/计数器初值（常数）。

由式（5-1），则定时器/计数器初值为

$$TC = 2^L - \frac{f_{osc} \times t}{12} \tag{5-2}$$

若工作在计数器方式时，需要的计数值为 CC，则计数初值 TC 的计算如下：

$$TC = 2^L - 计数值（CC） \tag{5-3}$$

定时器/计数器的定时或计数初值与工作模式、计数长度之间的关系见表 5-2。

表 5-2　定时器/计数器的定时或计数初值

工作模式	计数长度	最大计数值为 M	最长定时时间 T		定时初值 TC	计数初值
			$f_{osc} = 12\,MHz$	$f_{osc} = 6\,MHz$		
模式 0	13	$M = 2^{13}$ $= 8192 = 2000H$	$T = 2^{13} \times TC$ $= 8.192ms$	$T = 2^{13} \times TC$ $= 16.384ms$	$TC = 2^{13} - t/T_c$	$TC = 2^{13} - CC$
模式 1	16	$M = 2^{16} = 65536$	$T = 2^{16} \times TC$ $= 65.536ms$	$T = 2^{16} \times TC$ $= 131.072ms$	$TC = 2^{16} - t/T_c$	$TC = 2^{16} - CC$
模式 2	8	$M = 2^8 = 256$	$T = 2^8 \times TC$ $= 0.256ms$	$T = 2^8 \times TC$ $= 0.512ms$	$TC = 2^8 - t/T_c$	$TC = 2^8 - CC$
模式 3 （T0）	TL0　8	$M = 2^8 = 256$	$T = 2^8 \times TC$ $= 0.256ms$	$T = 2^8 \times TC$ $= 0.512ms$	$TC = 2^8 - t/T_c$	$TC = 2^8 - CC$
	TH0　8	$M = 2^8 = 256$	$T = 2^8 \times TC$ $= 0.256ms$	$T = 2^8 \times TC$ $= 0.512ms$	$TC = 2^8 - t/T_c$	$TC = 2^8 - CC$

3. 定时器/计数器初值装入

不同的工作模式下初值的装入方法有所不同（以 T0 为例，T1 与 T0 类似）。

模式 0 是 13 位定时器/计数器，计数初值的高 8 位装入 TH0，而低 5 位装入 TL0 的低 5 位（TL0 的高 3 位无效，可填 0）。

模式 1 是 16 位定时器/计数器，计数初值的高 8 位装入 TH0，而低 8 位装入 TL0。

模式 2 是自动重装入初值 8 位定时器/计数器，只要装入一次，溢出后就自动装入初值。计数初值既要装入 TH0，也要装入 TL0。

5.3　定时器/计数器的工作模式及应用

根据 TMOD 寄存器中 M1 和 M0 的设定，定时器/计数器 T0 可选择 4 种不同的工作模式，而定时器/计数器 T1 只有 3 种工作模式。

5.3.1　模式 0 及应用

当 TMOD 中的 M1M0 = 00 时，选定工作模式 0。模式 0 的定时器/计数器逻辑结构如图 5-3 所示。这种方式下，由 TLx 中的低 5 位（高 3 位未用）和 THx 中的 8 位组成 13 位加 1 计数器；若 TLx 中的第 5 位有进位，直接进到 THx 的最低位，THx 溢出后将 TFx 置位，并向 CPU 申请中断。

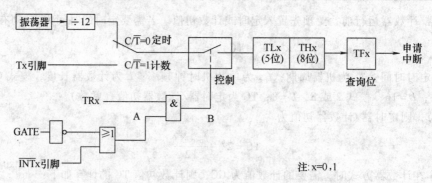

图 5-3　定时器/计数器模式 0 的逻辑结构图

当 $C/\overline{T} = 0$ 时，电子开关打到上面的位置，此时，T0（或 T1）作为定时器，对时钟频率 12 分频后的脉冲进行计数；当 $C/\overline{T} = 1$ 时，T0（或 T1）作为计数器，计数脉冲为 P3.4（或 P3.5）引脚上输入的外部脉冲，当此信号发生由 1 到 0 的负跳变时，计数器值加 1。

当 GATE = 0 时，A 点为高电平，定时器/计数器的启动/停止由 TRx 决定。TRx = 1，定时器/计数器启动。TRx = 0，定时器/计数器停止；当 GATE = 1 时，A 点的电平由 $\overline{INTx}$ 决定，因而 B 点的电平就由 TRx 和 $\overline{INTx}$ 决定，即定时器/计数器的启动/停止由 TRx 和 $\overline{INTx}$ 两个条件决定。计数溢出时，TFx 置位。如果中断允许，CPU 响应中断并转入中断服务程序，由内部硬件清"0"TFx。TFx 也可以由程序查询和清"0"。

【例 5-1】　已知时钟频率 $f_{osc} = 12MHz$，要求在 P1.0 引脚上输出周期为 2ms 的方波。

解：（1）题意分析与定时器初始化

方波的周期为 2ms，则需要设定 1ms 的定时，每隔 1ms 产生一次定时中断，在中断服务程序中对 P1.0 引脚输出信号取反，即可达到题目的要求。

选用 T0 定时功能，使用工作模式 0。时钟频率 $f_{osc} = 12MHz$，定时时间 $t = 1ms = 10^{-3}s$。则

$$TC = 2^L - \frac{f_{osc} \times t}{12}$$

$$= 2^{13} - \frac{12 \times 10^6 \times 10^{-3}}{12} = 8192 - 1000 = 7192$$

TC 为 7192 = 1C18H，转换为二进制数 TC = 0001110000011000B，取低 13 位，其中高 8 位为 0E0H，低 5 位为 18H。

计数初值为 7192，定时时间为（8192 − 7192）×1μs = 1ms。

TMOD 设定如下：

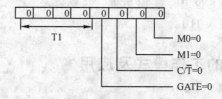

（2）编程

```
        ORG     0000H
        AJMP    MAIN
        ORG     000BH           ; T0 中断入口地址
        AJMP    INQP
        ORG     0030H
MAIN：   MOV     SP, #60H        ; 设置堆栈指针
```

MOV	TMOD, #00H	; 写入控制字
MOV	TH0, #0E0H	; 写定时常数（定时 1ms）
MOV	TL0, #18H	
SETB	TR0	; 启动 T0
SETB	ET0	; 允许 T0 中断
SETB	EA	; 开放 CPU 中断
HERE:	AJMP HERE	; 等待定时中断
INQP:	MOV TH0, #0E0H	; 重新写入定时常数
	MOV TL0, #18H	
	CPL P1.0	; P1.0 变反输出
	RETI	; 中断返回
	END	

5.3.2　模式 1 及应用

当 TMOD 中的 M1M0 = 01 时，选定工作模式 1。模式 1 的定时器/计数器逻辑结构如图 5-4 所示。在模式 1 下，定时器/计数器是由 THx 中的 8 位和 TLx 中的 8 位组成一个 16 位加 1 计数器。模式 1 的结构和操作与模式 0 完全类似，其唯一的差别仅仅在于计数器的位数不同。计数时，TLx 溢出后向 THx 进位，THx 溢出后将 TFx 置位，如果中断允许，CPU 响应中断并转入中断服务程序，由内部硬件清 "0" TFx。TFx 也可以由程序查询和清 "0"。

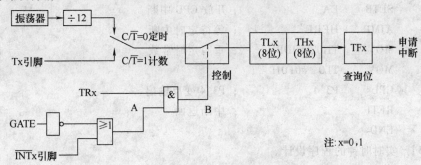

图 5-4　定时器/计数器模式 1 逻辑结构图

【例 5-2】　已知时钟频率为 $f_{osc} = 6MHz$，要求在 P3.4 引脚上产生周期为 40ms 的方波输出。

解：

（1）分析定时器初始化

方波的周期为 40ms，则需要设定 20ms 的定时，每隔 20ms 产生一次定时中断，在中断服务程序中对 P3.4 引脚输出信号取反，即可达到题目的要求。

时钟频率为 $f_{osc} = 6MHz$，选用 T0 定时功能，若用模式 0，其最长定时时间为 16.384ms，无法直接实现，所以使用工作模式 1。定时时间 $t = 20ms$，则初值为

$$TC = 2^L - \frac{f_{osc} \times t}{12}$$

$$TC = 2^{16} - \frac{6 \times 10^6 \times 2 \times 10^{-2}}{12} = 65536 - 10000 = 55536$$

TC 为 55536 = 0DBF0H，其中高 8 位为 0DBH，低 8 位为 0F0H。

TMOD 的设定如下：

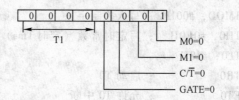

（2）编程

```
        ORG     0000H
        AJMP    MAIN

        ORG     000BH           ; T0 中断入口地址
        AJMP    INQP

        ORG     0030H
MAIN：   MOV     SP, #60H        ; 设置堆栈指针
        MOV     TMOD, #01H      ; 写控制字
        MOV     TH0, #0DBH      ; 写定时常数（定时 20ms）
        MOV     TL0, #0F0H
        SETB    TR0             ; 启动 T0
        SETB    ET0             ; 允许 T0 中断
        SETB    EA              ; 开放 CPU 中断
HERE：   AJMP    HERE            ; 等待定时中断
INQP：   MOV     TH0, #0DBH      ; 重写定时常数
        MOV     TL0, #0F0H
        CPL     P3.4            ; P3.4 变反输出
        RETI                    ; 中断返回
        END
```

【例 5-3】 实时时钟的程序设计。

解：

（1）设计的基本思想

用定时器/计数器来实现实时时钟，时钟的最小计时单位是秒。如何获得 1s 的定时呢？从定时器的工作模式可知，如果时钟频率为 $f_{osc} = 6$MHz，使用定时器模式 1，最大的定时时间也只能达到 131.072ms，无法直接实现。因此，可以将定时器的定时时间定为 100ms，采用中断方式进行定时次数的累计，计满 10 次为 1s。

定时初值的计算如下：

$$TC = 2^L - \frac{f_{osc} \times t}{12}$$

$$TC = 2^{16} - \frac{6 \times 10^6 \times 0.1}{12} = 65536 - 50000 = 15536$$

TC 为 15536 = 3CB0H，其中高 8 位为 3CH，低 8 位为 0B0H。

在单片机片内 RAM 单元中选定 3 个单元作为秒、分、时单元，具体安排如下：

40H：“秒”单元；

41H：“分”单元；

42H："时"单元。

每满1秒，则"秒"单元40H中的内容加1；"秒"单元满60，则"分"单元41H中的内容加1；"分"单元满60，则"时"单元42H中的内容加1；"时"单元满24，则将40H、41H、42H中的内容全部清"0"。

（2）程序设计

1）主程序设计：主程序的主要功能是进行定时器T1的初始化，并启动T1，然后通过反复调用显示子程序，等待100ms定时中断的到来。主程序的流程如图5-5所示。

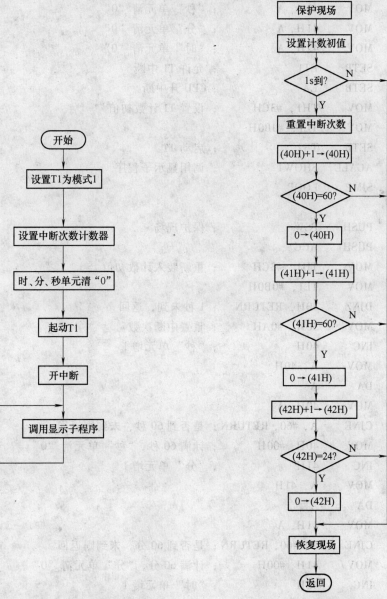

图 5-5 时钟主程序流程　　　　　图 5-6 中断服务程序流程

2）中断服务程序设计：主要功能是实现时、分、秒的计时处理，程序流程如图5-6所示。

（3）编程

```
ORG    0000H
AJMP   MAIN        ; 转向主程序
```

```
              ORG      001BH           ; T1 中断入口地址
              AJMP     IT1P
              ORG      1000H
MAIN：        MOV      SP, #60H
              MOV      TMOD, #10H      ; 设 T1 为模式 1
              MOV      30H, #0AH       ; 设置中断计数器次数
              CLR      A
              MOV      40H, A          ; "秒" 单元清 "0"
              MOV      41H, A          ; "分" 单元清 "0"
              MOV      42H, A          ; "时" 单元清 "0"
              SETB     ET1             ; 允许 T1 中断
              SETB     EA              ; CPU 开中断
              MOV      TH1, #3CH       ; 设置 T1 计数初值
              MOV      TL1, #0B0H
              SETB     TR1             ; 启动 T1
LOOP：        ACALL    SHOW1           ; 调用显示子程序
              SJMP     LOOP

IT1P：        PUSH     PSW             ; 保护现场
              PUSH     ACC
              MOV      TH1, #3CH       ; 重新装入计数初值
              MOV      TL1, #0B0H
              DJNZ     30H, RETURN     ; 1 秒未到，返回
              MOV      30H, #0AH       ; 重置中断次数
              INC      40H             ; "秒" 单元增 1
              MOV      A, 40H
              DA       A
              MOV      40H, A
              CJNE     A, #60, RETURN  ; 是否到 60 秒，未到则返回
              MOV      40H, #00H       ; 计满 60 秒，"秒" 单元清 "0"
              INC      41H             ; "分" 单元增 1
              MOV      A, 41H
              DA       A
              MOV      41H, A
              CJNE     A, #60, RETURN  ; 是否到 60 分，未到则返回
              MOV      41H, #00H       ; 计满 60 分，"分" 单元清 "0"
              INC      42H             ; "时" 单元增 1
              MOV      A, 42H
              DA       A
              MOV      42H, A
              CJNE     A, #24, RETURN  ; 是否到 24 小时，未到则返回
              MOV      42H, #00H       ; 计满 24 小时，"时" 单元清 "0"
```

```
RETURN： POP ACC              ；恢复现场
         POP    PSW
         RETI
SHOW1：  …                    ；显示子程序
         END
```

5.3.3　模式 2 及应用

当 TMOD 中的 M1M0 = 10 时，选定工作模式 2。该模式下，将 16 位计数寄存器分为两个 8 位寄存器，组成一个能自动重装入初值的 8 位加 1 计数器，定时器/计数器逻辑结构如图 5-7 所示。

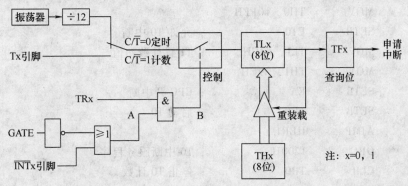

图 5-7　模式 2 时定时器/计数器的逻辑结构

在模式 2 中，TLx 作为 8 位计数器，THx 作为定时初值或计数初值寄存器。当 TLx 计数溢出时，硬件自动使 TFx 置位、向 CPU 申请中断，同时自动将 THx 的内容重新装入 TLx 中，继续计数。重新装入不影响 THx 的内容。模式 0 和模式 1 在每次计数满溢出后，计数器都要清 "0"，要开始新的计数还需要重置计数初值。而模式 2 具有初值自动装入功能，避免了编程装入初值的麻烦，适合用于较高精度的定时信号发生器，通常作为串行口通信时的波特率发生器使用。

【例 5-4】　已知时钟频率为 $f_{osc} = 12MHz$，当 T0（P3.4）引脚输入信号发生从 1 到 0 的负跳变时，则从 P1.0 引脚上输出一个频率为 5kHz 的方波。

解：

（1）工作模式选择

根据题目的要求，T0（P3.4）引脚的输入信号可视为外部中断源，定时器/计数器 T0 设置为工作模式 1、计数方式，其初值设为 0FFFFH，当外部计数输入端 T0（P3.4）引脚发生一次负跳变时，计数器 T0 加 1 溢出后，使标志位 TF0 置 "1"，并向 CPU 发出中断请求，在 T0 的中断服务子程序中，启动定时器/计数器 T1 在工作模式 2 定时，每 $100\mu s$ 产生一次中断，在定时器 T1 的中断服务子程序中对 P1.0 取反，使 P1.0 产生频率为 5kHz 的方波。

（2）计算 T1 初值

T1 的初值计算如下：

$$TC = 2^L - \frac{f_{osc} \times t}{12}$$

$$= 2^8 - \frac{12 \times 10^6 \times 10^{-4}}{12} = 256 - 100 = 156 = 9CH$$

（3）编程

```
         ORG        0000H
```

```
RESET:      LJMP     MAIN              ; 转向主程序
            ORG      000BH
            LJMP     IT0P              ; 转 T0 中断服务程序
            ORG      001BH
            LJMP     IT1P              ; 转 T1 中断服务程序
            ORG      1000H
MAIN:       MOV      SP, #60H          ; 主程序, 设堆栈指针
            MOV      TMOD, #25H        ; T0 为模式 1、计数方式, T1 为模式 2
            MOV      TL0, #0FFH        ; T0 置计数初值
            MOV      TH0, #0FFH
            SETB     ET0               ; 允许 T0 中断
            MOV      TL1, #9CH         ; T1 置计数初值
            MOV      TH1, #9CH
            SETB     EA                ; CPU 开中断
            SETB     TR0               ; 启动 T0
HERE:       AJMP     HERE
            ORG      1200H             ; T0 中断服务程序
IT0P:       CLR      TR0               ; 停止 T0 计数
            SETB     ET1               ; 允许 T1 中断
            SETB     TR1               ; 启动 T1
            RETI

            ORG      1300H             ; T1 中断服务程序
IT1P:       CPL      P1.0              ; P1.0 位取反
            RETI
            END
```

【例 5-5】 用定时器/计数器 T0, 以定时工作模式 2, 在 P1.0 输出周期为 400μs, 占空比为 9∶10 的脉冲, 如图 5-8 所示。设 $f_{osc} = 6MHz$, 请编程实现（查询方式）。

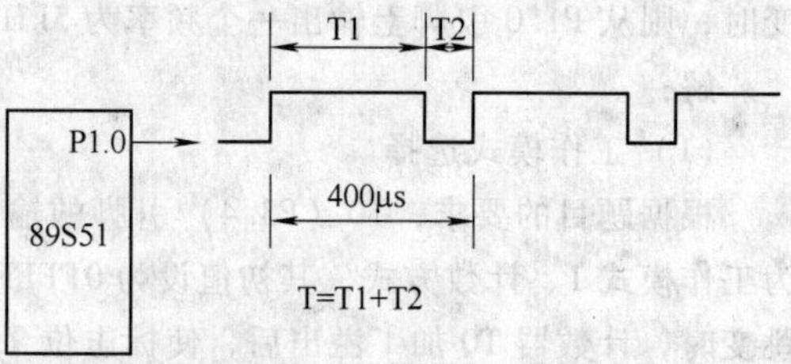

解：由题意可知, P1.0 输出高电平持续 360μs, 输出低电平持续 40μs。

（1）定时器初值计算

定时器/计数器 T0 定时工作模式 2 中, TL0 为 8 位计数器, TH0 为预置寄存器。定时 360μs 的初值 TC1 计算如下：

$$TC = 2^L - \frac{f_{osc} \times t}{12}$$

$$TC1 = 2^8 - \frac{6 \times 10^6 \times 360 \times 10^{-6}}{12} = 256 - 180 = 76 = 4CH$$

定时 40μs 的初值 TC2 计算公式为

$$TC2 = 2^8 - \frac{6 \times 10^6 \times 40 \times 10^{-6}}{12} = 256 - 20 = 236 = 0ECH$$

图 5-8　例 5-5 示意图

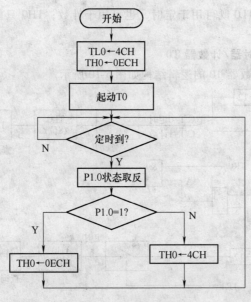

图 5-9　程序流程图

（2）程序流程设计

流程图如图 5-9 所示。

（3）编程实现

```
            ORG     0000H
            AJMP    MAIN
            ORG     0040H
MAIN:       MOV     SP, #60H
            SETB    P1.0            ; P1.0 置 "1"
            MOV     TMOD, #02H      ; T0 工作模式 2
            MOV     IE, #00H        ; 禁止中断
            MOV     TL0, #4CH       ; 装入计数初值
            MOV     TH0, #0ECH
AGAIN:      SETB    TR0             ; 启动 T0
LOOP:       JBC     TF0, LOOP1      ; 定时到?
            AJMP    LOOP            ; 未到, 继续等待
LOOP1:      CPL     P1.0            ; 定时到, P1.0 状态取反
            JNB     P1.0, LOOP2     ; P1.0 为零转移
            MOV     TH0, #0ECH      ; P1.0 为 1, 装短定时计数初值
            AJMP    LOOP            ; 循环
LOOP2:      MOV     TH0, #4CH       ; P1.0 为零, 装长定时计数初值
            AJMP    LOOP            ; 循环
HERE:       SJMP    HERE
            END
```

5.3.4　模式 3 及应用

TMOD 中的 M1M0 = 11 时，选定工作模式 3。在工作模式 3 下，T0 分为两个独立的 8 位加 1

计数器 TH0 和 TL0。其中 TL0 既可用于定时，也可用于计数；TH0 只能用于定时。T1 不能在模式 3 下工作。

1. 工作模式 3 下的定时器/计数器 T0

模式 3 时，定时器/计数器 T0 的逻辑结构如图 5-10 所示。

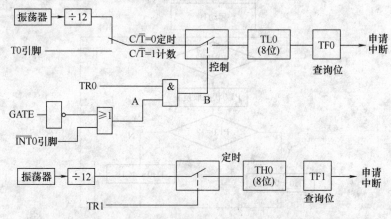

图 5-10　工作模式 3 下 T0 的逻辑结构图

TL0 作为 8 位定时器/计数器，它占用了 T0 的各控制位、引脚和中断源，即 $C/\overline{T}$、GATE、启动/停止控制位 TR0、T0 引脚（P3.4）及计数器溢出标志位 TF0 和 T0 的中断服务入口地址（000BH）等。TH0 作为 8 位定时器用，它占用了定时器/计数器 T1 的启动/停止控制位 TR1、计数溢出标志位 TF1 及 T1 中断服务入口地址（001BH）。TH0 只能对机器周期进行计数，因此，它只能用做内部定时，不能用做对外部脉冲进行计数。

2. T0 在工作模式 3 下的定时器/计数器 T1

T0 在工作模式 3 下的定时器/计数器 T1 的逻辑结构如图 5-11 所示。T1 不能工作在模式 3 下，只能选模式 0、1 或 2，此时，定时器/计数器 T1 由 $C/\overline{T}$ 位控制其为定时或计数功能。当计数器溢出时，只能将输出送往串行口。在这种情况下，定时器 T1 通常用做串行口波特率发生器或不需要中断的场合。定时器/计数器 T1 的启动和关闭比较特殊，设置好 T1 的工作模式，就开始计数。若要停止计数，只需要送入一个设置定时器 T1 为模式 3 的命令即可。

【例 5-6】 设 $f_{osc} = 9.216MHz$，编程实现用 AT89S51 产生两个方波，一个方波周期为 $200\mu s$，另一个方波周期为 $400\mu s$。

解：

（1）工作模式的选择

这时 T0 采用模式 3 工作，其中，TL0 产生 $100\mu s$ 定时，由 P1.0 输出方波 1；TH0 产生 $200\mu s$ 定时，由 Pl.1 输出方波 2。

（2）定时常数计算

$$TC = 2^L - \frac{f_{osc} \times t}{12}$$

TL0 定时常数标记为 TCL0，需要的定时时间 $100\mu s$，则

$$TCL0 = 2^8 - \frac{9.216 \times 10^6 \times 100 \times 10^{-6}}{12} = 256 - 76.8 = 179.2 = 0B3H$$

TH0 定时常数标记为 TCH0，需要的定时时间为 $200\mu s$，则

$$TCH0 = 2^8 - \frac{9.216 \times 10^6 \times 200 \times 10^{-6}}{12} = 256 - 153.6 = 102.4 = 66H$$

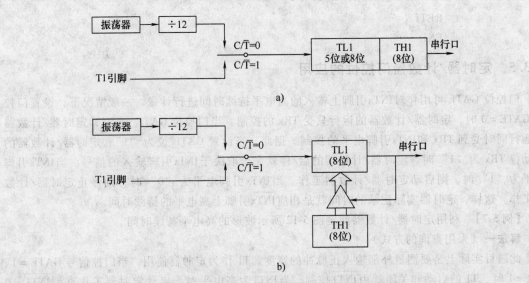

图 5-11 T0 工作在模式 3 下的 T1 的逻辑结构图
a) T1 模式 0 或模式 1　b) T1 模式 2

（3）编程

```
                ORG         0000H
                AJMP        MAIN
                ORG         000BH           ; T0 的中断入口
                AJMP        ITL0
                ORG         001BH           ; T1 的中断入口
                AJMP        ITH0

                ORG         0100H
MAIN：          MOV         SP, #60H
                MOV         TMOD, #03H      ; 写控制字，T0 为模式 3
                MOV         TL0, #0B3H      ; 设 TL0 初值（100μs 定时）
                MOV         TH0, #66H       ; 设 TH0 初值（200μs 定时）
                SETB        TR0             ; 启动 TL0
                SETB        TR1             ; 启动 TH0
                SETB        ET0             ; 允许 TL0 中断
                SETB        ET1             ; 允许 TH0 中断
                SETB        EA              ; CPU 中断开放
HERE：          AJMP        HERE

ITL0：          MOV         TL0, #0B3H      ; 重装定时常数
                CPL         P1.0            ; 输出方波 1（200μs）
                RETI

ITH0：          MOV         TH0, #66H       ; 重装定时常数
                CPL         P1.1            ; 输出方波 2（400μs）
```

```
        RETI
        END
```

5.3.5　定时器/计数器门控位的应用

　　门控位 GATE 可用作对 $\overline{\text{INTx}}$ 引脚上输入的高电平持续时间进行计量。一般情况下，设置门控位 GATE = 0 时，定时器/计数器的运行只受 TRx 的控制。当门控位 GATE = 1 时，定时器/计数器的运行同时受到 TRx 和 $\overline{\text{INTx}}$ 引脚电平的控制。据此，当设置 GATE 位为 "1"、定时器/计数器的启动位 TRx 为 "1" 时，定时器/计数器的启/停就完全取决于 $\overline{\text{INTx}}$ 引脚输入的信号。当 $\overline{\text{INTx}}$ 引脚电平为 "1" 时，则启动定时器/计数器工作。当 $\overline{\text{INTx}}$ 引脚电平为 "0" 时，则停止定时器/计数器工作。这样，定时器实际记录的时间就是相应 $\overline{\text{INTx}}$ 引脚上高电平的持续时间。

　　【例 5-7】　利用定时器/计数器测定图 5-12 所示波形的高电平持续时间。

　　解法一（采用查询的方式）：

　　此题目实际上是要测量外部输入正脉冲的宽度。T1 作为定时器使用，当门控信号 GATE = 1、TR1 = 1 时，T1 的启动和关闭就由 $\overline{\text{INT1}}$ 控制。当 $\overline{\text{INT1}}$ 为高电平时，启动定时器工作直到 $\overline{\text{INT1}}$ = 0 为止，T1 停止计数。然后读出 T1 的计数值，此计数值再乘以机器周期即为外部输入正脉冲的宽度。

图 5-12　波形脉冲宽度测试

程序如下：

```
        ORG     0000H
        LJMP    MAIN
        ORG     1000H
MAIN：  MOV     TMOD, #90H    ; 设置 T1 为工作模式 1, GATE 位置 "1"
        MOV     TL1, #00H     ; 设置定时初值
        MOV     TH1, #00H
LP1：   JB      P3.3, LP1     ; P3.3 为高电平, 等待
        SETB    TR1           ; P3.3 为低电平时, 置 TR1 位为 1
LP2：   JNB     P3.3, LP2     ; 当 P3.3 为低电平时, 再等待
LP3：   JB      P3.3, LP3     ; 当 P3.3 为高电平时, 启动 T1 开始定时
        CLR     TR1           ; 当 P3.3 为低电平时, 高电平脉宽定时结束
        MOV     R0, TH1
        MOV     R1, TL1       ; (R0R1) 的内容就是以机器周期数表示的高电平的宽
                              度
HERE：  SJMP    HERE
        END
```

　　【注意】　当 f_{osc} = 12MHz 时，机器周期为 1μs，该方法所能测量的最大脉冲宽度为 65536μs（65.536ms）。当脉冲信号高电平宽度持续时间大于 65.536ms 时，需要采用定时器中断的方法。

　　解法二（采用定时器中断的方法）：

　　如果被测脉冲的宽度大于 65536 个机器周期时，可设一个中断次数计数器 R2，每当定时器/计数器记满 65536 个机器周期而产生溢出中断时，中断次数计数器 R2 加 1，而定时器/计数器清

零后重新从 0 开始计数，直到脉冲信号变为 0 时结束。

```
          ORG      0000H
          AJMP     MAIN          ; 转向主程序
          ORG      000BH         ; T0 中断入口地址
          AJMP     INQP
          ORG      0030H
MAIN:     MOV      TMOD, #09H    ; T0 为模式 1，GATE = 1
          MOV      TH0, #00H     ; 设置定时初值
          MOV      TL0, #00H
          MOV      IE, #82H      ; 开放 CPU 和 T0 中断
          MOV      R2, #00H      ; 中断次数计数器清 "0"
LOOP1:    JB       P3.2, LOOP1   ; 等待INT0变成低电平
          SETB     TR0           ; 置 TR0 位为 1，为 T0 启动作准备
LOOP2:    JNB      P3.2, LOOP2   ; 等待INT0变成高电平，启动定时器 T0
LOOP3:    JB       P3.2, LOOP3   ; 等待INT0变成低电平，停止定时
          CLR      TR0           ; 停止 T0
          MOV      R0, TL0       ; 取出当前的定时时间
          MOV      R1, TH0
HERE:     SJMP     HERE
INQP:     INC      R2            ; 中断次数计数器加 1
          RETI
          END
```

执行上述程序后，外部输入正脉冲的宽度若以机器周期数表示时则为：（（R2）＊65536 ＋（R1R0））；若以时间表示则为：（（R2）＊65536 ＋（R1R0））＊机器周期。

5.3.6　"看门狗"定时器

1. "看门狗"定时器的组成

AT89S51 单片机内部设置了一个看门狗定时器（WDT），它由一个 14 位计数器和看门狗复位寄存器（WDTRST）构成。主要是为了解决 CPU 程序运行时可能进入混乱和死循环。外部复位时，WDT 默认为关闭状态，要启动 WDT，必须按顺序将 1EH 和 0E1H 写入看门狗复位寄存器（WDTRST 的地址为 0A6H）。当启动了 WDT，它会随晶体振荡器在每个机器周期计数，除硬件复位和 WDT 溢出复位外，没有办法关闭 WDT。当 WDT 溢出，将使 RST 引脚输出高电平的复位脉冲。复位脉冲持续时间为 98 个晶振周期。

2. "看门狗"定时器的使用

在单片机系统正常运行时，WDT 启动后，需要在 16383 个机器周期内重新将 01EH 和 0E1H 写入看门狗复位寄存器以避免 WDT 计数溢出而产生的单片机系统复位，这称为喂狗。启动和喂狗使用相同的子程序，第一次调用为启动，以后再调用子程序就是喂狗，子程序如下：

```
WDTSE: MOV   0A6H, #1EH   ; 启动和喂狗子程序，先送 1E
       MOV   0A6H, #0E1H  ; 后送 E1
       RET
```

在单片机掉电方式下，晶体振荡器停止工作，WDT 也停止工作。这种情况下，用户不用再复位 WDT。有两种方法可以退出掉电方式：硬件复位或激活外部中断。若由硬件复位退出掉电

方式时，则处理 WDT 像通常的上电复位一样。若由中断退出掉电方式时则有所不同，外部中断信号低电平状态必须持续到晶体振荡器稳定，当外部中断信号为高电平则响应中断服务。为防止 WDT 在外部中断信号为低电平期间复位单片机，WDT 应该在外部中断信号电平为高后再开始工作。因此，应该在中断服务程序中喂狗。

在进入空闲方式前，特殊功能寄存器 AUXR 的 WDIDLE 位用来决定 WDT 是否继续计数。在空闲方式默认情况下，特殊功能寄存器 AUXR 的 WDIDLE = 0，WDT 继续计数。为防止 WDT 在空闲方式下复位单片机，用户需要建立 1 个定时器，定时离开空闲模式，然后清零 WDT，再重新进入空闲模式。当 WDIDLE = 1 时，WDT 停止计数，退出空闲方式后，WDT 继续计数。

【延伸与拓展】

在 51 系列单片机的增强型，如 80C52、AT89S52 等单片机中增加了一个 16 位的、具有自动重装载和捕获功能的定时器/计数器 T2。T2 的内部由两个 8 位寄存器 TL2、TH2 组成，还有控制寄存器 T2CON、方式控制寄存器 T2MOD、16 位捕获寄存器 RCAP2L（低 8 位）和 RCAP2H（高 8 位）。定时器/计数器 T2 作定时器还是用作计数器，由 T2CON 中的 C/$\overline{T2}$ 位控制。T2 的计数脉冲源有：内部机器周期和由 T2（P1.0）引脚输入的外部计数脉冲。T2 有 3 种工作模式：自动重装载、捕获和波特率发生器模式，由 T2CON 中有关位控制。输入引脚 T2EX（P1.1）是 T2 外部控制信号输入端。

1. 特殊功能寄存器

（1）定时器/计数器 T2 的控制寄存器 T2CON

控制寄存器 T2CON 是一个逐位定义的特殊功能寄存器，既可以字节寻址也可以位寻址。其字节地址为 0C8H，位地址为 0C8H ~ 0CFH。各位的定义如下所示：

位地址	0CFH	0CEH	0CDH	0CCH	0CBH	0CAH	0C8H	0C8H
位符号	TF2	EXF2	RCLK	TCLK	EXEN2	TR2	C/$\overline{T2}$	CP/RL2

1）TF2（T2CON.7）：T2 溢出标志位。定时器 T2 溢出时置位，并申请中断，只能由软件清"0"。但在波特率发生器方式下，也即 RCLK = 1 或 TCLK = 1 时，定时器溢出时 TF2 不置位。

2）EXF2（T2CON.6）：T2 外部标志位。当 EXEN2 = 1 且 T2EX（P1.1）引脚上出现负跳变而造成的捕获或重装载工作模式时，EXF2 由硬件置位，若已允许 T2 中断，CPU 将响应中断，转向中断服务程序。EXF2 要由软件清"0"。在向上/向下计数模式下，EXF2 不会引起中断。

3）RCLK（T2CON.5）：串行接口接收数据时钟选择标志位。由软件置位或清除，用于选择 T2 或 T1 作串行接口的波特率发生器。RCLK = 1 时，用 T2 溢出脉冲作为串行接口模式 1、模式 3 的接收时钟；RCLK = 0 时，用 T1 的溢出脉冲作串行接口模式 1、模式 3 的接收时钟。

4）TCLK（T2CON.4）：串行接口发送数据时钟选择标志位。由软件置位或清除，用于选择 T2 或 T1 作串行口的波特率发生器。TCLK = 1 时，用 T2 溢出脉冲作为串行接口模式 1、模式 3 的发送时钟；TCLK = 0 时，用 T1 的溢出脉冲作串行接口模式 1、模式 3 的发送时钟。

5）EXEN2（T2CON.3）：T2 外部允许标志位。由软件设置或清除，用于允许或禁止用外部信号来触发捕获或重装载工作模式。当 EXEN2 = 1 时，若 T2 未用作串行接口的波特率发生器，则在 T2EX 端出现的信号负跳变时，将造成 T2 捕获或重装载，并置 EXF2 标志为 1，请求中断。EXEN2 = 0 时，T2EX 端的外部信号不起作用。

所谓捕获模式是指：在定时器/计数器 T2 的计数过程中，如果 T2EX（P1.1）引脚上电平出现由"1"到"0"的跳变，T2 将计数寄存器 TH2 和 TL2 的计数值分别传送到捕获寄存器 RCAP2H 和 RCAP2L 中的工作过程。

所谓自动重装载模式是指：在一定条件下，定时器/计数器 T2 自动地将捕获寄存器 RCAP2H 和 RCAP2L 的数据装入计数器 TH2 和 TL2 中。捕获寄存器 RCAP2H 和 RCAP2L 起预置计数初值的功能。

6) TR2（T2CON. 2）：T2 运行控制位。由软件设置或清除。TR2 = 1，启动 T2 工作，TR2 = 0，停止 T2 工作。

7) C/$\overline{\text{T2}}$（T2CON. 1）：T2 的定时器方式或计数器方式选择位。C/$\overline{\text{T2}}$ = 0 时，选择定时器工作方式。TH2 和 TL2 对机器周期进行计数。每个机器周期使 TL2 寄存器的值加 1。计数脉冲的频率为 1/12 振荡器频率。C/$\overline{\text{T2}}$ = 1 时，选择计数器工作方式，下降沿触发。计数脉冲自 T2 引脚输入，TH2 和 TL2 作外部信号脉冲计数器用，每当外部脉冲有负跳变发生时，计数器值增 1。

8) CP/RL2（T2CON. 0）：捕获/重装载选择位。CP/RL2 = 1 选择捕获模式，这时若 EXEN2 = 1，且 T2EX 端的信号负跳变时，发生捕获操作。CP/RL2 = 0，选择重装载模式，这时若 T2 溢出或在 EXEN2 = 1 条件下，T2EX 引脚信号负跳变，都会造成自动重装载模式。当 RCLK = 1 或 TCLK = 1 时，CP/RL2 控制位不起作用，T2 被强制工作于重装载模式。重装载发生于 T2 溢出时，常用来作波特率发生器。

（2）方式控制寄存器——T2MOD

方式控制寄存器 T2MOD 的字节地址为 0C9H，不能位寻址。其相关位的定义如下：

D7	D6	D5	D4	D3	D2	D1	D0
—	—	—	—	—	—	T2OE	DCEN

1) T2OE：T2 输出允许位。当 T2OE = 1 时，允许时钟输出至 T2 引脚。

2) DCEN：向下计数允许位。DCEN = 1，T2 向下（减）或者向上（加）计数，DCEN = 0，T2 向上（加）计数。

（3）数据寄存器：TH2、TL2

T2 是一个 16 位的数据寄存器，TH2 是高 8 位寄存器，TL2 是低 8 位寄存器。它们都只能字节寻址，相应的字节地址为 0CDH 和 0CCH。复位后，这两个寄存器全部清"0"。

（4）捕获寄存器：RCAP2H、RCAP2L

T2 中的捕获寄存器是一个 16 位的数据寄存器，由高 8 位寄存器 RCAP2H 和低 8 位寄存器 RCAP2L 所组成，相应的字节地址为 0CBH 和 0CAH。

捕获寄存器 RCAP2H 和 RCAP2L，用于捕获计数器 TH2、TL2 的计数状态，或用来预置计数初值。TH2、TL2 和 RCAP2H、RCAP2L 之间接有双向缓冲器（三态门）。复位后，两个寄存器全部清"0"。

2. T2 的工作模式

T2 的工作模式用控制位 CP/RL2（T2CON. 0）、RCLK、TCLK 和 TR2 来选择。T2 有 3 种工作模式：捕获模式、自动重装载模式和波特率发生器模式，见表 5-3。

表 5-3　定时器/计数器 T2 的工作模式

RCLK	TCLK	CP/RL2	TR2	工作模式
0	0	0	1	16 位自动重装载模式
0	0	1	1	16 位捕获模式
1	1	×	1	波特率发生器模式
×	×	×	0	停止计数

（1）捕获模式

当 CP/RL2 = 1 时，选择捕获模式。捕获模式的概念前已述及，在该模式下 TH2 和 TL2 内容的捕获是通过捕获寄存器 RCAP2H 和 RCAP2L 来实现的。其工作原理如图 5-13 所示。捕获模式发生于下述两种情况下：

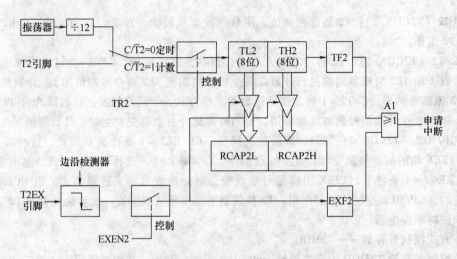

图 5-13　定时器/计数器 T2 的捕获模式逻辑结构图

1）寄存器 TH2 和 TL2 溢出时，打开重装载三态缓冲器，把 TH2 和 TL2 的内容自动读入到捕获寄存器 RCAP2H 和 RCAP2L 中。同时，溢出标志 TF2 置 "1"，申请中断。

2）当 EXEN2 = 1 且 T2EX（P1. 1）端的信号有负跳变时，将发生捕获操作。同时标志 EXF2 置 "1"，申请中断。若 T2 的中断是被允许的，则无论发生 TF2 = 1 还是 EXF2 = 1，CPU 都会响应中断。响应中断后，应用软件清除中断申请标志。

T2 工作在捕获模式时，可以用来测量 T2EX（P1.1）引脚上的脉冲宽度，这相当于方式控制寄存器 TMOD 的 GATE = 1 时，使用 T0 或 T1 测量外部中断 0 或外部中断 1 引脚上的脉冲宽度。

无论 T2 工作在定时器或者计数器状态，只需要设置 EXEN2 = 1 且 T2 开放中断，P1. 1（T2EX）引脚都可以作为一个外部中断源使用。

（2）自动重装载模式

当 CP/RL2 = 0 时，选择自动重装载方式。在该模式下捕获寄存器 RCAP2H 和 RCAP2L 起预置计数初值的功能。RCAP2H 和 RCAP2L 的初值由软件预设。自动重装载模式工作原理如图 5-14 所示。

DECN = 0 时，定时器/计数器 T2 自动计数。若 EXEN2 = 0、TR2 = 1，每个机器周期 T2 计数器的值加 1，计数溢出时置位 TF2 标志位。计数溢出后定时器/计数器的寄存器 TH2 和 TL2 重新从 RCAP2H 和 RCAP2L 中加载 16 位计数初值；若 EXEN2 = 1，计数溢出或 T2EX 引脚信号的负跳变都触发自动重装载操作。即初值由 RCAP2H 和 RCAP2L 中装入 TH2 和 TL2。计数溢出会置位 TF2，而 T2EX 引脚信号的负跳变会置位 EXF2。若 T2 的中断是被允许的，则无论发生 TF2 = 1 还是 EXF2 = 1，CPU 都会响应中断，此中断向量的地址为 002BH。响应中断后，应用软件撤除中断申请。TF2 和 EXF2 都是直接可寻址位，可采用 CLR TF2 和 CLR EXF2 指令实现撤除中断申请的功能。

当 DECN = 1 时，允许定时器/计数器 T2 向上（加 1）或向下（减 1）计数，具体由 T2EX 引脚电平控制计数方向。T2EX 引脚上的高电平使 T2 向上（加 1）计数，计数溢出时置位 TF2，计数溢出后定时器/计数器的寄存器 TH2 和 TL2 重新从 RCAP2H 和 RCAP2L 中加载 16 位计数初值；T2EX 引脚上的低电平使 T2 向下（减 1）计数。当 TH2 和 TL2 分别等于 RCAP2H 和 RCAP2L 中的值时，计数器溢出，置位 TF2，并将 0FFFFH 加载到 T2 的 TH2 和 TL2 中。

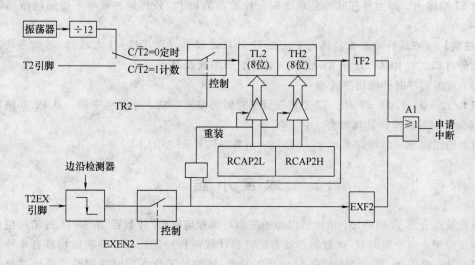

图 5-14　定时器/计数器 T2 的自动重装载模式逻辑结构图

（3）波特率发生器模式

当 T2CON 中 RCLK 或 TCLK 之一为"1"时，可选用定时器/计数器 T2 作为串行接口通信的波特率发生器。T2 的波特率发生器模式下的结构如图 5-15 所示。RCLK 选择串行通信接收波特率发生器，TCLK 选择发送波特率发生器，发送和接收的波特率可以不同。

波特率发生器模式与自动重装载模式相似，T2 溢出时，将 RCAP2H 和 RCAP2L 中常数自动加载到 TH2 和 TL2 中作为计数初值，不置位 TF2。因此，定时器/计数器 T2 作为串行接口通信的波特率发生器时，不需要禁止中断。RCAP2H 和 RCAP2L 中常数由软件设定后是不变的，T2 的溢出率是严格不变的。

串行接口通信在模式 1 和模式 3 的波特率 = 时钟频率/32 * ［65536 - （RCAP2H）（RCAP2L）］。T2 的输入时钟可由内部时钟决定，也可由外部脉冲决定。若 $C/\overline{T2} = 0$，选用内部

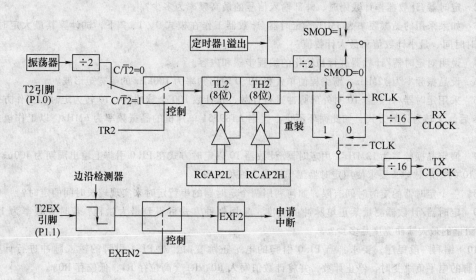

图 5-15　定时器/计数器 T2 的波特率发生器模式逻辑结构图

时钟，对机器周期计数，计数脉冲的频率为 1/12 振荡器频率。若 $C/\overline{T2} = 1$，选用外部脉冲，该脉冲由 T2 端输入，每当外部脉冲负跳变时，计数器值加 1。外部脉冲频率不能超过振荡器频率的 1/24。

【注意】 在波特率发生器模式下，在 T2 计数过程中（即 TR2 = 1 之后），不能再读写 TH2 和 TL2 的内容。对 RCAP2H 和 RCAP2L 可读出，但不能改写。

(4) 可编程序时钟输出方式

当 $C/\overline{T2} = 0$、T2OE = 1 时，T2 工作于可编程时钟输出方式，不产生中断，从 P1.0 输出占空比为 50% 的时钟脉冲。其频率为

$$时钟输出频率 = 时钟频率/4 * [65536 - (RCAP2H\ RCAP2L)]$$

本 章 小 结

本章重点介绍了 AT89S51 单片机内部的两个可编程定时器/计数器 T0 和 T1 的结构组成、工作原理及应用。两个定时器/计数器都具有定时和计数两种功能，每一种功能均具有 4 种工作模式（模式 0、模式 1、模式 2 和模式 3）。当定时器/计数器工作在定时功能时，通过对单片机内部的时钟脉冲计数来实现可编程定时；当定时器/计数器工作在计数功能时，通过对单片机外部的脉冲计数来实现可编程计数。当定时器/计数器计满溢出时，自动把溢出标志位 TFx 置 "1"，对该标志位的处理有两种方法：一种是以中断方式工作，即 TFx 置 "1" 向 CPU 发出中断请求，响应中断后，执行中断服务程序，并由硬件自动清除 TFx 标志位；另一种以查询方式工作，即通过查询该位是否为 1 来判断是否溢出，TFx 置 "1" 后必须由软件清 "0"。定时器/计数器工作之前，CPU 将一些命令（称为控制字）写入定时器/计数器，这个过程称为定时器/计数器的初始化。初始化的内容主要包括设置 TMOD、中断允许寄存器 IE 和中断优先级寄存器 IP，装入时间常数，启动定时器/计数器工作。

思考题与习题

5-1　定时器/计数器作定时用时，定时时间与哪些因素有关？

5-2　定时器/计数器作计数用时，外部输入信号的最高频率为多少？

5-3　如果采用的晶振频率为 3MHz，定时器/计数器工作在模式 0、1、2 下，试计算其最大定时时间、最小定时时间、最小计数值和最大计数值。

5-4　说明对定时器/计数器进行初始化的编程步骤和内容。

5-5　设晶振频率为 12MHz，请编程使单片机 P1.0 输出频率为 100kHz 的等宽矩形波。

5-6　采用定时器/计数器 T0 对外部脉冲进行计数，每计数 100 个脉冲后，T0 转为定时器工作方式。定时 10ms 后，又转为计数方式，如此循环不止。假定 AT89S51 单片机的晶振频率为 6MHz，以工作模式 1 编程实现。

5-7　假定晶振频率为 12MHz，用定时器/计数器 T0 以定时方式在 P1.0 引脚上输出周期为 400μs，占空比为 9:10 的矩形脉冲，要求使用定时器工作模式 2 编程实现。

5-8　一个定时器的定时时间有限，如何利用两个定时器的串行定时来实现较长时间的定时？

5-9　定时器/计数器测量某正单脉冲的宽度，采用何种方式可得到最大量程？若时钟频率为 12MHz，求允许测量的最大脉冲宽度是多少？

5-10　编写一段程序，要求：当 P1.0 引脚的电平正跳变时，对 P1.1 引脚的输入脉冲进行计数；当 P1.2 引脚的电平负跳变时，停止计数，并将计数值写入 R0、R1（高位存 R1，低位存 R0）。

5-11　软件定时和硬件定时的最大区别是什么？

参 考 文 献

［1］　张毅刚 . 单片机原理及接口技术 ［M］. 北京：人民邮电出版社，2008.

［2］　周明德 . 微机原理与接口技术 ［M］. 2 版 . 北京：人民邮电出版社，2007.

［3］　高峰 . 单片微型计算机原理与接口技术 ［M］. 2 版 . 北京：科学出版社，2007.

［4］　张友德 . 单片微型机原理、应用与实验 ［M］. 5 版 . 上海：复旦大学出版社，2006.

［5］　杨居义 . 单片机原理与工程应用 ［M］. 北京：清华大学出版社，2009.

第 6 章 51 系列单片机的串行通信

【内容提要】

　　串行通信是 CPU 与外界交换信息的一种基本通信方式。本章首先介绍串行通信的基本方式；其次介绍 51 系列单片机串行接口的结构与控制；然后介绍 51 系列单片机串行接口的工作模式并举例说明其应用方法；最后介绍 51 系列单片机之间及单片机与 PC 之间的通信。

【基本知识点与要求】

　　(1) 了解通信的概念，理解串行通信和并行通信的原理。
　　(2) 理解串行通信的三种工作模式。
　　(3) 掌握串行通信的标准、51 系列单片机串行接口结构与控制的应用方法。
　　(4) 理解 51 系列单片机的通信工作方式及其应用。

【重点与难点】

　　本章重点是 51 系列单片机串行接口结构与控制的应用方法、51 系列单片机之间及单片机与 PC 之间的通信；难点是 51 系列单片机之间及单片机与 PC 之间的通信。

6.1　串行通信概述

　　计算机与计算机之间或者计算机与外设之间的信息交换称为通信。通信有两种基本方式：并行通信和串行通信。

　　并行通信是指一个数据编码字符的所有位都同时发送、并排传输，又同时被接收的方式。并行通信通过并行 I/O 接口实现，数据有多少位就需要多少根信号传输线。并行通信的优点是数据传送速度快，缺点是所需传输线较多、成本高，适合于近距离通信。

　　串行通信是指一个数据编码字符的所有位按一定顺序，一位接着一位被发送和接收的方式。传输线既传输数据，又传输联络信号。串行通信的优点是只需要一根传输线，所需硬件资源少、成本低、抗干扰能力强，适用于远距离通信，缺点是传送速度较慢。

6.1.1　串行通信的基本方式

　　按照串行通信数据的时钟同步方式，串行通信可分为异步通信方式和同步通信方式。

　　1. 异步通信方式

　　在异步通信方式中，数据是以字符为单位进行传送的，一个字符又称为一帧信息（或者一帧数据）。一帧信息由 4 个部分组成：起始位、数据位、奇偶校验位和停止位。用起始位"0"表示一帧信息的开始，然后是由低位到高位逐位传送的数据位，再后是奇偶校验位（也称可编程位），最后是停止位"1"表示一帧信息结束。字符格式如图 6-1 所示。

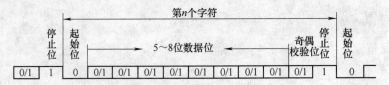

图 6-1　异步通信方式的字符格式

（1）帧结构

1）起始位：逻辑"0"，占 1 位。发送端通过发送起始位以通知接收端有一个字符数据开始传送，准备接收。

2）数据位：起始位之后就是传送的数据位，数据位可以是 5 位、6 位、7 位或 8 位，是逻辑"0"或者逻辑"1"。数据位中，总是低位在前（左），高位在后（右）。

3）奇偶校验位：位于数据位后，占 1 位。用于对字符传送作正确性检查。它有三种情况：奇校验、偶校验和无校验。当该位不用于校验时可作为控制位，用于表征该字符所代表的信息性质（地址/数据）。

4）停止位：停止位在最后，用于标志一个字符信息传送结束，它对应于逻辑"1"状态。停止位可以是 1 位、1.5 位或者 2 位。

两帧信息之间可以无空闲位，也可以有若干空闲位，空闲位对应于逻辑"1"状态。

（2）波特率（Baud Rate）

波特率是指单位时间内传送的信息量。当用二进制数位表示时，即为每秒钟传送的二进制位数（也称位率），单位是 bit/s，即位/秒。传送数据要求接收方和发送方必须保持相同的波特率。

波特率是串行通信的重要指标，用于表征数据传输的速率。波特率越高，数据传输的速度越快，但和字符的实际传输速率不同。字符的实际传输速率是指每秒内所传送字符帧的数目，它和字符帧格式有关。异步串行通信中常用的波特率是 50bit/s、75bit/s、100bit/s、150bit/s、300bit/s、600bit/s、1200bit/s、2400bit/s、4800bit/s、9600bit/s、19200bit/s。

在实际应用中通信的双方根据需要，在通信发生之前确定波特率。

2. 同步通信方式

同步通信是以数据块的方式传送的。它取消了每一个字符的起始位和停止位，把要发送的数据按顺序连接成一个数据块，每一数据块开头附加一个或两个同步字符，在数据块的末尾加差错校验字符。同步通信方式数据格式如图 6-2 所示。数据块内部，数据与数据之间没有间隙。在同步通信中，由同一频率的时钟脉冲来实现发送与接收双方的同步。在发送时，先发送同步字符，数据紧随其后。接收方检测

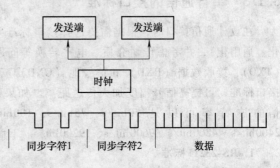

图 6-2　同步通信数据传送方式

到同步字符后，即开始接收数据，按约定的长度装配成一个个数据字节，直到整个数据接收完毕，经校验无传送错误则结束一帧信息的传送。同步通信传输速率高，适合于高速率、大容量的数据通信。

6.1.2　串行通信的数据传送方式

串行数据通信按照数据传输方向可以分为单工、半双工和全双工三种方式。

1. 单工方式

单工（Simplex）方式的数据传送是单方向的。通信双方中一方固定为发送端，另一方则固定为接收端。单工方式的串行通信，只需要一条数据线，如图 6-3a 所示。例如，计算机与打印机之间的串行通信就是单工方式，因为只能是计算机向打印机传送数据，而不可能有相反方向的数据传送。

2. 半双工方式

半双工（Half-duplex）方式的数据传送是双向的，但同一时间只能由其中的一方发送数据，

另一方接收数据，任何一方不可同时发送和接收数据。因此半双工方式既可以使用一条数据线，也可以使用两条数据线，如图 6-3b 所示。

3. 全双工方式

全双工（Full-duplex）方式的数据传送是双向的，任何一方可以同时发送和接收数据，因此全双工方式的串行通信需要两条数据线，如图 6-3c 所示。

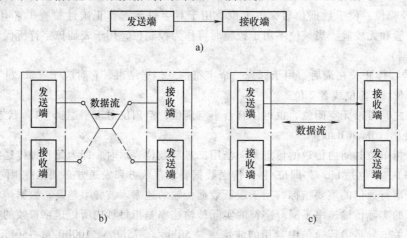

图 6-3　串行通信数据的传送方式
a）单工方式　b）半双工方式　c）全双工方式

6.1.3　串行通信的接口标准

在设计通信接口时，根据需要选择接口标准（明确定义由若干条信号线，使接口电路标准化、通用化），并考虑传输介质、电平转换等问题。如果是几米的数据传送，只需要发送数据（TXD）、接收数据（RXD）和信号地（GND）三条线连接；如果距离小于 15m，采用 RS-232C 接口标准，可提高信号幅度加大传送距离。如果是长距离传送，可采用 RS-422A 标准。串行通信的波特率可以是 50bit/s、75bit/s、100bit/s、150bit/s、300bit/s、600bit/s、1200bit/s、2400bit/s、4800bit/s、9600bit/s、19200bit/s。下面介绍 RS-232C、RS-422A 和 RS-485 接口标准。

1. RS-232C 标准

1969 年，美国电子工业协会（Electronics Industries Association，EIA）公布将 RS-232C 作为串行通信的接口标准。RS 是英文"推荐标准"的缩写，232 为标志号，C 表示修改次数。该标准规定数据通信设备（Data Communication Equipment，DCE）使用插座，数据终端设备（Data Terminal Equipment，DTE）使用插头。RS-232C 接口标准设有 25 条信号线，常用的有 9 条。因此串行接口的连接器分为 9 芯 D 型连接器（插头和插座）和 25 芯 D 型连接器（插头和插座）两种，它们之间的信号对应关系见表 6-1。在距离小于 15m 时，计算机、计算机终端和一些外围设备可通过自身的 RS-232C 总线，只需要 3 条连接线，即"TXD"、"RXD"和"GND"，直接将通信双方连接起来进行通信。远距离串行通信必须使用 Modem。

RS-232C 接口标准是在 TTL 集成电路之前制定的，所以它的电平和 TTL 电平是不兼容的，不能直接相连。RS-232C 接口标准规定了数据和控制信号的电压范围和逻辑表示，逻辑"0"的电压在 3～15V 之间，逻辑"1"的电压在 -3～-15V 之间。

2. RS-422A 标准

RS-422A 标准电路由发送端、平衡连接电缆、电缆终端负载、接收端等部分组成。采用双端线传送信号，可以全双工工作。其中一条是逻辑"1"状态，另一条是逻辑"0"状态。发送端采用平衡输出，接收端采用差分输入。通过传输线驱动器，把逻辑电平变换成电位差，完成发送端的信息传递；通过传输线接收端，把电位差变换成逻辑电平，实现接收端的信息接收。RS-422A 标准在电缆长度不超过 12m 时，最大位速率为 10Mbit/s；采用低传输速率 100kbit/s 以下时，才可以达到最大传输距离 1200m。

表 6-1　25 芯 D 型连接器和 9 芯 D 型连接器引脚的对应关系

25 芯 D 型连接器	9 芯 D 型连接器	信号名称	信号传送方向	含　　义
2	3	TXD	输出	数据发送线
3	2	RXD	输入	数据接收线
4	7	RTS	—	请求发送（计算机要求发送数据）
5	8	CTS	—	清除发送（Modem 准备接收数据）
6	6	DSR	—	数据设备准备就绪
7	5	SG	—	信号地
8	1	DCD	—	数据载波检测
20	4	DTR	—	数据终端准备就绪（计算机）
22	9	RI	—	振铃指示

3. RS-485 标准

RS-485 是 RS-422A 的一种变型，它只能进行半双工的串行通信，但多站互连时，可节省信号线。因此，RS-485 几乎成了各种智能仪器的标准接口。RS-485 扩展了 RS-422A 的性能，一个发送端能够驱动 32 个负载设备，负载设备可以是被动发送端、接收端或收发端。但 RS-485 没有规定在何时控制发送器发送或接收器接收的规则，电缆要求比 RS-422A 更严格，采用屏蔽双绞线传输。RS-485 主要性能指标如下：

1）驱动方式：平衡驱动器和差分接收器的组合，抗噪声干扰性好。

2）总线容量：32 台驱动器；32 台接收器。

3）最大传输距离：1200m，对应的速率为：9600bit/s。

4）最大传输速率：10Mbit/s，对应的距离为：12m。

5）驱动器输出电压：无负载时为：±5V，有负载时为：±1.5V。

6）驱动器负载电阻：54Ω。

7）接收端输入电压 −7V ~ 12V；接收端输入敏感度 ±200mV；接收端输入电阻 > 12kΩ。

6.2　串行接口的结构与控制

为了实现串行通信，单片机必须要有相应的硬件接口电路。该接口电路作为单片机的一个组成部分，集成在单片机内部。AT89S51 单片机有一个全双工的串行接口，可作为通用异步接收端和发送端（UART）使用，也可作同步移位寄存器使用，还可以用于网络通信。

6.2.1　串行接口的结构

AT89S51 串行接口主要由两个物理上独立的接收和发送数据缓冲寄存器（SBUF）、发送控制器、接收控制器、输入移位寄存器和输出控制门等组成，如图 6-4 所示。发送缓冲寄存器只能写入，不能读出；接收缓冲寄存器只能读出，不能写入。虽然两个缓冲寄存器共用同一个物理地址（99H），但可以使用读/写指令来区分它们。例如，执行"MOV SBUF, A"指令，将数据写入发送缓冲器；执行"MOV A，SBUF"指令，从接收缓冲器中读取数据。串行接口还有两个专用寄存器 SCON、PCON，SCON 用来存放串行接口的控制和状态信息，PCON 用于改变串行接口通信的波特率，定时器 T1 作为波特率发生器。

AT89S51 单片机通过 RXD（P3.0）引脚和 TXD（P3.1）引脚与外界进行通信。串行收、发的工作由串行接口来完成。发送时，CPU 执行"MOV SBUF，A"指令，将数据写入发送缓冲器，启动发送。发送缓冲寄存器中的数据被转换成一定格式的串行数据，从 TXD（P3.1）引脚上按规定的波特率逐位输出；接收时，要监视 RXD（P3.0）引脚，一旦出现起始位"0"，就一位位地接收数据，将接收来的一定格式的串行数据转换成并行数据，送入接收缓冲寄存器。然后通知 CPU，CPU 执行"MOV A，SBUF"指令，从接收缓冲寄存器中读取数据。

在发送和接收过程中，接收缓冲寄存器是双缓冲的，以避免在接收下一帧数据之前，CPU 未能及时响应接收器的中断，没有把上一帧数据读取，产生两帧数据重叠的问题。对于发送缓冲寄存器，为了保持最大传输率，一般不需要双向缓冲结构，这是因为发送时 CPU 是主动的，不会产生写重叠的问题。

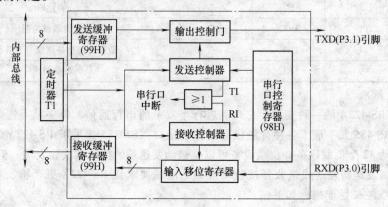

图 6-4　AT89S51 串行接口结构框图

6.2.2　串行接口的控制

1. 串行接口状态控制寄存器

串行接口状态控制寄存器（SCON）用于设置串行接口通信的工作模式、接收/发送控制及指示串行接口的中断状态。该寄存器的字节地址为 98H，具有位寻址功能，位地址为 98H~9FH。其格式如下：

位地址	9FH	9EH	9DH	9CH	9BH	9AH	99H	98H
位功能	SM0	SM1	SM2	REN	TB8	RB8	TI	RI

1）SM0（SCON.7）、SM1（SCON.6）：串行接口工作模式选择位。可选择 4 种工作模式，见表 6-2。

表 6-2　串行接口的 4 种工作模式

SM0	SM1	工作模式	功能说明
0	0	0	同步移位寄存器方式（用于扩展 I/O 端口），波特率为 $f_{osc}/12$
0	1	1	10 位异步接收发送，波特率可变（由定时器控制）
1	0	2	11 位异步接收发送，波特率为 $f_{osc}/64$ 或 $f_{osc}/32$
1	1	3	11 位异步接收发送，波特率可变（由定时器控制）

2）SM2（SCON.5）：多处理机通信控制位，主要用于模式 2 和模式 3 中。

模式 0 时，SM2 必须为 0。

模式 1 时，若 SM2 = 1，只有接收到有效的停止位时，接收中断 RI 置 "1"，以便接收下一帧数据。

模式 2 和模式 3 时，SM2 = 1，则允许多机通信。在主-从式多机通信中，SM2 用于从机的接收控制。当 SM2 = 1 时，只有当从机接收到的第 9 位数据（RB8）为 "1" 时（地址帧），才将接收到的前 8 位数据送入缓冲寄存器中，并把 RI 置 "1"、同时向 CPU 申请中断；如果接收到的第 9 位数据（RB8）为 "0"（数据帧），不设置接收中断标志 RI（RI = 0），将接收到的前 8 位数据丢弃。当 SM2 = 0 时，则不论接收到的第 9 位数据是 "0" 还是 "1"，都将前 8 位数据装入 SBUF 中，置位接收中断标志 RI 并向 CPU 申请中断。

3）REN（SCON.4）：允许串行接收控制位。

当 REN = 1 时，允许串行接口接收数据；当 REN = 0 时，禁止串行接口接收数据。

4）TB8（SCON.3）：模式 2 和模式 3 中该位是要发送的第 9 位数据。

根据发送数据的需要由软件置位或复位。在通信协议中，常规定 TB8 作为奇偶校验位。在 51 系列单片机的多机通信中，TB8 作为发送地址帧或数据帧的标志位，TB8 = 0 表示数据帧；TB8 = 1 表示地址帧。在模式 0 或模式 1 中该位未用。

5）RB8（SCON.2）：模式 2 和模式 3 中接收到的第 9 位数据。

它可以是约定的奇偶校验位，也可以是约定的地址/数据标志位。例如，在多机通信中，RB8 = 0 表示收到的是数据帧；RB8 = 1 表示收到的是地址帧。在模式 1 中，若 SM2 = 0，则 RB8 是接收的停止位。在模式 0 中该位未用。

6）TI（SCON.1）：发送中断标志位。

在一帧信息发送结束时由硬件置位。模式 0 中，在发送完 8 位数据时置位；在其他模式时，在发送停止位开始时置位。TI = 1 表示 "发送缓冲器已空"，需要通知 CPU 可以发送下一帧数据。TI 位可以查询，也可以作为中断申请标志。该位必须由软件清 "0"。

7）RI（SCON.0）：接收中断标志位。

模式 0 中，接收到第 8 位数据结束时置位；在其他模式时，在接收到停止位的中断时置位。RI = 1 表示 "接收缓冲器已满"，需要通知 CPU 可以取走数据。RI 位可以查询、也可以作为中断申请标志。该位必须由软件清 "0"。

2. 波特率选择寄存器

波特率选择寄存器（PCON）的最高位 SMOD 是串行接口波特率倍增控制位，其他位与 CHMOS 型单片机低功耗工作方式有关，在第 2 章已经作了介绍。字节地址为 87H，不能进行位寻址。其格式如下：

D7	D6	D5	D4	D3	D2	D1	D0
SMOD	—	—	—	GF1	GF0	PD	IDL

1）SMOD——串行接口波特率倍增位。

当 SMOD = 1 且单片机在模式 1、模式 2 和模式 3 工作时，要比 SMOD = 0 时的波特率提高 1 倍。当 SMOD = 0 时，波特率不加倍。系统复位后 SMOD = 0。

2）GF1、GF0——通用标志位。这两个标志位可供用户使用，可用软件置 "1" 或清 "0"。

3）PD——掉电方式控制位。若 PD = 1，单片机进入掉电工作方式。

4）IDL——待机（空闲）方式控制位。若 IDL = 1，单片机进入待机工作方式。

6.2.3　波特率设计

在异步串行通信中，发送和接收双方的波特率必须保持一致。AT89S51 单片机的串行接口通过编程可设置 4 种工作模式。其中，模式 0 和模式 2 的波特率是固定的，而模式 1 和模式 3 的波特率是可变的，由定时器 T1 的溢出率决定。4 种工作模式的波特率计算如下。

1. 模式 0 的波特率

在模式 0 时，每一个机器周期发送或接收一位数据。因此，模式 0 的波特率由单片机系统的振荡频率（f_{osc}）确定。波特率固定为 $f_{osc}/12$，不受 SMOD 位的影响。

$$模式 0 的波特率 = \frac{f_{osc}}{12} \tag{6-1}$$

2. 模式 2 的波特率

在模式 2 时，波特率由单片机系统的振荡频率（f_{osc}）和 SMOD 位确定。当 SMOD = 1 时，波特率 $= f_{osc}/32$；当 SMOD = 0 时，波特率 $= f_{osc}/64$。

$$模式 2 的波特率 = \frac{f_{osc}}{32} \times \frac{2^{SMOD}}{2} \tag{6-2}$$

3. 模式 1 和模式 3 的波特率

模式 1 和模式 3 时的波特率由定时器 T1 的溢出率和 SMOD 共同确定。

$$波特率 = \frac{2^{SMOD}}{32} \times 定时器 T1 的溢出率 \tag{6-3}$$

定时器 T1 工作于模式 0 时，则

$$溢出率 = \frac{f_{osc}}{12} \times \frac{1}{2^{13} - TC} \tag{6-4}$$

式中，TC 为 13 位计数器初值。

若定时器 T1 工作于模式 1 时，则

$$溢出率 = \frac{f_{osc}}{12} \times \frac{1}{2^{16} - TC} \tag{6-5}$$

式中，TC 为 16 位计数器初值。

若定时器 T1 工作于模式 2，T1 为 8 位可重装的方式，用 TL1 计数、用 TH1 装初值，则

$$溢出率 = \frac{f_{osc}}{12} \times \frac{1}{2^{8} - TC} \tag{6-6}$$

通常定时器 T1 工作在模式 2，若串行通信选用很低的波特率时，可将定时器 T1 置于模式 0 或模式 1。表 6-3 列出了常用的波特率及相应的振荡器频率、T1 工作模式和计数初值的关系。表中振荡频率选为 11.0592MHz 是为了使 T1 的初值为整数。

表 6-3　用定时器 T1 产生的常用波特率

波特率	f_{osc}	SMOD 位	定时器 T1		
			C/$\overline{T}$	工作模式	初值
模式 0：1Mbit/s	12MHz	×	×	×	×
模式 0：0.5Mbit/s	6MHz	×	×	×	×
模式 2：375kbit/s	12MHz	1	×	×	×
模式 2：187.5kbit/s	6MHz	1	×	×	×
模式 1 或 3：62.5kbit/s	12MHz	1	0	2	0FFH

（续）

波特率	f_{osc} 位	SMOD 位	定时器 T1		
			C/$\overline{T}$	工作模式	初值
19.2kbit/s	11.0592MHz	1	0	2	0FDH
9.6kbit/s	11.0592MHz	0	0	2	0FDH
4.8kbit/s	11.0592MHz	0	0	2	0FAH
2.4kbit/s	11.0592MHz	0	0	2	0F4H
1.2kbit/s	11.0592MHz	0	0	2	0E8H
137.5bit/s	11.0592MHz	0	0	2	1DH
110bit/s	12MHz	0	0	1	0FEEBH
19.2kbit/s	6MHz	1	0	2	0FEH
9.6kbit/s	6MHz	1	0	2	0FDH
4.8kbit/s	6MHz	0	0	2	0FDH
2.4kbit/s	6MHz	0	0	2	0FAH
1.2kbit/s	6MHz	0	0	2	0F4H
0.6kbit/s	6MHz	0	0	2	0E8H
110bit/s	6MHz	0	0	2	72H
55bit/s	6MHz	0	0	1	0FEEBH

6.3　串行接口的工作模式

6.3.1　模式 0

当 SM0 SM1 = 00 时，串行接口工作于模式 0。模式 0 是同步移位寄存器输入/输出模式，这种模式不能用于两个 51 系列单片机之间的串行通信，常用于串行接口外接串行输入并行输出或者并行输入串行输出的移位寄存器，以扩展并行 I/O 接口。

模式 0 数据传输波特率固定为 $f_{osc}/12$。由 RXD 引脚输入或输出串行数据，由 TXD 引脚输出同步移位脉冲。接收/发送的是 8 位数据，传输时低位在前。数据帧格式为

…	D0	D1	D2	D3	D4	D5	D6	D7	…

1. 模式 0 移位输出

当执行一条写入 SBUF 的指令（MOV SBUF, A）后，就启动串行数据的发送。串行数据由 RXD 引脚移位输出，同步移位脉冲由 TXD 引脚输出。8 位数据发送完毕后，TI 位由硬件置位，向 CPU 请求中断，在下次发送数据之前，必须用软件使 TI 清 "0"。模式 0 的串行数据输出时序如图 6-5 所示。

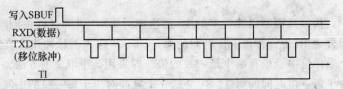

图 6-5　模式 0 串行数据输出时序

2. 模式 0 移位输入

当 REN = 1 且 RI 位清除时，就会启动一次接收过程。接收端以 $f_{osc}/12$ 的波特率接收 RXD 引脚输入的数据，当接收端接收完 8 位数据后，置中断标志 RI = 1，向 CPU 申请中断。在再次接收数据之前，必须用软件将 RI 清 "0"。模式 0 的串行数据输入时序如图 6-6 所示。

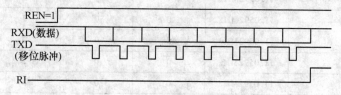

图 6-6　模式 0 串行数据输入时序

6.3.2　模式 1

当 SM0 SM1 = 01 时，串行接口工作于模式 1，是串行异步通信方式。由 TXD 引脚发送数据，RXD 引脚接收数据。数据传输波特率可变，由 T1 的溢出率及 SMOD 位决定，可用程序设定。发送或接收的一帧信息由 10 位组成：1 位起始位（0）、8 位数据位（低位在前）和 1 位停止位（1）。帧格式为

起始位	D0	D1	D2	D3	D4	D5	D6	D7	停止位

1. 模式 1 发送

在 TI = 0 的条件下，当执行任何一条写发送缓冲寄存器（SBUF）的指令时，就启动串行数据的发送过程。发送电路自动在 8 位数据的开始和结尾分别添加起始位（逻辑 "0"）和停止位（逻辑 "1"），在发送移位脉冲作用下，并开始从 TXD 端发出。一帧数据发送完之后，维持 TXD 端为高电平，并使 TI 标志位置位。由软件清 "0" 后，方可发送下一帧数据。模式 1 的发送数据时序如图 6-7 所示。

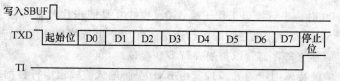

图 6-7　模式 1 的发送数据时序

2. 模式 1 接收

模式 1 时，在 REN = 1 的条件下，串行接口从 RXD 引脚上检测到一个 1 到 0 的跳变时，就开始接收一帧数据。在接收移位脉冲的控制下，把收到的数据一位位地送入移位寄存器，直到 8 位数据和停止位全部收到为止。当 RI = 0 且停止位为 1 或者 SM2 = 0 时，将接收到的 9 位数据的前 8 位送入接收数据缓冲寄存器（SBUF）、第 9 位（停止位）送入 RB8，同时置位 RI，该位可供查询或请求中断；否则 8 位数据不装入 SBUF，丢掉接收的结果。模式 1 的接收数据时序如图 6-8 所示。

在接收过程中，接收控制器以波特率的 16 倍速率对 RXD 引脚进行检测。计数器的 16 个状态把每一位的时间分为 16 份，将每一位时间的第 7、8、9 这 3 个脉冲作为真正的对接收信号的采样脉冲，取 3 个采样值中至少有两个是一致的值，即采用 3 中取 2 的方法，这样就可以抑制噪声干扰。同时，由于每一位时间的第 7、8、9 这 3 个脉冲对应于每一位的中间值。这样可避免发送端与接收端的波特率差异带来的错位或漏码发生。

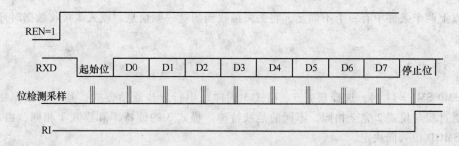

图 6-8　模式 1 的接收数据时序

6.3.3　模式 2

当 SM0 SM1 = 10 时，串行接口工作于模式 2，为异步通信接口，常用于多机通信。由 TXD 引脚发送数据，RXD 引脚接收数据。一帧数据由 11 位组成，1 位起始位（逻辑"0"）、8 位数据位（低位在前）、1 位可编程位（逻辑"0/1"）和 1 位停止位（逻辑"1"）。帧格式为

起始位	D0	D1	D2	D3	D4	D5	D6	D7	可编程位	停止位

模式 2 的波特率是固定的，为 $f_{osc}/32$ 或 $f_{osc}/64$。

1. 模式 2 发送

发送前，用户先根据通信协议由软件设置 TB8（作奇偶校验位或地址/数据标志位），然后在 TI = 0 的条件下，将要发送的数据写入 SBUF，即可启动发送过程。串行接口能自动将 TB8 取出并装入可编程位数据的位置，再逐一发送出去。发送完毕，使 TI 位置"1"。模式 2 发送数据时序如图 6-9 所示。

2. 模式 2 接收

当 REN = 1 时，允许接收。接收时，数据由 RXD 端输入，接收 11 位信息。当检测到 RXD 引脚从 1 到 0 的跳变并判断起始位有效后，便开始接收一帧数据。在接收到第 9 位数据后，需满足以下两

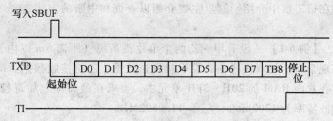

图 6-9　模式 2 发送数据时序

个条件，才能将接收到的 8 位数据送入 SBUF（接收缓冲器），第 9 位数据送入 RB8，同时置位 RI。

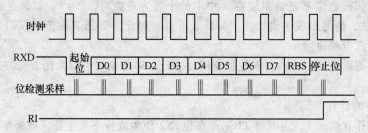

图 6-10　模式 2 接收数据时序

1）RI = 0，即上一帧数据接收完毕时发出的中断请求已被响应，SBUF 中数据已被取走。

2）SM2 = 0 或接收到的停止位 = 1。若第 9 位是奇偶校验位（单机通信时）应使 SM2 = 0，以保证可靠接收；若第 9 位作为地址/数据标志位（多机通信），应使 SM2 = 1，则当接收的第 9 位数据为 1 时，接收的信息为地址。

若以上两个条件中有一个不满足，将丢失接收到的这一帧信息。模式 2 接收数据时序如图 6-10 所示。

6.3.4 模式 3

当 SM0 SM1 = 11 时，选择模式 3。模式 3 同样是串行异步通信方式，其一帧数据格式、接收、发送过程与模式 2 完全相同，不同的是波特率。模式 3 的波特率和模式 1 相同，由 T1 的溢出率及 SMOD 位共同决定。

6.3.5 串行接口的初始化与应用编程方法举例

1. 串行接口的初始化

串行接口使用前，CPU 必须将一些命令（称为控制字）写入串行接口寄存器中，这个过程称为初始化。串行接口的初始化包括设置 SCON 和 PCON，T1 作波特率发生器时还要进行 T1 的初始化。

初始化的步骤为：

1）选择串行接口工作模式，确定模式控制字，并写入 SCON 中。

2）对 PCON 设置波特率加倍位 "SMOD"（默认值 = 0）。如果是接收数据，要先置位 REN。

3）如果 T1 作波特率发生器，还要进行 T1 的初始化，包括选定时器工作模式 2；将计算（或查表）得到的初值赋值给 TH1、TL1；启动 T1；T1 关中断。

2. 串行接口的应用编程方法举例

串行接口的应用主要包括异步串行通信中的发送、接收过程及扩展 I/O 接口。扩展 I/O 接口将在第 7 章中介绍。这里主要介绍以查询和中断的方式实现串行通信中发送、接收过程的编程方法。

【例 6-1】 设有甲、乙两个单片机系统（距离 5m 以内），将它们的串行接口交叉相连，以实现全双工的双机通信。设甲机发送数据，乙机接收数据。待发送的数据是标准的 ASCII 码，存储在片内 RAM 的 20H ~ 3FH 单元中，要求在最高位上加奇校验位后由串行接口发送出去，发送的波特率为 1200bit/s，$f_{osc} = 11.0592$MHz。

解：

（1）题意分析

7 位 ASCII 码加上一位奇偶校验位共 8 位数据，所以可以采用串行接口模式 1 来完成。

单片机的奇偶标志位 P 是当累加器 A 中 1 的个数为奇数时，P = 1。如果直接把 P 的值放入 ASCII 码的最高位，恰好形成了偶校验，与要求不符。因此，要把 P 的值取反后放入 ASCII 码的最高位，才能完成奇校验。

全双工通信要求任何一方收、发数据能同时进行。串行接口可以采用查选方式或者中断方式进行数据的收发。

（2）波特率的计算

串行接口工作在模式 1，定时器 T1 工作在模式 2 作为波特率发生器。波特率计算公式为

$$ 波特率 = \frac{2^{SMOD}}{32} \times \frac{f_{osc}}{12 \times [2^8 - (TH1)]} = 1200(bit/s) $$

设 SMOD = 0，则 $TH1 = 256 - \dfrac{11.0592}{32 \times 12 \times 1200} = 256 - 24 = 232 = 0E8H$。

（3）程序设计

采用查询方式，程序流程如图 6-11 所示。

（4）编程

1）甲机发送程序：

```
        ORG    0000H
        AJMP   MAIN
        ORG    0100H
MAIN：   MOV    TMOD, #20H        ; 设置定时器/计数器 T1 为模式 2
        MOV    TL1, #0E8H        ; 装入 T1 定时常数
        MOV    TH1, #0E8H
        MOV    SCON, #40H        ; 设置串行接口为模式 1
        SETB   TR1               ; 启动 T1 定时器/计数器
        MOV    R0, #20H          ; 取发送数据区首地址
        MOV    R7, #20H          ; 发送 32 个数据
LOOP：   MOV    A, @ R0           ; 取 ASCII 码数据
        MOV    C, P              ; 设奇校验位
        CPL    C
        MOV    ACC.7, C
        MOV    SBUF, A           ; 带校验位发送数据
        JNB    TI, $             ; 数据发送等待
        CLR    TI
        INC    R0
```

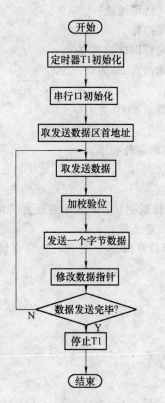

图 6-11 甲机发送数据流程图

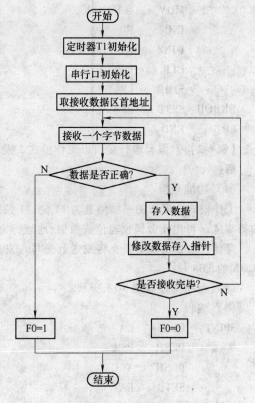

图 6-12 乙机接收数据流程图

```
        DJNZ    R7, LOOP              ; 未发送完，则继续发送
        CLR     TR1
        END
```

2）乙机接收程序：

```
        ORG     0000H
        AJMP    MAIN
        ORG     0100H
MAIN：   MOV     TMOD, #20H            ; 定时器/计数器 T1 为模式 2
        MOV     TL1, #0E8H            ; 装入 T1 定时常数
        MOV     TH1, #0E8H
        MOV     SCON, #50H            ; 设串行接口为模式 1，允许接收
        SETB    TR1                  ; 启动定时器/计数器 T1
        MOV     R0, #20H              ; 取接收数据区首地址
        MOV     R7, #20H              ; 接收 32 个数据
LOOP：   JNBRI,  $                    ; 查询等待接收
        MOV     A, SBUF              ; 接收一个字节
        CLR     RI                   ; 清除 RI 标志
        MOV     C, P                 ; 检查奇偶校验位，若出错，C = 0
        ANL     A, #7FH              ; 去掉校验位后的 ASCII 码数据
        JNC     ERROR                ; 校验错，转出错处理
        MOV     @ R0, A              ; 数据存入指定地址
        INC     R0                   ; 修改数据指针
        DJNZ    R7, LOOP             ; 未接收完，则继续接收
        CLR     PSW.5                ; 通信正确，置 F0 为 0
        SJMP    LP
ERROR：  SETB    PSW.5                ; 通信出错，置 F0 为 1
LP：     END
```

【例 6-2】　编写串行接口以工作模式 2 发送数据的中断服务程序。

解：

（1）功能分析

工作模式 2 发送的一帧信息为 11 位：1 位起始位，8 位数据位，1 位可编程为 "1" 或 "0" 的第 9 位（可用作奇偶校验位或数据/地址标志位）和 1 位停止位。

奇偶校验位的发送是在将发送数据写入发送缓冲寄存器（SBUF）之前，先将奇偶标志写入 SCON 的 TB8 位。

（2）程序流程如图 6-13 所示。

（3）编程

```
SPINT：  CLR     EA                   ; 关中断
        PUSH    PSW                  ; 保护现场
        PUSH    ACC
        SETB    EA                   ; 开中断
        SETB    PSW.3                ; 中断服务程序中使用 1 组工作寄存器
        CLR     TI                   ; 清除发送中断请求标志
```

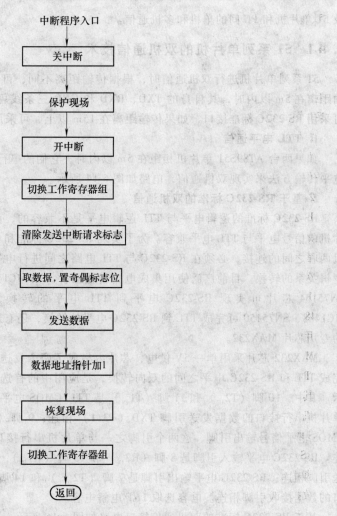

图 6-13　中断服务程序流程图

MOV	A，@ R0	；取数据，置奇偶标志位
MOV	C，P	；奇偶标志位 P 送 TB8
MOV	TB8，C	
MOV	SBUF，A	；数据写入发送缓冲器，启动发送
INC	R0	；数据地址指针加 1
CLR	EA	；恢复现场
POP	ACC	
POP	PSW	
SETB	EA	
CLR	PSW.3	；切换回原来的 0 组工作寄存器
RETI		；中断返回
END		

6.4　51 系列单片机的通信

　　利用 51 系列单片机的串行接口可以实现 51 系列单片机之间的点对点串行通信、多机通信以及 51 单片机和 PC 间的单机和多机通信。

6.4.1　51 系列单片机的双机通信技术

　　51 系列单片机进行双机通信时，根据传输距离不同，可以选择不同的总线标准。如果是传输距离在 5m 以内时，其自身的 TXD、RXD 和 GND 三条线可直接相连；如果距离在 15m 以内，可采用 RS-232C 标准接口，如果传输距离在 15m 以上，可采用 RS-422A 或 RS-485 标准。

1. TTL 电平通信

　　如果两台 AT89S51 单片机相距在 5m 以内时，它们的串行接口可直接相连，从而直接用 TTL 电平传输方法来实现双机通信，电路如图 6-14 所示。

2. 基于 RS-232C 标准的双机通信

　　RS-232C 标准的逻辑电平与 TTL 逻辑电平是不兼容的，而单片机的信号电平与 TTL 电平兼容。为了实现 RS-232C 标准和单片机两者之间的连接，必须在 RS-232C 与 TTL 电路之间进行电平和逻辑关系的转换。目前广泛使用集成电路转换器件，如 MC1489、SN75154 芯片可实现 RS-232C 电平到 TTL 电平的转换，而 MC1488、SN75150 可完成 TTL 到 RS-232C 电平的转换，还有新型的专用芯片 MAX232。

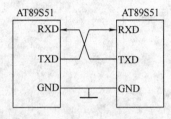

图 6-14　TTL 电平通信

　　MAX232 芯片采用单一 5V 供电，芯片内集成了两个发送驱动器和两个接收缓冲器，可同时完成 TTL 和 RS-232C 电平之间的双向转换，是应用中的首选。MAX232 芯片的引脚如图 6-15 所示。其中，10 脚（$T2_{IN}$）和 11 脚（$T1_{IN}$）是 TTL/CMOS 电平信号输入引脚，这两个引脚之一与单片机串行接口的数据发送引脚 TXD（P3.1）相连；9 脚（$R2_{OUT}$）和 12 脚（$R1_{OUT}$）是 TTL/CMOS 电平信号输出引脚，这两个引脚之一与单片机串行接口的数据接收引脚 RXD（P3.0）相连。RS-232C 电平输入引脚是 8 脚（$R2_{IN}$）和 13 脚（$R1_{IN}$），与外部设备 RS-232C 接口的数据发送引脚相连；RS-232C 电平输出引脚是 7 脚（$T2_{OUT}$）和 14 脚（$T1_{OUT}$），与外部设备 RS-232C 接口的数据接收引脚相连。电容选取 1μF 电解电容。

　　基于 RS-232C 标准的双机通信接口电路如图 6-16 所示。

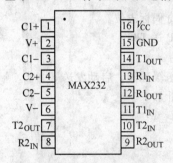

图 6-15　MAX232 芯片引脚

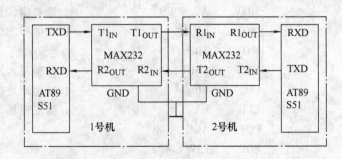

图 6-16　基于 RS-232C 标准的双机通信接口电路

　　【例 6-3】　有两台单片机以串行通信模式 3 进行发送和接收。以 T1 为波特率发生器，选择定时器模式 2。发送方首先发送数据存放地址，而地址的高位存放在 78H 中，地址的低位存放在 77H 中；然后发送 00H，01H，02H，…，0FEH，共 255 个数据以后结束。发送方采用查询方式发送地址帧，用中断方式发送数据帧。接收方把先接收到的数据（存放数据的地址）送给数据指针，将其作为数据存放的首地址，然后将接下来接收到的数据存放到以先前接收的数据为首地址的单元中去。接收方采用中断方式接收数据。请编写中断服务子程序。发送的波特率为

2400bit/s，$f_{osc} = 11.0592 \text{MHz}$。

解：

（1）功能分析

发送方首先将存放在 78H 和 77H 单元中的地址发送给接收方，然后发送数据 00H ~ 0FEH，共 255 个数据。

接收方根据接收数据的第 9 位数据进行判断是地址还是数据，如果是数据则送给数据指针，将其作为数据存放的首地址，然后将接下来接收到的数据存放到以先前接收的数据为首地址的单元中去。

（2）波特率计算

$$\text{波特率} = \frac{2^{\text{SMOD}}}{32} \times \frac{f_{osc}}{12 \times [2^8 - (\text{TH1})]} = 2400(\text{bit/s})$$

设 SMOD = 1，则 $\text{TH1} = 256 - \dfrac{2 \times 11.0592}{32 \times 12 \times 2400} = 256 - 24 = 232 = 0\text{E8H}$

（3）发送数据子程序流程如图 6-17 和图 6-18 所示，接收数据流程如图 6-19 和图 6-20 所示。

（4）编程

1 号机的发送程序：

```
                ORG      0000H
                LJMP     MAIN
                ORG      0023H
                LJMP     SEND-INT
                ORG      1000H
MAIN:           MOV      78H, #20H          ; 设置要存放数据的单元的首地址
                MOV      77H, #00H
                ACALL    TRANSFER
HERE:           SJMP     HERE
TRANSFER:       MOV      TMOD, #20H         ; 设置 T1 为模式 2
                MOV      TL1, #0E8H         ; 设置波特率为 2400
                MOV      TH1, #0E8H
                SETB     TR1                ; 启动 T1
                MOV      SCON, #0E0H        ; 设置串行接口为工作模式 3
                SETB     TB8                ; 设置第 9 位数据
                MOV      IE, #00H           ; 关中断
                CLR      TI
                MOV      SBUF, 78H          ; 查询方式发送地址
WAIT:           JNB      TI, WAIT
                CLR      TI
                MOV      SBUF, 77H
WAIT1:          JNB      TI, WAIT1
                CLR      TI
                MOV      IE, #90H           ; 开中断
                CLR      TB8
                MOV      A, #00H
```

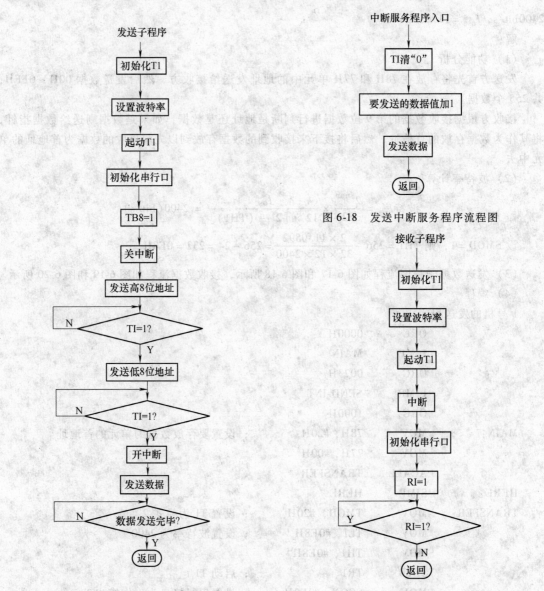

图 6-17　发送子程序流程图

图 6-18　发送中断服务程序流程图

图 6-19　接收子程序流程图

```
            MOV     SBUF, A              ; 开始发送数据
WAIT2:      CJNE    A, #0FFH, WAIT2      ; 数据是否发送完毕
            CLR     ES                   ; 关闭串行接口中断
            RET
SEND-INT:   CLR     TI
            INC     A                    ; 要发送数据值加 1
            MOV     SBUF, A              ; 发送数据
            RETI
            END
```

2 号机接收程序：

```
            ORG     0000H
```

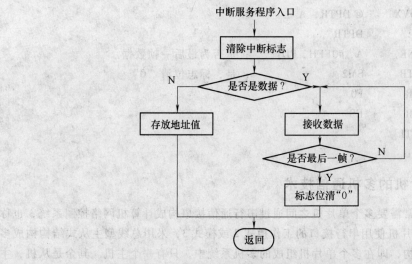

图 6-20　接收中断服务程序流程图

	LJMP	MAIN	
	ORG	0023H	
	LJMP	R-INT	
	ORG	1000H	
MAIN：	MOV	R0, #0FEH	; 设置地址帧接收计数寄存器初值
	ACALL	RECEIVE	
HERE：	SJMP	HERE	
RECEIVE：	MOV	TMOD, #20H	; 设置 T1 为模式 2
	MOV	TL1, #0E8H	; 设置波特率为 2400
	MOV	TH1, #0E8H	
	SETB	TR1	; 启动 T1
	MOV	IE, #90H	; 开中断
	MOV	SCON, #0F0H	; 设置串行接口模式 3 接收
	SETB	RI	; 设置标志位
RWAIT：	JB	RI, RWAIT	
	RET		
R-INT：	CLR	RI	; 接收中断标志位清 "0"
	MOV	C, RB8	; 判断是地址还是数据
	JNC	PD2	; 是数据则转 PD2
	INC	R0	
	MOV	A, R0	
	JZ	PD	
	MOV	DPH, SBUF	
	SJMP	PD1	
PD：	MOV	DPL, SBUF	
	CLR	SM2	; 地址标志位清 "0"
PD1：	RETI		
PD2：	MOV	A, SBUF	; 接收数据

```
MOVX      @ DPTR , A
INC       DPTR
CJNE      A, #0FFH, PD1    ; 是否为最后一帧数据
SETB      SM2              ; 是，标志位清 "0"
CLR       F0
CLR       ES
RETI
END
```

6.4.2　51 系列单片机的多机通信技术

在实际应用中，经常需要多个单片机之间通过串行通信接口构成计算机网络控制系统，也称为多机系统。51 系列单片机使用串行接口的工作模式 2 或模式 3，采用总线型主从式结构构成多机系统。所谓主从式结构，即在多个单片机组成的多机系统中，只有一个主机。其余是从机，主机发送的信息可被每个从机接收，而每个从机发送的信息只能由主机接收，从机之间不能相互通信。主机和从机之间的连接可采用 6.4.1 节中介绍的不同接口标准形式，如图 6-21 所示。

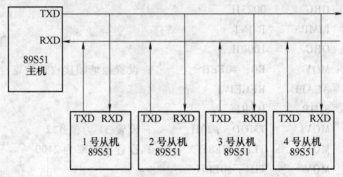

图 6-21　主从式多机通信系统结构图

1. 多机通信原理

实现主机与从机之间的可靠通信，主要通过主、从机正确地设置，判断多机通信控制位 SM2 和发送或接收的第 9 位数据（TB8 或 RB8）。

主机给从机发送信息时，需要根据发送信息的性质设置 TB8，发送地址信息时，设置 TB8 = 1；发送数据信息时，设置 TB8 = 0。对从机而言，SM2 = 1，表示多机通信功能。此时，接收到的第 9 位数据为 1（RB8），则数据装入 SBUF，并置位 RI，向 CPU 申请中断。接收到的第 9 位数据为 0（RB8），则不产生中断，数据将丢掉；SM2 = 0 时，接收到的第 9 位数据（RB8）无论是 0 还是 1，则数据装入 SBUF，并置位 RI，向 CPU 申请中断。据此，多机通信的过程总结如下：

1）令所有从机的 SM2 = 1，处于只接收地址帧的状态。

2）主机发送一帧地址信息，与所需要的从机进行联络。其中包含 8 位地址，第 9 位（TB8）为 1，表示发送的是地址信息。

3）每个从机接收到地址帧后，产生中断，将各自所接收的地址与本机地址相比较。对于地址相符的从机，将本机的地址发给主机，并使其 SM2 = 0，以接收主机随后发来的所有信息，数据接收完后，置位 SM2，返回接收地址帧状态；对于地址不相符的从机，仍保持自身 SM2 = 1 状态，对主机随后发来的数据不予理睬，等待主机发送新的地址帧。

4）主机接收从机回送的地址信息后，与其发送的地址比较：若相等，则发送控制指令或数据给被寻址的从机，数据帧的第 9 位（TB8）清 "0"，表示发送的是数据或控制指令；若不相

等，则继续发送地址信息，第 9 位（TB8）为 1。

5）当主机需要和其他从机通信时，可再发出从机的地址帧信息，回到 2）。

51 系列单片机构成的多机通信系统最多允许 255 台从机，其地址分别为 00H ~ 0FEH。地址 0FFH 是对所有从机均起作用的一条控制命令，命令从机恢复 SM2 = 1 的状态。

2. 多机通信应用举例

假设通信前有如下约定：

1）系统中有 255 台从机，它们的地址分别为 00H ~ 0FEH。

2）地址 0FFH 是对所有从机都起作用的一条控制命令：命令各从机恢复 SM2 = 1 的状态。

3）主机发送的控制命令代码为：

- 00H——要求从机接收数据块。
- 01H——要求从机发送数据块。
- 其他——非法命令。

4）数据块长度 16 个字节。

5）从机状态字格式为

D7	D6	D5	D4	D3	D2	D1	D0
ERR	0	0	0	0	0	TRDY	RRDY

其中，若 ERR = 1，从机接收到非法命令；若 TRDY = 1，从机发送准备就绪；若 RRDY = 1，从机接收准备就绪。

主机程序部分以子程序的方式给出，要进行串行通信时，可以直接调用这个子程序。从机部分以串行接口中断服务程序的方式给出。若从机未作好接收或发送数据的准备，就从中断程序中返回，并重新与从机联络，使从机再次进入串行接口中断。系统采用定时器 1 作为波特率发生器，设系统的晶振频率为 6MHz，串行接口通信的波特率为 1200bit/s。图 6-22 是多机通信主机程序的流程图，图 6-23 是多机通信从机程序的流程图。

主机通信子程序：

入口参数：（R0）——主机发送的数据块首址

（R1）——主机接收的数据块首址

（R2）——被寻址从机地址

（R3）——主机命令

（R4）——数据块长度

```
MSIO：   MOV    TMOD, #20H       ；设置定时器/计数器工作方式
         MOV    SCON, #0D8H      ；设串行接口模式3，允许接收，TB8 置"1"
         MOV    TH1, #0F4H       ；设置定时器初值
         MOV    TL1, #0F4H
         SETB   TR1              ；启动 T1
MSIO1：  MOV    A, R2            ；发送地址帧
         MOV    SBUF, A
         JNB    RI, $            ；等待从机应答
         CLR    RI
         MOV    A, SBUF
         XRL    A, R2            ；判断应答地址是否相符
         JZ     MSIO3
```

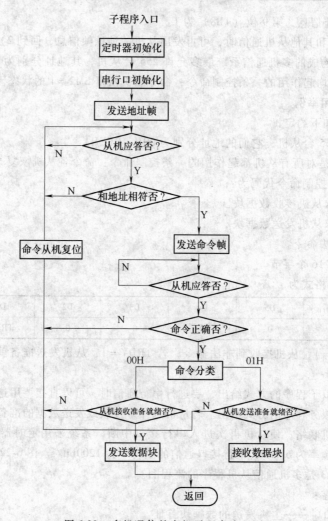

图 6-22　多机通信的主机子程序流程图

```
MSIO2： MOV    SBUF, #0FFH      ；命令从机复位
        SETB   TB8
        SJMP   MSIO1
MSIO3： CLR    TB8              ；地址相符，准备送命令
        MOV    A, R3
        MOV    SBUF, A          ；送命令
        JNB    RI, $            ；等待从机应答
        CLR    RI
        MOV    A, SBUF
        JNB    ACC.7, MSIO4     ；判断命令是否出错
        SJMP   MSIO2            ；若从机接收命令出错，命令从机复位
MSIO4： CJNE   R3, #00H, MSIO5  ；不是要求从机接收数据，则跳转
        JNB    ACC.0, MSIO2     ；从机接收是否准备就绪？
LP-TX： MOV    SBUF, @R0        ；主机发送数据块
        JNB    TI, $            ；等待发送完一帧
```

```
        CLR     TI
        INC     R0
        DJNZ    R4, LP-TX       ; 数据是否发送完毕
        RET
MSIO5:  JNB     ACC. 1, MSIO2   ; 从机发送是否准备就绪
LP-RX:  JNB     RI, $           ; 等待接收完一帧
        CLR     RI
        MOV     A, SBUF
        MOV     @R1, A
        INC     R1
        DJNZ    R4, LP-RX
        RET
```

若主机向 10 号从机发送数据块, 数据块放置在片内 RAM 40H ~ 5FH 单元中, 则调用上述子程序 MSIO 的方法是:

```
MOV     R0, 40H
MOV     R2, #0AH
MOV     R3, #00H
MOV     R4, #20H
LCALL   MSIO
```

从机通信程序:

从机的串行通信采用中断控制启动方式, 串行接口中断服务程序利用工作寄存器区 1。起动后, 采用查询方式接收或发送数据。程序中用 F0 作发送准备就绪标志, PSW.1 作接收准备就绪的标志, 本从机的地址为 SLAVE。有关的程序如下:

```
        ORG     0000H
        AJMP    MAIN
        ORG     0023H
        LJMP    SSIO            ; 串行接口中断服务程序入口
MAIN:   MOV     SP, #1FH        ; 设置堆栈指针
        MOV     SCON, #0F0H     ; 置串行接口模式 3, SM2 = 1, 允许接收
        MOV     08H, #40H       ; 接收缓冲区首址送 1 区工作寄存器 R0
        MOV     09H, #60H       ; 发送缓冲区首址送 1 区工作寄存器 R1
        MOV     0AH, #20H       ; 发送或接收字节数送 1 区工作寄存器 R2
        MOV     TMOD, #20H      ; 设置 T1 为模式 2
        MOV     TL1, #0E8H      ; 设置波特率为 2400
        MOV     TH1, #0E8H
        SETB    TR1             ; 启动 T1
        MOV     IE, #90H        ; 开中断
WAIT:   SJMP    WAIT
        END


        ORG     1000H
SSIO:   CLR     RI
```

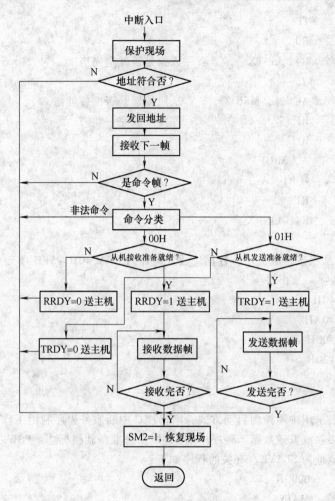

图 6-23　多机通信的从机程序流程图

PUSH	ACC	；保护现场
PUSH	PSW	
SETB	RS1	；选 2 区工作寄存器
CLR	RS0	
MOV	A，SBUF	
XRL	A，#SLAVE	；SLAVE 是本从机地址
JZ	SSIO1	
RETURN：POP	PSW	；不是呼叫本从机，恢复现场后返回
POP	ACC	
RETI		
SSIO1： CLR	SM2	；地址符合，与主机继续通信
MOV	SBUF，#SLAVE	；从机地址送回主机
JNB	RI，$	；等待接收完一帧
CLR	RI	
JNB	RB8，SSIO2	；是命令帧，转 SSIO2
SETB	SM2	；是复位，置 SM2 = 1 后返回

```
        SJMP    RETURN
SSIO2:  MOV     A, SBUF         ; 分析命令
        CJNE    A, #02H, 00H
        JC      SSIO3
        MOV     SBUF, #80H      ; 非法命令, 置 SM2 = 1
        SJMP    RETURN
SSIO3:  JZ      SMD0
SMD1:   JB      F0, SSIO4       ; F0 为发送准备就绪标志位
        MOV     SBUF, #00H      ; 未准备好, 返回
        SJMP    RETURN
SSIO4:  MOV     SBUF, #02H      ; TRDY = 1, 发送准备就绪
        CLR     F0
SLP1:   MOV     SBUF, @ R0      ; 发送数据块
        JNB     TI, $
        CLR     TI
        INC     R0
        DJNZ    R2, SLP1
        SETB    SM2             ; 发送完, 置 SM2 = 1 后返回
        SJMP    RETURN
SMD0:   JB      PSW.1, SSIO5    ; PSW.1 为接收准备就绪的标志位
        MOV     SBUF, #00H      ; 未准备好, 返回
        SJMP    RETURN
SSIO5:  MOV     SBUF, #01H      ; RRDY = 1, 接收准备就绪
        CLR     PSW.1
SLP2:   JNB     RI, $           ; 接收数据块
        CLR     RI
        MOV     @ R1, SBUF
        INC     R1
        DJNZ,   R2, SLP2
        SETB    SM2             ; 接收完, 置 SM2 = 1 后返回
        SJMP    RETURN
```

6.4.3 51 系列单片机与 PC 通信技术

在测控系统和工程应用中, 常遇到多项任务需同时执行的情况, 因而主从式多机分布式系统成为现代工业广泛应用的模式。单片机控制功能强、体积小、价格低廉、开发应用方便, 尤其具有全双工串行通信接口, 在工业控制、数据采集、智能仪器仪表、家用电器方面都有广泛的应用。同时, PC 正好补充单片机人机对话和外围设备薄弱的缺陷。因此, 由 PC 和 51 系列单片机就可以组成一种分布式系统。各单片机独立完成数据采集处理和控制任务, 同时通过通信接口将数据传给 PC, PC 将这些数据进行处理、显示或打印, 把各种控制命令传给单片机, 以实现集中管理和最优控制。

PC 有两个标准的 RS-232C 串行接口, 信号电平符合 RS-232C 标准, 而 51 系列单片机的串行通信是由 TXD 端 (发送数据) 和 RXD 端 (接收数据) 来进行全双工通信的, 其信号电平是

TTL/CMOS 电路标准。因而，为了使 PC 与 51 机之间能可靠地进行串行通信，需要用电平转换芯片 MAX232。MAX232 芯片及功能在 6.4.1 节中已经介绍过，单片机与 PC 之间通过 MAX232 芯片通信时的连接电路如图 6-24 所示。

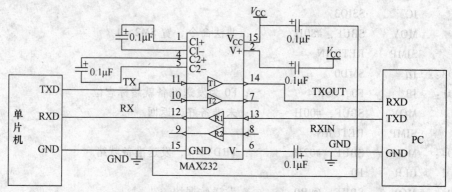

图 6-24　单片机与 PC 采用 MAX232 通信连接图

【例 6-4】　　基于图 6-24 的连接电路，若单片机的晶振采用 24MHz，通信的波特率为 9600bit/s，单片机向 PC 发送 0 ~ 255。请编写单片机的发送子程序（中断方式和查询方式）。

解：

使用定时器/计数器 T1 作波特率发生器并工作在模式 2，串行接口选用模式 1，则定时器/计数器 T1 的定时初值为 0F9H。

（1）查询方式

```
        ORG     0000H
        SJMP    MAIN
        ORG     0030H
MIAN：  MOV     TMOD，#20H       ；设置 T1 为模式 2
        MOV     SCON，#40H       ；串行接口选择工作模式 1
        CLR     ET1             ；禁止 T1 中断
        CLR     ES              ；禁止串行接口中断
        MOV     TL1，#9FH        ；T1 装入时间常数
        MOV     TH1，#9FH
        SETB    TR1             ；启动 T1
        MOV     A，#00H
LOOP：  ACALL   TRANS
        INC     A
        JNZ     LOOP
        SJMP    $
TRANS： MOV     SBUF，A          ；发送子程序
        JNB     TI，$
        CLR     TI
        RET
        END
```

（2）中断方式

```
        ORG     0000H
```

```
        SJMP    MAIN
        ORG     0023H
        SJMP    TRANS
        ORG     0100H
MIAN：   MOV     TMOD，#20H        ；设置 T1 为模式 2
        MOV     SCON，#40H        ；串行接口选择工作模式 1
        CLR     ET1              ；禁止 T1 中断
        SETB    EA               ；CPU 开中断
        SETB    ES               ；串行接口开中断
        MOV     TL1，#9FH         ；T1 装入时间常数
        MOV     TH1，#9FH
        SETB    TR1              ；启动 T1
        MOV     A，#00H
        MOV     SBUF，A
        SJMP    $                ；等待中断
TRANS：  CLR     TI               ；中断服务程序
        INC     A
        MOV     SBUF，A
        CJNE    A，#0FFH，GOON
        CLR     TR1
GOON：   RETI
        END
```

本 章 小 结

本章介绍了 AT89S51 单片机的全双工异步串行接口的基本工作原理，与串行接口有关的特殊功能寄存器、串行接口的 4 种工作模式以及双机串行通信和多机通信应用编程。

AT89S51 单片机的串行接口共有 4 种工作模式，模式 0 是移位寄存器工作方式，主要用于扩展并行 I/O 接口，并不用于串行通信。串行接口的工作模式 1 ~ 3 是用于串行通信。其中模式 1 是 10 位 UART 串行数据通信，模式 2 和模式 3 都是 11 位 UART 串行数据通信。模式 0 和模式 2 的波特率是固定的，模式 1 和模式 3 的波特率是可变的，由定时器 T1 的溢出率和 SMOD 位共同决定。要区分清楚串行接口通信的工作模式和定时器/计数器的工作模式。串行接口通信的工作模式是指串行接口工作在同步或异步方式，以及异步通信方式时一个数据帧的长度；定时器/计数器的工作模式是指定时器/计数器的计数长度以及是否可自动重装初值。要理解模式 2 和模式 3 中的第 9 位数据，它是串行通信中奇偶校验的基础，也是多机通信的基础。

AT89S51 单片机和 PC 通信时，由于 PC 串行接口是 RS-232C 标准，因此，单片机的串行接口需要外接 MAX232 接口芯片进行电平转换。

思考题与习题

6-1　异步串行通信有哪些制式？

6-2　单片机的串行接口有几种工作模式？有几种帧格式？各种工作模式的波特率如何确定？

6-3　在异步通信中，接收方是如何知道发送方开始发送数据的？

6-4　在 AT89S51 的应用系统中时钟频率为 6MHz，现在需利用定时器 T1 产生 1200bit/s 的波特率，请计算其初值。

6-5　对于串行接口的模式 1，波特率为 9600bit/s 时，每分钟可传送_____字节。

6-6　某异步通信接口，其帧格式由 1 个起始位、7 个数据位、1 个奇偶校验位和 1 个停止位组成，当该接口每分钟传送 1800 个字符时，计算其传送波特率。

6-7　AT89S51 串行接口按工作模式 1 进行串行数据通信。假定波特率为 1200bit/s，时钟频率为 11.0592MHz，以中断方式传送数据，请编写全双工通信程序。

6-8　AT89S51 串行接口按工作模式 3 进行串行数据通信。假定波特率为 1200bit/s，时钟频率为 11.0592MHz，第 9 位数据作奇偶校验位，以中断方式传送数据，请编写全双工通信程序。

6-9　某应用系统由 5 台 AT89S51 单片机构成主从式多机系统，请画出硬件连接示意图，简述系统工作原理。

参 考 文 献

[1]　张毅刚. 单片机原理及接口技术 [M]. 北京：人民邮电出版社，2008.
[2]　周明德. 微机原理与接口技术 [M]. 2 版. 北京：人民邮电出版社，2007.
[3]　高峰. 单片微型计算机原理与接口技术 [M]. 2 版. 北京：科学出版社，2007.
[4]　张友德，等. 单片微型机原理、应用与实验 [M]. 5 版. 上海：复旦大学出版社，2006.
[5]　杨居义. 单片机原理与工程应用 [M]. 北京：清华大学出版社，2009.
[6]　张迎新，等. 单片微型计算机原理、应用及接口技术 [M]. 2 版. 北京：国防工业出版社，2004.

第7章 51系列单片机的系统扩展

【内容提要】

单片机内部集成了 CPU、ROM、RAM、I/O 接口和定时器/计数器等基本功能部件，但是在较为复杂的应用系统中这些资源显得不足，需要进行扩展。本章首先介绍程序存储器和数据存储器的扩展方法；其次介绍简单并行 I/O 接口和可编程 I/O 接口（8255A 和 8155）的扩展方法；然后介绍用 51 系列单片机串行接口扩展并行 I/O 接口以及 I^2C 总线的扩展。

【基本知识点与要求】

(1) 了解 51 系列单片机的数据总线、地址总线和控制总线的构成。

(2) 掌握 51 系列单片机扩展程序存储器和数据存储器的方法。

(3) 掌握 51 系列单片机扩展简单并行 I/O 接口和可编程并行 I/O 接口的方法。

(4) 了解利用 51 系列单片机串行接口扩展并行 I/O 接口以及 I^2C 总线的扩展。

【重点与难点】

本章重点是 51 系列单片机程序存储器和数据存储器的扩展方法、可编程 I/O 接口的扩展方法；难点是 51 系列单片机系统扩展后的存储器和 I/O 端口地址的确定和访问方法。

7.1 程序存储器扩展

一般单片机的内部都具有一定的资源，包括程序存储器、数据存储器、I/O 接口等。但是片内资源有限，在一些复杂的应用场合，通常需要进行系统扩展，扩展的规模由应用系统的需求和单片机的内部资源所确定。

7.1.1 总线扩展

51 系列单片机系统中，如果 P0 口和 P2 口全部用做第二功能，即都作为总线口，这样的系统规模较大，称为大系统；如果只有 P0 口被用做第二功能，而 P2 口可以用做第一功能，此时的单片机系统只扩展了部分的空间，称为紧凑型系统；若 P0 口和 P2 口都没有用做总线口，这样的系统称为最小系统。这里主要讨论大系统的扩展，扩展时 51 系列单片机的 P0 口用做地址总线的低 8 位（AB0～AB7）和 8 位数据总线（DB0～DB7），P2 口用做地址总线的高 8 位（AB8～AB15），P3 口的 $\overline{WR}$、$\overline{RD}$ 和控制线 $\overline{EA}$、$\overline{PSEN}$、ALE 共同组成控制总线（CB）。把地址总线、数据总线和控制总线称为单片机的三总线。如图 7-1 所示是以 51 系列单片机中的 AT89S51 单片机为例所构成的三总线结构。51 系列单片机的程序存储器和数据存储器是分开来编址的，由于可构成 16 位地址线，所以 51 系列单片机分别有 64KB 的程序存储器和数据存储器空间。

系统扩展了外部存储器芯片后，必然存在如何寻找到这些芯片的问题，即片选或者芯片的寻址。片选的方法通常有线选法和译码法两种。

1. 线选法

由于扩展的芯片都有片选信号端，只有片选信号有效，芯片才能被选中，才能由单片机来控制并操作。所谓线选法就是用芯片地址线以外的高位地址线作为扩展芯片的片选信号方法，如图 7-2a 所示。线选法的优点是电路结构简单，不需要专门的逻辑电路；缺点是芯片占用的存储空间不紧凑，浪费了地址空间。所以，线选法适用于单片机外部扩展存储器芯片较少的情况。

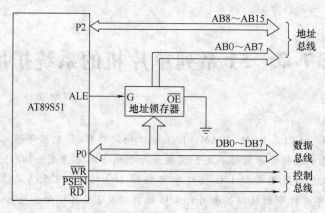

图 7-1　51 系列单片机的三总线结构示意图

2. 译码法

译码法就是采用译码器（常用 3-8 译码器或 2-4 译码器）对芯片地址线以外的高位地址线进行译码，译码的输出作为存储器芯片片选信号的方法，如图 7-2b 所示。采用译码法可以克服地址空间浪费的缺点，但是需要增加译码器。这种方法适用于扩展多块存储器芯片和 I/O 接口器件的应用扩展系统。

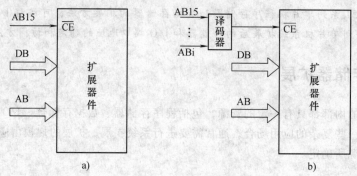

图 7-2　线选法和译码法示意图

a）线选法　b）译码法

7.1.2　典型程序存储器芯片

单片机系统扩展的程序存储器常用的芯片是 Intel 公司生产的 27＊＊＊ EPROM 存储器系列和 28＊＊＊ E^2 PROM 存储器系列。27＊＊＊ 系列主要有 2716（2KB×8）、2732（4KB×8）、2764（8KB×8）、27128（16KB×8）、27256（32KB×8）、27512（64KB×8）等。标记符号中高位数字 27 表示该芯片是 EPROM，27＊＊＊ 系列存储器是紫外线擦除（窗口式）可编程序只读存储器，是非易失性存储器。28＊＊＊ 系列是电擦除可编程序只读存储器，能在应用系统中进行在线改写，并能在断电情况下保存信息而不需要保护电源。根据程序存储器芯片所提供的地址线和数据线的数目，即可以推算出芯片的存储容量。

1. 常用的 27＊＊＊ EPROM 存储器

图 7-3 给出了 27512 和 27128 芯片的引脚信息。

27 系列芯片引脚说明如下：

1）A0 ~ Ai：地址输入信号线，i 不大于 15。

2）O0 ~ O7：三态数据总线。

3）$\overline{CE}$：片选信号输入端。

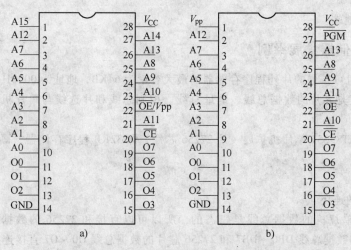

图 7-3　常用的 27 系列芯片 27512 和 27128 的引脚图

a) 27512 芯片　b) 27128 芯片

4）$\overline{OE}$：读选通信号输入端。

5）PGM：编程脉冲信号输入端。

6）V_{PP}：编程电源输入，不同的型号产品有不同的标准，有 25V、21V、12.5V 等几种。

7）V_{CC}：芯片供电电源为 5V。

8）GND：接地端。

2. 28∗∗∗ E²PROM 存储器

图 7-4 给出了 2864A 和 28256A 的引脚信息。

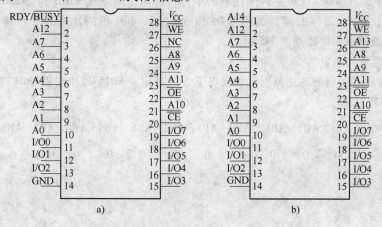

图 7-4　2864A 和 28256A 芯片引脚图

a) 2864A 芯片　b) 28256A 芯片

28 系列芯片引脚说明如下：

1）A0 ~ Ai：地址输入信号线，i 不大于 15。

2）I/O0 ~ I/O7：双向三态数据总线。

3）$\overline{CE}$：片选信号输入端。

4）$\overline{OE}$：读选通信号输入端。

5）$\overline{WE}$：写选通信号输入端。

6）NC：空脚。

7）V_{cc}：芯片供电电源为 5V。

8）GND：接地端。

7.1.3　程序存储器扩展举例

51 系列单片机可扩展的片外程序存储器的最大容量为 64KB，地址为 0000H ~ 0FFFFH。程序存储器扩展的关键是芯片的数据总线、地址总线、控制总线和片选线与单片机三总线的连接问题。

【例 7-1】　AT89S51 单片机扩展一片 27256 芯片，即 32KB 程序存储器，画出逻辑电路图并确定芯片的地址。

解：

（1）数据线的连接

由于 51 系列单片机的数据总线是三态的，所以可以直接和 27256 的数据总线相连接，即 AT89S51 单片机的数据总线 DB0 ~ DB7 和 27256 芯片的数据总线 O0 ~ O7 直接连接。

（2）地址线的连接

27256 EPROM 芯片是 32KB×8 存储器，$32KB = 32 \times 1024B = 2^5 \times 2^{10}B = 2^{15}B$，因此，需要 15 根地址线，即 AB0 ~ AB14。由于单片机的 P0 口是分时复用口，既作低 8 位地址总线又作为数据总线，所以低 8 位地址信号需要加锁存器。常用的地址锁存器有 74373 和 74573 系列芯片。经过锁存的低 8 位地址线和 27256 芯片的低 8 位地址线 A0 ~ A7 连接；单片机的高位地址 AB8 ~ AB14 和 27256 芯片的 A8 ~ A14 直接连接。

（3）控制线的连接

27256 芯片有两个控制信号，片选信号和读选通信号。本例中只扩展一片 27256 芯片，采用线选法比较简单，只需将 27256 芯片未用到的单片机的高位地址线 AB15 和 27256 芯片的片选信号 $\overline{CE}$ 连接即可；27256 芯片的读选通信号 $\overline{OE}$ 和 AT89S51 单片机的片外程序存储器读选通信号 $\overline{PSEN}$ 连接即可。其逻辑电路如图 7-5 所示。

（4）芯片地址的确定

图 7-5 中程序存储器的地址范围可以按以下方式确定：AB15 和片选信号 $\overline{CE}$ 连接，要选中该芯片，AB15 必须为 0。

AB15	AB14	AB13	AB12	AB11	AB10	AB9	AB8	AB7	AB6	AB5	AB4	AB3	AB2	AB1	AB0
0	0	0	0	0	0	0	0	0	0	0	0	0	0	0	0
⋮							⋮								
0	1	1	1	1	1	1	1	1	1	1	1	1	1	1	1

因此，程序存储器 27256 芯片的地址范围为：0000H ~ 7FFFH，共计 32KB 存储容量。查表访问时使用 MOVC 指令。

【例 7-2】　AT89S51 单片机扩展一片 2864A 芯片，即 8KB 程序存储器，画出逻辑电路图并确定芯片的地址。

解：

（1）数据线的连接

AT89S51 单片机的数据总线是三态的，可以直接和 2864A 芯片的双向三态数据总线相连接。即 AT89S51 单片机的数据总线 DB0 ~ DB7 和 2864A 芯片的数据总线 I/O0 ~ I/O7 直接连接。

（2）地址线的连接

2864A E^{2}PROM 芯片是 8KB×8 存储器，$8KB = 8 \times 1024B = 2^3 \times 2^{10}B = 2^{13}B$，因此，需要 13 根

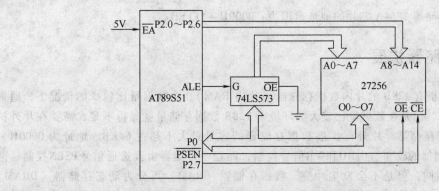

图 7-5　AT89S51 单片机扩展一片 27256 的电路图

地址线，即 AB0 ~ AB12。AT89S51 单片机的 P0 口是分时复用口，既作低 8 位地址总线又作为数据总线，所以低 8 位地址信号需要加锁存器，经过锁存的低 8 位地址线和 2864A 芯片的低 8 位地址线 A0 ~ A7 连接；AT89S51 单片机高位地址 AB8 ~ AB12 和 2864A 芯片的 A8 ~ A12 直接连接。

（3）控制线的连接

2864A 芯片有三个控制信号，片选信号、读选通信号和写选通信号。本例中只扩展一片 2864A 芯片，所以采用线选法，将 2864A 芯片未用到的 AT89S51 单片机的高位地址信号线 AB13 和 2864A 芯片的片选信号 $\overline{CE}$ 连接即可；2864A 芯片的写选通信号 $\overline{WE}$ 和单片机的 $\overline{WR}$ 连接，这样单片机可以向 2864A 芯片写入数据；单片机的 $\overline{PSEN}$ 信号和 $\overline{RD}$ 信号相"与"后，再与 2864A 的读选通信号 $\overline{OE}$ 连接。这种连接方式既可以读取 2864A 中的指令信息，也可以读取数据信息。电路连接如图 7-6 所示。这样，2864A 芯片既可以存储数据信息也可以存储程序。

（4）地址的确定

图 7-6 中程序存储器的地址范围可以按以下方式确定：AB13 和片选信号 $\overline{CE}$ 连接，要选中该芯片，AB13 必须为 0。其中的 " * " 表示与 2864A 芯片引脚无关，值可取 0 或 1（地址范围不是唯一的），通常取 0。

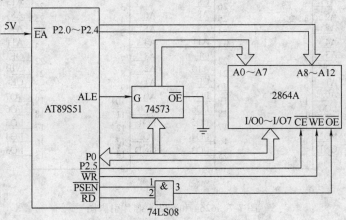

图 7-6　AT89S51 单片机扩展一片 2864A 芯片的电路图

AB15	AB14	AB13	AB12	AB11	AB10	AB9	AB8	AB7	AB6	AB5	AB4	AB3	AB2	AB1	AB0
*	*	0	0	0	0	0	0	0	0	0	0	0	0	0	0
⋮						⋮									
*	*	0	1	1	1	1	1	1	1	1	1	1	1	1	1

因此，程序存储器 2864A 芯片的地址范围为：0000H ~ 1FFFH。

7.2 数据存储器扩展

AT89S51 单片机有 128B 的片内数据存储器（片内 RAM），在数据量比较少的情况下，通常能够满足应用需求，但是在数据量比较大的环境下 128B 数据存储量就显得不足，需要在片外扩展一定数量的数据存储器。片外可扩展数据存储器的容量最大不超过 64KB，地址为 0000H ~ 0FFFFH。数据存储器的读和写由 $\overline{RD}$ 和 $\overline{WR}$ 信号控制，而程序存储器由读选通信号 $\overline{PSEN}$ 控制。两者虽然地址空间相同，但是不会发生冲突。数据存储器（RAM）可分为动态存储器（DRAM）和静态存储器（SRAM）。SRAM 存取速度快、使用方便、价格低，一旦掉电其内部所有信息都会丢失；DRAM 需要定时刷新。单片机中主要采用静态数据存储器。

7.2.1 典型数据存储器芯片

常用的数据存储器有 62 ∗ ∗ ∗ 系列静态随机读/写存储器芯片，如 6264（8KB × 8）、62128（16KB × 8）、62256（32KB × 8）等。图 7-7 是 6264 和 62256 芯片的引脚图。引脚说明如下。

1）A0 ~ Ai：地址输入信号线，i 不大于 15；

2）I/O0 ~ I/O7：三态数据总端。

3）$\overline{CE}$：片选信号输入端。

4）$\overline{OE}$：读选通信号输入端。

5）$\overline{WE}$：编程脉冲信号输入端。

6）V_{cc}：芯片供电电源为 5V。

7）GND：接地端。

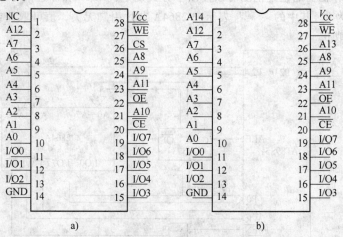

图 7-7　6264 和 62256 芯片引脚图

a）6264 芯片　b）62256 芯片

7.2.2 数据存储器扩展举例

【例 7-3】　AT89S51 单片机扩展一片 62128 数据存储器芯片，画出逻辑电路图并确定芯片地址。

解：

（1）数据线的连接

AT89S51 单片机的数据总线是三态的，可以直接和 62128 芯片的数据总线相连接，即 AT89S51 单片机的数据总线 D0 ~ D7 和 62128 芯片的数据总线 I/O0 ~ I/O7 直接连接。

（2）地址线的连接

62128 SRAM 芯片是 16KB × 8 存储容量，$16KB = 16 \times 1024B = 2^4 \times 2^{10}B = 2^{14}B$，因此，需要 14 根地址线，即 AB0 ~ AB13。AT89S51 单片机的 P0 口是分时复用口，既作低 8 位地址总线又作为数据总线，所以低 8 位地址信号需要加锁存器，经过锁存的低 8 位地址线和 62128 芯片的低 8 位地址线 A0 ~ A7 连接；单片机的高位地址 AB8 ~ AB13 可以和 62128 芯片的 A8 ~ A13 直接连接。

（3）控制线的连接

62128 芯片有三个控制信号，片选信号、读选通信号和写选通信号，本例中选用译码法，将 62128 芯片未用到的高位地址信号线 AB14、AB15 经过 2-4 译码器译码后，将 Y0 和 62128 芯片的片选信号 $\overline{CE}$ 连接；62128 芯片的读选通信号 $\overline{OE}$、$\overline{WE}$ 和 AT89S51 的 $\overline{RD}$、$\overline{WR}$ 对应连接。芯片与单片机的连接逻辑电路如图 7-8 所示。

（4）地址的确定

图 7-8 中数据存储器芯片的地址范围按以下方式确定：AB14、AB15 经过 2-4 译码器译码后，用 Y0 作为 62128 的片选信号。因此，AB14AB15 必须为 00。

AB15	AB14	AB13	AB12	AB11	AB10	AB9	AB8	AB7	AB6	AB5	AB4	AB3	AB2	AB1	AB0
0	0	0	0	0	0	0	0	0	0	0	0	0	0	0	0
⋮	⋮						⋮								
0	0	1	1	1	1	1	1	1	1	1	1	1	1	1	1

图 7-8 扩展的 16KB 数据存储器，采用译码法，根据地址连线，可知其地址范围为：0000H ~ 3FFFH。访问片外数据存储器使用 MOVX 指令。

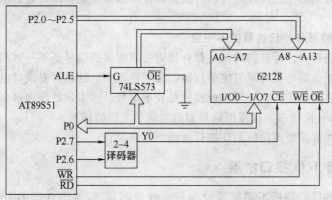

图 7-8　AT89S51 扩展一片 62128 的逻辑电路图

7.3　并行 I/O 接口扩展

接口是指计算机与外设之间在信息传送方面的通道，其功能是通过电路实现的，因此称为接口电路。在接口电路中通常包含数据寄存器、状态寄存器和控制命令寄存器。数据寄存器保存输入/输出数据，状态寄存器保存外设状态，控制命令寄存器保存来自 CPU 的有关数据传送的控制命令。在数据传送过程中，CPU 需要对这些寄存器进行寻址，因此，把接口中这些已经编址并能进行读操作或者写操作的寄存器称为端口（Port）。

一个接口电路中可能包括有多个端口，也就有多个端口地址。对端口编址主要是为了进行 I/O 操作，因此也称为 I/O 编址。常用的 I/O 编址方式有独立编址和统一编址。独立编址方式是指 I/O 地址空间和存储器空间相互独立；统一编址方式是指把系统中的 I/O 空间和存储器空间统一进行编址。这样计算机把接口中的寄存器与存储器中的存储单元同等对待。

通常计算机的三总线并不直接和外部设备相连接，而是通过各种 I/O 接口电路作为桥梁。I/O 接口电路就是输入/输出接口电路的简称。单片机本身集成多个 I/O 接口电路，单片机与存储器之间的连接直接通过自身的 I/O 接口。这样，留给用户使用的 I/O 接口线只有 P1 口的 8 位线和 P3 口的某些位线，再者单片机与外设之间的工作速度不一致、信号不匹配。因此，在大多数应用系统中，单片机都需要在外部扩展并行 I/O 接口。单片机扩展的 I/O 接口和片外 RAM 采用统一编址，因此具有相同的寻址方法，访问片外 RAM 的指令均适用于访问扩展的 I/O 接口。

7.3.1 I/O 接口电路的功能

I/O 接口电路应满足以下四种要求。

1. 实现和不同外设的速度匹配

大多数外设的速度很慢，无法和计算机的速度相比。计算机只有在确认外设已为数据传送做好准备的前提下才能进行 I/O 操作。若需要知道外设是否准备好，就需要 I/O 接口电路与外设之间传送状态信息。

2. 输出数据锁存

由于计算机工作速度快，数据在数据总线上保留的时间十分短暂，无法满足慢速外设的数据接收。因此，I/O 接口电路应具有数据锁存器，以保证接收设备接收数据。

3. 输入数据三态缓冲

当某输入设备向计算机输入数据时，数据总线上可能"挂"接有多个数据源，为了不发生冲突，只允许当前时刻正在进行数据传送的数据源使用数据总线，其余的数据源应处于高阻态以便和数据线隔离。

4. 解决计算机信号与外设信号的不一致

在大多数应用场合中，计算机的信号和外设需要或提供的信号是不一致的，如计算机通常以并行的方式传送数据，而外设有时只能串行接收或发送数据。这就需要接口电路来完成并行到串行或者串行到并行数据的转换；计算机处理的是数字信号，而实际的物理量多为模拟信号，此时就需要 A/D 或 D/A 转换接口实现模拟信号和数字信号之间的转换。

综上所述，这些都需要不同的 I/O 接口电路加以解决。

7.3.2 简单并行 I/O 接口扩展

所谓简单 I/O 接口，是指不需要通过编程来改变其输入/输出性质的 I/O 接口，通常采用 TTL 电路或 CMOS 电路锁存器、三态门电路等作为简单 I/O 接口扩展芯片，如 74LS373（8D 锁存器）、74LS377（带使能的 8D 触发器）、74LS244（三态 8 位缓冲驱动器）、74LS245（8 位双向总线收发器）、74LS273（8D 触发器）等。

1. 简单输入接口扩展

利用具有三态输出功能的缓冲电路实现输入接口扩展。例如，利用典型芯片 74LS244 扩展简单输入接口。图 7-9 是 74LS244 芯片的引脚图，该芯片具有两个 4 位的三态缓冲器，$\overline{CE}$ 为选通信号，低电平有效。即：

$\overline{CE1} = 1$ 或 $\overline{CE2} = 1$，输出端呈高阻状态；

$\overline{CE1} = 0$ 且 $\overline{CE2} = 0$，输出端（1Y1、1Y2、1Y3、1Y4、2Y1、2Y2、2Y3、2Y4）与对应输入端

(1A1、1A2、1A3、1A4、2A1、2A2、2A3、2A4) 信号相同。

图 7-10 是用 74LS244 芯片扩展 I/O 接口的连接电路。

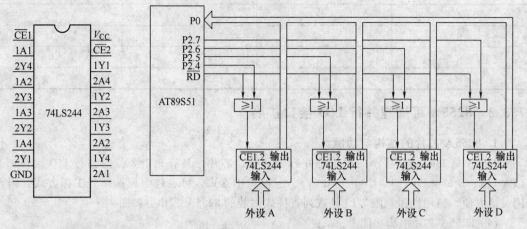

图 7-9　74LS244 芯片引脚图 　　　　图 7-10　用 74LS244 芯片扩展 I/O 接口电路图

由图 7-10 可知，当 P2.4 = 0 时，和外设 A 相连的 74LS244 即被选中，所以端口地址为 0EFFFH（"0" 为有效选通信号时，其余位与选通无关位均取 "1"）。同理，外设 B、外设 C、外设 D 端口地址分别为 0DFFFH、0BFFFH、7FFFH。

2. 简单输出接口扩展

扩展简单输出接口使用 8D 锁存器、触发器等即可实现。例如，利用 74LS377（带使能的 8D 触发器）进行简单输出接口扩展。图 7-11 是 74LS377 芯片引脚图，表 7-1 给出了 74LS377 芯片功能，图 7-12 是使用 74LS377 芯片扩展简单输出接口的连接电路。

由表 7-1 可知，当 G = 0 且 CK 上升沿到来后，$Q_i = D_i$；当 G = 1 时，Q 状态维持不变。图 7-12 中利用 $\overline{WR}$ 的上升沿将 P0 口数据送入对应锁存器，从而输出数据。图中外设 A、B、C、D 的口地址是 0EFFFH、0DFFFH、0BFFFH、7FFFH。完成访问的指令是使用 MOVX 指令。

在上述简单接口扩展中，由于外设与 CPU 之间没有 "应答" 信号联系，各 I/O 接口功能单一，输入/输出不能复用，因此无法适应外设与 CPU 之间进行信息交换的实际需要。

图 7-11　74LS377 芯片引脚图

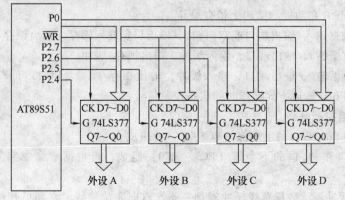

图 7-12　74LS377 芯片扩展简单输出接口

表 7-1　74LS377 芯片功能

G	CK	D（输入端）	Q（输出端）
1	×	×	不变
0	↑	1	1
0	↑	0	0
×	0	×	不变

7.3.3　8255A 可编程并行 I/O 接口扩展

1. 8255A 芯片的结构与功能

8255A 是 Intel 公司生产的可编程并行 I/O 接口芯片，具有 3 个 8 位的并行 I/O 端口：A 口（PA 口）、B 口（PB 口）、C 口（PC 口），三种工作方式，可通过编程选择其工作方式。因而使用灵活方便，通用性强。图 7-13 是双列直插式封装的 8255A 芯片引脚图。

（1）8255A 芯片引脚功能

1）A1、A0：端口地址输入线，用来选择 8255A 芯片内部的 4 个端口寄存器。

2）D7 ~ D0：三态双向数据线，与单片机数据总线连接。

3）$\overline{CS}$：片选信号端，低电平有效。

4）PA7 ~ PA0：A 口输入/输出端。

5）PB7 ~ PB0：B 口输入/输出端。

6）PC7 ~ PC0：C 口输入/输出端。

7）RESET：复位信号输入端，高电平有效，复位后，PA、PB、PC 均为输入方式。

8）$\overline{RD}$：读选通信号输入端，低电平有效。

9）$\overline{WR}$：写选通信号输入端，低电平有效。

10）V_{cc}、GND：电源 5V 和接地端。

（2）8255A 芯片内部结构

8255A 芯片内部结构如图 7-14 所示。它包括 4 个基本的组成部分：数据总线缓冲器、3 个 8 位并行 I/O 端口、读/写控制逻辑、A 组和 B 组控制电路。

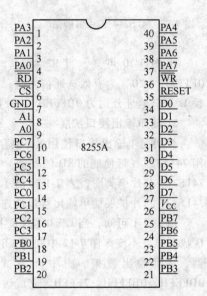

图 7-13　8255A 芯片引脚图

1）端口 A、B、C 在功能和结构上稍有差异。

PA 口：8 位数据输入/输出端口或双向输入/输出口，输入锁存，输出锁存/缓冲。

PB 口：8 位数据输入/输出端口，输入缓冲，输出锁存/缓冲。

PC 口：8 位数据输入/输出端口，输入缓冲，输出锁存/缓冲。PC 口可分为两个 4 位端口，还可作为 PA 口、PB 口选通方式操作时的状态控制信号。

2）A 组和 B 组控制电路。

A 组：由 PA 口和 PC 口的上半部（PC7 ~ PC4）组成；

B 组：由 PB 口和 PC 口的下半部（PC3 ~ PC0）组成，可根据"命令字"对 PC 口按位置"1"或清"0"。

3）数据总线缓冲器。数据总线缓冲器是三态、双向 8 位总线，它和单片机数据线相连，传送数据、指令、控制命令及外部状态信息。

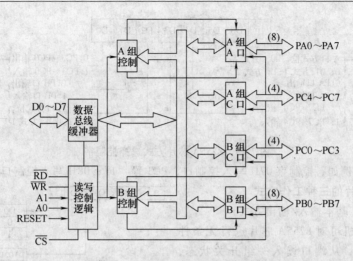

图 7-14　8255A 芯片内部结构示意图

4）读/写控制逻辑电路。该电路接收来自 CPU 的控制信号，包括片选信号、读/写信号、RESET 信号、地址信号 A1、A0 等。各端口的工作状态与控制信号、地址信号的关系见表 7-2。

表 7-2　8255A 端口工作状态选择

A1	A0	$\overline{RD}$	$\overline{WR}$	$\overline{CS}$	工作状态
0	0	0	1	0	读端口 A：A 口数据→数据总线
0	1	0	1	0	读端口 B：B 口数据→数据总线
1	0	0	1	0	读端口 C：C 口数据→数据总线
0	0	1	0	0	写端口 A：总线数据→A 口
0	1	1	0	0	写端口 B：总线数据→B 口
1	0	1	0	0	写端口 C：总线数据→C 口
1	1	1	0	0	写控制字：总线数据→控制字寄存器
×	×	×	×	1	数据总线为三态
1	1	0	1	0	非法状态
×	×	1	1	0	数据总线为三态

2. 工作方式选择控制字及 C 口按位置位/复位控制字

8255A 芯片有三种工作方式：

- 方式 0：基本输入/输出方式。
- 方式 1：选通输入/输出方式（应答 I/O 方式）。
- 方式 2：双向数据传送方式（仅 PA 口有）。

（1）工作方式选择控制字

8255A 芯片的三种工作方式由方式选择控制字来设定，控制字格式如图 7-15 所示。其中，最高位 D7 = 1 为方式选择控制字的标志位。

PA 口可工作于方式 0、1 和 2，而 PB 口只能工作在方式 0 和 1。例如，写入工作方式控制字 95H，可将 8255A 编程为：PA 口方式 0 输入，PB 口方式 1 输出，PC 口的上半部分（PC7 ~ PC4）输出，PC 口的下半部分（PC3 ~ PC0）输入。

（2）PC 口按位置位/复位控制字

可对 PC 口 8 位中的任一位进行置 "1" 或清 "0" 操作，用于位控。PC 口控制字如图 7-16 所示。其中，最高位 D7 = 0 为 PC 口按位置位/复位控制字的标志位。D3D2D1 选择端口 C 要进行

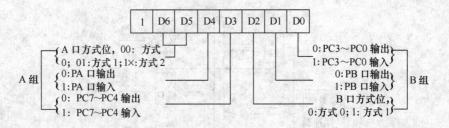

图 7-15　8255A 芯片方式选择控制字

置位/复位的位。例如，控制字 07H 写入控制口，PC3 置"1"；08H 写入控制口，PC4 清"0"。

3. 8255A 芯片的三种工作方式

（1）方式 0（基本输入/输出方式）

51 系列单片机可对 8255A 芯片进行无条件数据传送。例如，从端口读入一组开关状态，向端口输出数字量，控制一组指示灯的亮、灭。不需要联络信号，外设的 I/O 数据可在 8255A 芯片的各端口得到锁存和缓冲。

基本功能为：

1）具有两个 8 位端口（A、B）和两个 4 位端口（C 的上半部分和下半部分）。

2）任一个端口都可以设定为输入或输出，各端口的输入、输出可构成 16 种组合。

3）数据输出锁存，输入不锁存。

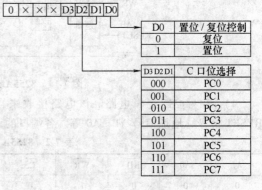

图 7-16　PC 口控制字

【例 7-4】　假设 8255A 芯片的控制字寄存器地址为 0FF7FH，设置 A 口和 C 口的高 4 位工作在方式 0 输出，B 口和 C 口的低 4 位工作于方式 0 输入，试完成初始化编程。

解：

根据题目要求，确定 8255A 芯片的控制字为 83H。初始化程序段如下：

```
MOV    DPTR, #0FF7FH       ;控制字寄存器地址送 DPTR
MOV    A, #83H             ;方式控制字 83H 送 A
MOVX   @DPTR, A            ;83H 送控制字寄存器
```

（2）方式 1（应答 I/O 方式）

方式 1 是一种选通输入/输出工作方式，也称为应答方式。在这种方式下，A 口和 B 口通常用于 I/O 数据传送，C 口的某些位作为 A 口和 B 口的联络线，其余的线作为 I/O 接口线。以中断方式传送数据。

1）方式 1 输入。在方式 1 输入时，$\overline{STB}$ 与 IBF 构成了一对应答联络信号，各个控制联络信号的功能如下：

● $\overline{STB}$（StroBe）：PC4（A 口的联络信号）或 PC2（B 口的联络信号）。选通输入，是由输入外设送来的输入信号。$\overline{STB}$ 的下降沿将端口数据线上的信息输入端口锁存器。

● IBF（Input Buffer Full）：PC5（A 口的联络信号）或 PC1（B 口的联络信号），输入缓冲器满信号，输出至外设、高电平有效。有效时，表示数据已送入 8255A 芯片的输入锁存器。它由 $\overline{STB}$ 信号的下降沿置位，当 CPU 读取端口数据后，IBF 变成低电平。

● INTR（Interrupt Request）：PC3（A 口的联络信号）或 PC0（B 口的联络信号），中断请求信号，输出高电平有效。由 8255A 芯片输出可向单片机发中断请求。

- INTE$_A$（Interrupt Enable A）：端口 A 中断允许信号，可由用户通过对 PC4 的置位实现。
- INTE$_B$（Interrupt Enable B）：端口 B 中断允许信号，可由用户通过对 PC2 的置位实现。

数据输入过程：当外设准备好数据输入后，发出信号$\overline{STB}$，输入的数据送入 8255A 芯片端口输入缓冲器。然后，IBF 信号有效，输出给外设，阻止外设送入新的数据。若使用查询方式，则 IBF 作为状态信号供查询用；若使用中断方式，IBF 信号由低变高后，在 INTE 有效的情况下，产生 INTR 信号，向 CPU 申请中断。CPU 响应中断后执行中断服务程序读入数据，清除中断请求，使 IBF 信号变低。表示输入缓冲器已空，通知外设输入新的数据。

2）方式 1 输出。用于方式 1 输出时，$\overline{OBF}$与 ACK 构成了一对应答联络信号，各信号的功能如下：

- $\overline{OBF}$（Output Buffer Full）：PC7（A 口的联络信号）或 PC1（B 口的联络信号），输出缓冲器满信号，输出 8255A 芯片给外设的联络信号。该信号有效时，表示 CPU 已经把数据输出到 8255A 芯片的指定端口，外设可以将数据取走。
- $\overline{ACK}$（Acknowledge）：PC6（A 口的联络信号）或 PC2（B 口的联络信号），外设的响应信号，输入表示外设已将数据取走。
- INTR：PC3（A 口的联络信号）或 PC0（B 口的联络信号），中断请求信号。表示该数据已被外设取走，请求单片机继续输出下一个数据。

数据输出过程：当使用中断控制方式时，输出是由响应中断开始的，在中断服务程序中，CPU 输出数据后，一方面清除中断申请信号，另一方面使$\overline{OBF}$有效，通知外设接收数据。当外设接收数据后，发出$\overline{ACK}$信号，使$\overline{OBF}$无效，在 INTE 有效的情况下，使 INTR 有效，并发出新的中断申请。

（3）方式 2（双向数据传送方式）

只有 A 口才能设定为方式 2。在方式 2 下，PA7 ~ PA0 为 8 位双向 I/O 接口总线，PC 口的 5 位线作控制线。

当输入时，PA7 ~ PA0 受$\overline{STB_A}$（PC4）和 IBF$_A$（PC5）控制，其工作过程和方式 1 输入时相同。

当输出时，PA7 ~ PA0 受$\overline{OBF_A}$（PC7）和$\overline{ACK_A}$（PC6）控制，其工作过程和方式 1 输出时相同。

INTR$_A$（PC3）：在输入和输出方式时，均可作为向 CPU 申请中断的请求信号。

8255A 芯片在工作方式 1、2 时端口 C 各位作联络信号时的定义见表 7-3。

表 7-3　8255A 芯片端口 C 各位作联络信号时的定义

端口 C 各位	方式 1		方式 2
	输入	输出	双向方式
PC0	INTR$_B$	INTR$_B$	由 B 端口方式决定
PC1	IBF$_B$	$\overline{OBF_B}$	由 B 端口方式决定
PC2	$\overline{STB_B}$	$\overline{ACK_B}$	由 B 端口方式决定
PC3	INTR$_A$	INTR$_A$	INTR$_A$
PC4	$\overline{STB_A}$	I/O	$\overline{STB_A}$
PC5	IBF$_A$	I/O	IBF$_A$
PC6	I/O	$\overline{ACK_A}$	$\overline{ACK_A}$
PC7	I/O	$\overline{OBF_A}$	$\overline{OBF_A}$

4. 51 系列单片机与 8255A 芯片的连接

（1）硬件接口电路

8255A 芯片和 AT89S51 单片机紧凑型系统连接时，只需要将各自的数据线、$\overline{RD}$ 和 $\overline{WR}$ 相互连接，P0.1、P0.0 经地址锁存器 74LS573 后与 8255A 芯片的地址线 A1、A0 连接；P0.7 经 74LS573 与片选端相连，其他地址线悬空。如图 7-17 所示是 AT89S51 单片机扩展 1 片 8255A 芯片的紧凑型系统逻辑电路图。

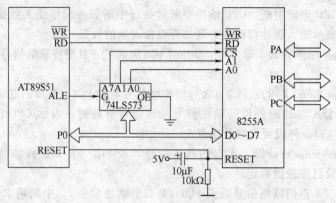

图 7-17　扩展 1 片 8255A 芯片的电路图

（2）端口地址的确定

图 7-17 中，8255A 芯片各端口寄存器的地址可以通过如下方式确定：P0.7 接片选 $\overline{CS}$ 端，因此必须为 0；A2 ~ A6 属于无关位，可取 1 也可取 0，这里取 1。

	A7	A6	A5	A4	A3	A2	A1	A0
A 口：	0	1	1	1	1	1	0	0
B 口：	0	1	1	1	1	1	0	1
C 口：	0	1	1	1	1	1	1	0
控制寄存器：	0	1	1	1	1	1	1	1

由以上可知：A 口寄存器、B 口寄存器、C 口寄存器及控制寄存器的地址分别为：7CH、7DH、7EH、7FH。

（3）软件编程

【例 7-5】　若以图 7-17 为例，要求 8255A 芯片工作在方式 0，且 A 口作为输入，B 口、C 口作为输出，编写相应的程序。

解：根据题目的要求，确定相应的控制字，程序段如下。

```
MOV    A, #90H      ; A 口方式 0 输入，B 口、C 口输出的方式控制送 A
MOV    R0, #7FH     ; R0←控制寄存器地址
MOVX   @R0, A       ; 控制寄存器←方式控制字
MOV    R0, #7CH     ; R0←A 口地址
MOVX   A, @R0       ; 从 A 口读数据
MOV    30H, A       ; 保存数据
MOV    R0, #7DH     ; R0←B 口地址
MOV    A, #DATA1    ; A←要输出的数据 DATA1
MOVX   @R0, A       ; 将 DATA1 送 B 口输出
MOV    R0, #7EH     ; R0←C 口地址
```

```
MOV      A，#DATA2        ；A←DATA2
MOVX     @R0，A           ；将数据 DATA2 送 C 口输出
```

【例 7-6】 以图 7-17 为例，编程实现将 PC5 端口置位，控制字为 0BH。

解：

```
MOV      R1，#7FH         ；R1←控制口地址
MOV      A，#0BH          ；A←控制字
MOVX     @R1，A           ；控制口←控制字，PC5 = 1，把 PC5 复位，控制字为 0AH
MOV      R1，#7FH         ；R1←控制口地址
MOV      A，#0AH          ；A←控制字
MOVX     @R1，A           ；控制口←控制字，PC5 = 0
```

7.3.4 8155 可编程并行 I/O 接口扩展

8155 是可编程的并行输入/输出接口芯片，片内有 3 个并行 I/O 端口（其中 PA 口、PB 口是 8 位的并行口，PC 口为 6 位的并行口），256B 静态 RAM 和 1 个 14 位定时器/计数器（减 1 工作方式）。

1. 8155 的基本结构及工作方式

8155 是 40 个引脚的双列直插式封装的芯片，其引脚如图 7-18 所示。

（1）引脚功能

1）RESET：复位输入信号线，高电平有效。复位后，3 个端口均为输入方式。

2）$\overline{CE}$：片选信号，低电平有效。

3）AD0 ~ AD7：三态地址/数据复用总线，分时传送低 8 位地址信号和数据信号。

4）ALE：地址锁存器允许信号线，高电平有效。其有效信号可将 AD0 ~ AD7 上的地址信号、片选信号以及 IO/$\overline{M}$ 信号锁存起来。

5）IO/$\overline{M}$：I/O 端口和 RAM 选择信号线，高电平选择 I/O 端口，低电平选择 RAM。

6）$\overline{RD}$：读选通信号线，低电平有效。

7）$\overline{WR}$：写选通信号线，低电平有效。

8）PA0 ~ PA7：端口 A 输入/输出信号线。

9）PB0 ~ PB7：端口 B 输入输出信号线。

10）PC0 ~ PC5：端口 C 输入/输出信号线。

11）TI：定时器/计数器的外部脉冲输入信号线。

12）TO：定时器/计数器输出信号线，当计数器计满回 0 时，8155 输出由编程命令设定的方波或脉冲信号。

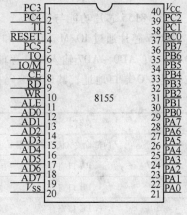

图 7-18 8155 引脚图

（2）8155 芯片内部结构

8155 芯片由 A、B、C 三个端口、一个 256B × 8 的静态 RAM、控制逻辑和定时器等部分组成。内部结构如图 7-19 所示。

1）端口 A：为 8 位并行 I/O 端口。

2）端口 B：为 8 位并行 I/O 端口。

3）端口 C：为 6 位并行 I/O 端口。

4）控制逻辑：包括一个控制命令寄存器和一个状态寄存器。

5）定时器/计数器：14 位的定时器/计数器。

6）存储器：静态随机存取存储器，容量为 256B×8。

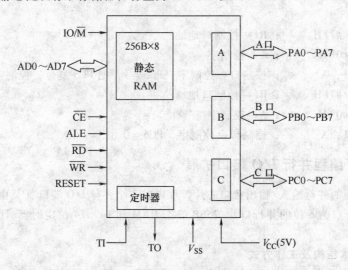

图 7-19　8155 芯片内部结构框图

（3）8155 芯片功能与操作

8155 芯片通过 IO/$\overline{\text{M}}$（RAM 和 I/O 选择端）决定输入的是存储器地址还是 I/O 端口地址。IO/$\overline{\text{M}}$ = 0：AD0 ~ AD7 输入的是存储器地址，寻址范围为 00H ~ 0FFH；IO/$\overline{\text{M}}$ = 1：AD0 ~ AD7 输入的是 I/O 端口地址，其地址编码见表 7-4。

表 7-4　8155 内部寄存器编址

名　　称	地　　址
内部命令/状态寄存器	× × × × ×000
PA 口寄存器	× × × × ×001
PB 口寄存器	× × × × ×010
PC 口寄存器	× × × × ×011
定时器/计数器低字节寄存器	× × × × ×100
定时器/计数器高字节寄存器	× × × × ×101

注：CPU 向 × × × × ×000B 地址写入的数据到命令寄存器，CPU 从 × × × × ×000B 地址读出的数据来自状态寄存器。

1）命令字格式：可以把一个命令写入 × × × × ×000B 地址中改变命令寄存器的内容实现编程、初始化 8155 芯片，即控制 8155 芯片 I/O 接口的工作方式和数据流向。工作方式与数据流向的控制命令字格式及功能见表 7-5。

表 7-5　8155 芯片命令字格式及功能

位	组合	功　　能
D7D6 设置计数器方式	00	空操作，不影响定时器/计数器
	01	立即停止定时器/计数器
	10	定时器/计数器溢出后停止计数
	11	启动定时器/计数器

（续）

位	组合	功　　能
D5 B 口中断允许/禁止	0	禁止 B 口中断请求
	1	允许 B 口中断请求
D4 A 口中断允许/禁止	0	禁止 A 口中断请求
	1	允许 A 口中断请求
D3D2 设置工作方式	00	方式 0：A 口、B 口定义为基本输入/输出方式，C 口为输入方式
	01	方式 1：A 口定义为选通输入/输出，B 口定义为基本输入/输出方式；PC0：AIN-TR；PC1：ABF；PC2：$\overline{ASTB}$；PC3 ~ PC5：输出
	10	方式 2：A 口、B 口均为选通输入/输出；PC0：AINTR；PC1：ABF；PC2：$\overline{ASTB}$；PC3：BINTR；PC4：BBF；PC5：$\overline{BSTB}$
	11	方式 3：A 口、B 口定义为基本输入/输出方式；C 口为输出方式
D1 B 口方式	0	B 口定义为输入方式
	1	B 口定义为输出方式
D0 A 口方式	0	A 口定义为输入方式
	1	A 口定义为输出方式

2）状态字格式：状态寄存器和命令寄存器的地址相同，当读地址 × × × × ×000B 的内容时，则可查询 I/O 端口和定时器/计数器的状态。状态寄存器中各位的意义见表 7-6。

表 7-6　状态寄存器位功能

位	功　能	描　　述
D7	未用	未用
D6	TIMER	定时器/计数器中断标志位，计数溢出时置 "1"，读出状态寄存器内容复位
D5	INTE$_B$	B 口中断允许标志位。1—允许，0—禁止
D4	BF$_B$	B 口的缓冲器满/空标志位（输入/输出）。1—满，0—空
D3	INTR$_B$	B 口中断请求标志位。1—请求，0—未请求
D2	INTE$_A$	A 口中断允许标志位。1—允许，0—禁止
D1	BF$_A$	A 口缓冲器输入时满标志位，A 口缓冲器输出时空标志位，1—满，0—空
D0	INTR$_A$	A 口中断请求标志位。1—请求，0—未请求

3）定时器/计数器：8155 片内的定时器/计数器是一个 14 位的减 1 计数器，它对 TI 端输入的时钟脉冲进行计数，并在达到最后计数值（TC）时从 TO 端输出方波或脉冲，具体输出波形见表 7-7。编址为 × × × × ×100B 和 × × × × ×101B 的 2 个寄存器为计数长度寄存器，计数初值由程序预置，每次预置一个字节，该寄存器的 0 ~ 13 位规定了下一次计数的长度，14、15 位规定了定时器/计数器的输出方式，该寄存器的定义见表 7-7。

表 7-7　计数长度寄存器

高字节寄存器（地址：× × × × ×101）		低字节寄存器（地址：× × × × ×100）	
M2 M1	T13 T12 T11 T10 T9 T8		T7 T6 T5 T4 T3 T2 T1 T0
输出方式	计数长度高 6 位		计数长度低 8 位

在定时器/计数器正在工作时也可将新的计数长度和方式写入计数长度寄存器，但在定时器/计数器使用新的计数值和方式之前，必须发一条启动命令，即使只希望改变计数值而不改变方式

也必须如此。表7-8 给出了计数方式控制字 M2、M1 对 Tout 输出波形的设置。

表 7-8　8155 定时器/计数器的输出操作方式

M2 M1	方式	输出波形	说　明
0 0	单负方波		宽为 n/2 个（n 为偶数）或（n－1）/2 个（n 为奇数）TI 时钟周期
0 1	连续方波		低电平宽 n/2 个（n 为偶数）或（n－1）/2 个（n 为奇数）TI 时钟周期；高电平宽 n/2 个（n 为偶数）或（n＋1）/2 个（n 为奇数）TI 时钟周期，自动恢复初值
1 0	单负脉冲		计数溢出时输出一个宽为 TI 时钟周期的负脉冲
1 1	连续脉冲		每次计数溢出时输出一个宽为 TI 时钟周期的负脉冲并自动恢复初值

2. AT89S51 单片机和 8155 芯片的连接

AT89S51 单片机可以和 8155 芯片直接连接，不需任何外加逻辑电路。它使得应用系统增加 256B 的 RAM，2 个 8 位、1 个 6 位的 I/O 端口和一个 14 位的定时器/计数器，AT89S51 单片机和 8155 芯片的连接电路如图 7-20 所示。

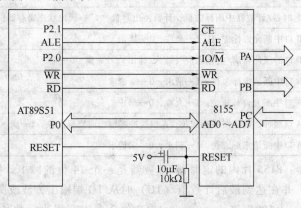

图 7-20　AT89S51 单片机与 8155 芯片的一种接口电路

从图 7-20 硬件连接图中可看出，连接的关键接线是 $\overline{CE}$ 和 IO/$\overline{M}$。$\overline{CE}$ 决定芯片是否被选中，而 IO/$\overline{M}$ 则决定是对 I/O 端口操作还是对片内 RAM 操作。这两根线都要和地址线或地址译码器输出线相连。根据表 7-3，命令字寄存器端口地址是 00H。在图 7-20 中，片选信号由 P2.1 选定，应用 P2.0 选择是 I/O 端口还是存储器，其子程序 INI8155 如下：

```
INI8155：SETB    P2.0
         CLR     P2.1
         MOV     R0，#00H
         MOV     A，#0C3H
```

```
MOVX        @R0，A
RET
```

将 PA 口 PB 口设置为输出，PC 口设置为输入。

3. 8155 芯片应用举例

【例 7-7】　用 8155 芯片作为片外 256 个 RAM 扩展及 6 位 LED 显示器接口电路，A 口作为 LED 显示器段选输出口，C 口作为 6 位 LED 的位控输出口，试设计硬件电路并写出初始化程序。

解：

选用 P2.0 作为 IO/$\overline{\text{M}}$ 选择信号，P2.1 作为片选信号 $\overline{\text{CE}}$。

P2.1 = 0，$\overline{\text{CE}}$ = 0 时芯片选中；

P2.0 = 0，选中 RAM 单元；

P2.0 = 1，选中 I/O 端口。

这样，地址信号在 00H ~ 0FFH 范围内可选中 8155 芯片中 256 个 RAM 单元（P2.1 P2.0 = 00，A7 ~ A0 从 00000000 ~ 11111111B 变化）。8155 芯片中 6 个 I/O 端口地址如下。

- 命令状态寄存器地址：00H（P2.1，P2.0 = 01，A2 A1 A0 = 000）。
- A 口地址：01H（P2.1，P2.0 = 01，A2 A1 A0 = 001）。
- B 口地址：02H（P2.1，P2.0 = 01，A2 A1 A0 = 010）。
- C 口地址：03H（P2.1，P2.0 = 01，A2 A1 A0 = 011）。
- 定时器/计数器低字节寄存器：04H（P2.1，P2.0 = 01，A2 A1 A0 = 100）。
- 定时器/计数器高字节寄存器：05H（P2.1，P2.0 = 01，A2 A1 A0 = 101）。

根据以上分析和题目要求，确定 8155 芯片控制字如图 7-21 所示，控制字为 05H。AT89S51 单片机与 8155 芯片连接电路如图 7-22 所示。

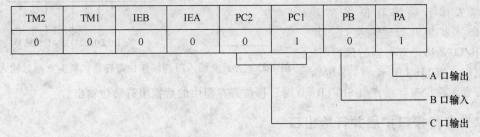

TM2	TM1	IEB	IEA	PC2	PC1	PB	PA
0	0	0	0	0	1	0	1

图 7-21　确定 8155 芯片控制字

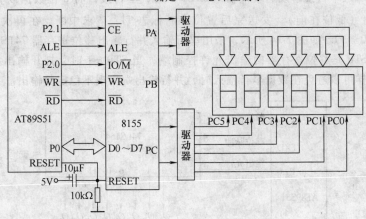

图 7-22　8155 芯片扩展应用举例

初始化子程序如下：

```
INI5155:  MOV    R0, #00H    ; 指向命令寄存器地址
          MOV    A, #05H     ; 控制字送 A
          MOVX   @R0, A      ; 控制字送命令寄存器
          RET
```

7.4　用串行接口扩展并行接口

　　51 系列单片机串行接口的方式 0 是同步移位寄存器输入/输出方式，SM2 必须为 0。8 位串行数据的输入/输出均通过 RXD 端，TXD 端用于送出同步移位脉冲，作为外接芯片的同步移位信号。当输入数据时，将外部移位寄存器的内容移入内部的移位寄存器，然后写入内部的接收缓冲器；输出数据时，将发送缓冲器内容串行地移到外部的移位寄存器。

　　51 系列单片机可以在外部连接并行输入串行输出移位寄存器、串行输入并行输出移位寄存器即可扩展并行接口。每当发送或接收完 8 位数据后，CPU 硬件会自动置位 TI 或 RI，可以采用中断方式或者查询方式继续数据的传送。需要强调的是，必须由用户采用软件清 "0" TI 或 RI。

7.4.1　串行接口扩展并行输入口

　　在满足 REN = 1 和 RI = 0 的条件下，串行接口即开始从 RXD 端以 $f_{osc}/12$ 的波特率输入数据（低位在前），当接收完 8 位数据后，置位中断标志 RI，请求中断。在再次接收数据之前，必须由软件清 "0" RI。如图 7-23 所示，应用并行输入串行输出移位寄存器 74LS165 来扩展并行输入接口。其中，SH/$\overline{LD}$是移位寄存器的预置/移位控制端，当 SH/$\overline{LD}$ = 1 时，8 位数据并行置入移位寄存器；当 SH/$\overline{LD}$ = 0 时，移位寄存器中的数据串行移位输出。

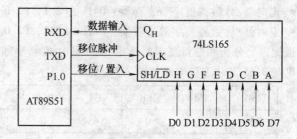

图 7-23　方式 0 输入时连接移位寄存器扩展 I/O 端口输入口

7.4.2　串行接口扩展并行输出口

　　当 8 位数据写入串行接口发送缓冲器（SBUF）时，串行接口将 8 位数据以 $f_{osc}/12$ 的波特率从 RXD 引脚输出（低位在前），发送完后置位中断标志 TI，请求中断。在再次发送数据之前，必须由软件清 "0" TI。如图 7-24 所示，采用串行输入并行输出移位寄存器 74LS164 来扩展并行输出口。其中，STB 是移位寄存器的输出允许控制端，当 STB = 1 时，打开输出控制门，8 位数据并行输出。这样可以避免在数据串行输入时，并行输出端出现不稳定的输出。

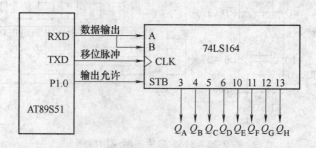

图 7-24　方式 0 输出时连接移位寄存器扩展 I/O 端口输出

【延伸与拓展】

I²C（Inter Integrated Circuit Bus 或 IC TO IC Bus 的简称）总线是由 Philips 公司推出的一种高性能芯片间串行传输总线。它通过两根线（串行数据线，SDA；串行时钟线，SCL）与连接到总线上的器件之间传送数据，是最常见的串行扩展接口。对于没有这种接口的 AT89S51 单片机，可以用模拟串行通信的时序，用于扩展存储器、液晶驱动器等具有串行扩展接口的外围器件。优点是不增加硬件成本，缺点是占用 CPU 资源，因而此方法常常应用在一些要求不高的场合。

1. I²C 总线的结构原理

I²C 总线是多主机串行总线，时序比较复杂，但如果仅仅用于扩展外围器件单主机系统，就简单得多。

（1）I²C 总线概述

I²C 串行总线与 SPI、Microwire 接口不同，它仅以两根连线实现了全双工同步数据传送，可以方便地构成多机系统和外围器件扩展系统。I²C 总线采用器件地址的硬件设置方法，通过软件寻址完全避免了器件的片选线寻址的弊端，从而使硬件系统具有更简单、更灵活的扩展方式。

I²C 总线进行数据传输时只需要两根信号线，一根是双向的数据线（SDA），另一根是时钟线（SCL）。所有连接到 I²C 总线上的设备，其串行数据都接到总线的 SDA 上，而各设备的时钟均接到总线的 SCL 上。

I²C 总线是一个多主机总线，即一个 I²C 总线可以有一个或多个主机，总线运行由主机控制。主机是指启动数据的传送（发起始信号线），发出时钟起始信号，并在传送结束时发出终止信号的设备。通常，主机是单片机或其他微处理器。被主机寻访的设备叫从机，它可以是单片机或其他微处理器，也可以是其他器件，如存储器、LED 或 LCD 驱动器、A/D 转换器或 D/A 转换器等。I²C 总线的基本结构如图 7-25 所示。

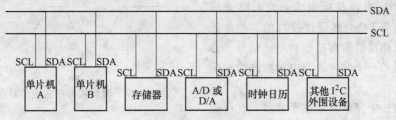

图 7-25　I²C 总线的基本结构

为了进行通信，每个接到 I²C 总线上的设备都有一个唯一的地址。主机与从机之间的数据传送可以是由主机发送数据到总线上的其他设备，这时主机称为发送器。从总线上接收数据的设备被称为接收器。

在多主机系统中，可能同时有若干个主机试图启动总线传送数据。为了避免混乱，保证数据的可靠传送，任一时刻总线只能由一台主机控制。所以，I²C 总线要通过总线裁决，以决定由哪一台主机控制总线。若有两个或两个以上的主机试图占用总线，一旦一个主机送"1"，而另一个（或多个）送"0"，送"1"的主机则退出竞争。在竞争的过程中，时钟信号是各个主机产生异步时钟信号"线与"的结果。

I²C 总线上产生的时钟总是对应于主机的。传送数据时，每个主机产生自己的时钟，主机产生的时钟仅在慢速的从机低电平过宽时加以改变或在竞争中失败而改变。

I²C 总线是双向同步串行总线，因此 I²C 总线接口内部为双向传输电路。总线端口输出为开漏结构，所以总线上必须有上拉电阻。

当总线空闲时，两根总线均为高电平。连到总线上的器件其输出级必须是漏极或集电极开路，任一设备输出的低电平，都将使总线的信号变低，即各设备的 SDA 及 SCL 都是"线与"的关系。

（2）I²C 总线的数据传送

1）总线上数据的有效性　在 I²C 总线上，每一位数据的传送都与时钟脉冲相对应，逻辑"0"和逻辑"1"的信号电平取决于相应的正端电源 V_{DD} 的电压。

I²C 总线进行数据传送时，在时钟信号为高电平期间，数据线上必须保持有稳定的逻辑电平状态，高电平为数据1，低电平为数据0。只有在时钟线低电平期间，才允许数据线上的电平状态变化，如图 7-26 所示。

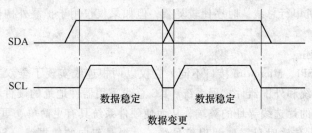

图 7-26　I²C 总线的有效数据位

2）数据传送的起始信号和终止信号。根据 I²C 总线协议规定，SCL 线为高电平期间，SDA 线由高电平向低电平的变化表示起始信号；SCL 线为高电平期间，SDA 线由低电平向高电平的变化表示终止信号，起始和终止信号如图 7-27 所示。

起始和终止信号都是由主机发出的，在起始信号产生一定时间后，总线就处于空闲状态。连接到 I²C 总线上的设备若具有 I²C 总线的硬件接口，则很容易检测到起始和终止信号。对于不具备 I²C 总线硬件接口的一些单片机来说，为了能准确检测起始和终止信号，必须保证在总线的一个时钟周期内对数据线至少采样两次。

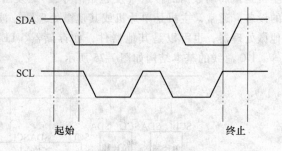

图 7-27　起始位与停止位的时序条件

从机收到一个完整的数据字节后，有可能需要完成一些其他工作，如处理内部中断服务等，可能使它无法立刻接收一个字节。此时从机可以将 SCL 线拉成低电平，从而使主机处于等待状态，直到从机准备好可以接收下一个字节时，再释放 SCL 线使之为高电平，数据传送随之继续进行。

3）数据传送格式。

①　字节传送与应答。利用 I²C 总线进行数据传送时，传送的字节没有限制，但是每一个字节必须是 8 位长度，并且首先发送的数据位为最高位，每传送一个字节数据后都必须跟随一位应答信号，与应答信号相对应的时钟由主机产生，主机必须在这一时钟期间释放数据线，使其处于高电平状态，以便从机在这一位上送出应答信号。

应答信号在第 9 个时钟位上出现，从机输出低电平为应答信号（A），表示继续接收，若从机输出高电平则为非应答信号（$\overline{A}$），表示结束接收。

由于某种原因，从机不对主机寻址信号应答时（如从机正在进行实时性的处理工作而无法接收总线上的数据），它必须释放总线，将数据线置于高电平，然后由主机产生一个终止信号以结束总线的数据传送。

如果从机对主机进行了应答，但在数据传送一段时间后无法继续接收更多的数据时，从机可以通过发送非应答信号（$\overline{A}$）通知主机，主机则应发出终止信号以结束数据的继续传送。

当主机接收数据时，它收到最后一个数据字节后，必须向从机发送一个非应答信号（$\overline{A}$），使从机释放 SDA 线，以便主机产生终止信号，从而停止数据传送。

② 数据传送格式。I^2C 总线数据传输时必须遵守规定的数据传送格式，图 7-28 为一次完整的数据传输格式。按照总线规定，起始信号表明一次数据传送的开始，其后为寻址字节，寻址字节由高 7 位地址和最低 1 位方向位组成，高 7 位地址是被寻址的从机地址，方向位是表示主机与从机之间的数据传送方向，方向位为"0"时表示主机发送数据（写），方向位为"1"时表示主机接收数据（读）。在寻址字节后是将要传送的数据字节与应答位，在数据传送完成后主机必须发送终止信号。但是，如果主机希望继续占用总线进行新的数据传送，则可以不产生终止信号，马上再次发出起始信号对另一从机进行寻址。

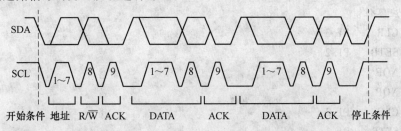

图 7-28　I^2C 总线完整数据传送格式与时序

2. I^2C 串行总线扩展举例

I^2C 器件可以和 AT89S51 单片机通过模拟 I^2C 总线直接连接，具体方式如下：

（1）AT89S51 单片机与 I^2C 器件接口

如图 7-29 所示，是 AT89S51 单片机与 I^2C 器件的一种接口方法，I^2C 器件大都采用 I^2C 标准时序，但是功能和结构都有所不同，所以应根据器件的具体参数和 AT89S51 单片机的频率来定。

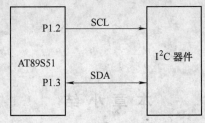

图 7-29　AT89S51 单片机与 I^2C 器件的一种接口逻辑

（2）程序设计

主机采用 AT89S51 单片机，晶振频率为 6MHz，则几个典型信号的模拟子程序如下。

1）起始信号。

```
STP：  CLR    P1.3
       SETB   P1.2
       NOP
       NOP
       SETB   P1.3
       NOP
       NOP
       CLR    P1.2
       RET
```

2）终止信号。

```
STA：    SETB    P1.3
         SETB    P1.2
         NOP
         NOP
         CLR     P1.3
         NOP
         NOP
         CLR     P1.2
         RET
```

3）发送应答位。

```
ASK：    CLR     P1.3
         SETB    P1.2
         NOP
         NOP
         CLR     P1.2
         SETB    P1.3
         RET
```

4）发送非应答位。

```
ASK：    SETB    P1.3
         SETB    P1.2
         NOP
         NOP
         CLR     P1.2
         CLR     P1.3
         RET
```

本 章 小 结

　　本章主要介绍了 51 系列单片机的系统扩展，包括程序存储器的扩展、数据存储器的扩展、并行 I/O 接口的扩展和 I²C 总线基础。在构造 51 系列单片机数据总线、地址总线和控制总线的基础上，可以分别扩展不超过 64KB 的程序存储器和数据存储器空间。对于所扩展的存储器可以采用线选法或者译码法来确定每一个存储单元的地址。51 系列单片机的 I/O 端口和外部扩展的数据存储器采用统一编址。因此，访问外部数据存储器的所有指令均可访问所扩展的 I/O 端口。若通过单片机的串行口来扩展并行 I/O 端口，只能使用串行口的模式 0，且所扩展的 I/O 端口不占据 64KB 的数据和 I/O 端口地址空间。

　　通常采用 27 系列 EPROM 来扩展程序存储器，采用 62 系列静态 RAM 扩展数据存储器。本章介绍了典型芯片引脚功能和单片机的连接电路，以及确定存储单元地址的方法。简单 I/O 端口的扩展可以应用具有锁存功能的 74LS244、74LS377 等器件。可编程并行 I/O 接口芯片 8255A 具有 3 个 8 位的并行口，同时有 3 种工作方式可以选择。使用前根据应用情况，必须进行初始化；8155 除了有 3 个并行口外，还有 1 个 14 位可编程的定时器/计数器和 256B 的静态 RAM，但相应初始化较复杂。在串行接口不做通信用时，可以使用其工作模式 0 来扩展并行 I/O 接口。串行接口和并入串出芯片 74LS165、串入并出芯片 74LS164 来扩展并行 I/O 接口。一般情况下，如果单

片机内部没有 I^2C 总线，实际可以利用并行口模拟 I^2C 总线的时序以与 I^2C 器件接口。

思考题与习题

7-1　51 系列单片机为实现 P0 口的数据和地址分时复用，应使用＿＿＿＿＿＿芯片。片外程序存储器的读选通信号是＿＿＿＿＿＿，如果在系统中扩展一片 2732（4KB×8）的程序存储器，除使用 P0 口外，还需要使用 P2 口的＿＿＿＿＿＿根线作为该芯片的地址线。

7-2　如何构造 51 系列单片机的并行扩展总线？

7-3　说明 51 系列单片机系统扩展 I/O 接口采用的编址方法，并写出访问它的指令。

7-4　芯片 74LS244 能用做 51 系列单片机系统输出 I/O 端口扩展吗？为什么？芯片 74LS377 能用做 51 系列单片机系统输入 I/O 端口扩展吗？为什么？

7-5　在 51 系列单片机系统中，片外程序存储器和数据存储器共用 16 位地址，为什么不会发生访问冲突？

7-6　采用 4 片 74LS377 作为 AT89S51 单片机系统输出口扩展，4 片 74LS244 作为输入口扩展，试画出连接电路，并说明各扩展口的地址。

7-7　采用一片 2732 芯片、一片 6264 芯片为 AT89S51 扩展片外程序存储器和数据存储器，请画出逻辑电路，并给出各芯片的地址范围。

7-8　指出 8255A 芯片上的资源、工作方式，并与 8155 进行比较。

7-9　若 8255A 芯片的片选端与 AT89S51 单片机的 P2.7 相连，A1A0 和地址总线的最低两位相连，要求 8255A 工作在方式 0，PA 口作为输入、PB 口作为输出、PC 口的 PC.5 置 "1"。请编程实现 8255A 的初始化。

7-10　在一个 AT89S51 应用系统中扩展一片 2764，地址范围 0000H～1FFFH（地址唯一）；一片 8155，地址范围：RAM：0400H～04FFH，I/O 端口：0500H～0505H。试画出系统电路图。

7-11　应用单片机的串行口扩展并行 I/O 端口时，应如何设置串行口？波特率是多少？

7-12　I^2C 总线起始信号、终止信号是如何定义的？数据传送的方向如何控制？

参 考 文 献

［1］　李鸿. 单片机原理及应用［M］. 湖南：湖南大学出版社，2004.

［2］　韩全立，王建明. 单片机控制技术及应用［M］. 北京：电子工业出版社，2004.

［3］　周平，伍云辉. 单片机应用技术［M］. 四川：电子科技大学出版社，2004.

［4］　胡伟，季晓衡. 单片机 C 程序设计及应用实例［M］. 北京：人民邮电出版社，2004.

［5］　朱定华. 微型计算机原理及应用［M］. 北京：电子工业大学出版社，2005.

［6］　何立民. MCS-51 系列单片机应用系统设计系统配置与接口技术［M］. 北京：北京航空航天大学出版社，2001.

第 8 章　51 系列单片机的接口技术

【内容提要】

单片机接口技术是实现单片机与外设之间相互匹配、高效、可靠地交换信息的重要技术。本章首先介绍键盘接口技术；其次介绍显示器（LED/LCD）接口技术；然后介绍 D/A 转换器、A/D 转换器和单片机接口技术；最后介绍开关量输入/输出接口技术。

【基本知识点与要求】

(1) 掌握独立式键盘、矩阵式键盘的工作原理和应用方法。

(2) 掌握 LED 的静态、动态显示硬件结构和软件编程。

(3) 了解字符型 LCD 的工作原理，能编写显示程序。

(4) 理解 D/A 转换器的工作原理，掌握 DAC0832 的使用方法。

(5) 掌握 ADC0809 与单片机的接口技术，并能够编写数据采集程序。

(6) 掌握开关量输入/输出接口技术。

【重点与难点】

本章重点是矩阵式键盘的工作原理和编程方法、LED 的动态显示编程方法、DAC0832 和 ADC0809 与单片机的接口方法和编程要点、开关量的接口技术；难点是矩阵式键盘的工作原理、LED 动态显示的工作原理、DAC0832 和 ADC0809 的工作原理。

8.1　键盘接口技术

为了控制计算机应用系统的运行状态，操作人员需要向系统输入一些数据和命令，因此必须设置由若干按键组成的键盘，这些按键包括数字键、功能键和组合控制键。计算机所用的键盘有全编码键盘和非编码键盘两种。全编码键盘由硬件逻辑电路识别并自动提供与被按键对应的编码。非编码键盘仅提供按键的开关状态，其他工作由相应的软件来完成。在单片机应用系统中多采用非编码键盘。

8.1.1　键盘工作原理

对于非编码键盘，当有键按下时，CPU 对键盘的操作应该及时发现并做出响应，具有实时性。为此，需要解决好按键开关状态的可靠输入、按键识别及编制键盘处理程序。

1. 按键输入原理

按键是一个简单的开关，是利用机械触点的闭合（按下）、断开（释放）动作实现的。将这两种动作状态转换为与之对应的低电平和高电平，单片机就可以通过识别电平的高、低，从而判断键的断开与闭合。在单片机应用系统中，一组键或者一个键盘通过接口电路与 CPU 相连接。CPU 可以采用查询方式或者中断方式来获取有无键按下的信息。若有键按下，需要进一步确认是哪一个键被按下，并将该键号送到累加器，然后通过单片机的散转指令转去执行该键的功能程序，程序执行完毕后返回到按键的查找状态。

2. 键盘输入接口与软件需要解决的问题

（1）键开关状态的可靠输入

由于机械触点的弹性作用，触点的闭合与断开瞬间均会出现电压抖动过程，抖动时间一般为

5～10ms，如图 8-1 所示。为了保证 CPU 对键的一次闭合仅作一次处理，必须去除抖动。去除抖动的方法有硬件和软件两种。

硬件电路去除抖动是通过在按键输出电路上加硬件电路来消除抖动，一般采用 RS 触发器或双稳态电路。一个基本的硬件去除抖动电路如图 8-2 所示。图 8-2 中由两个"与非"门组成一个 RS 触发器，经过 RS 触发器去除抖动后，其输出端就会产生规则的高、低电平。

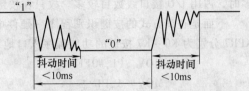

图 8-1　键闭合及断开时的电压抖动过程

软件去除抖动的方法是：当检测到有键按下时，软件延时 10ms 后，再确认该键是否保持按下状态。若是，则确认该键有效；否则，重新开始扫描键盘。这样，就可以消除抖动对按键确认的影响。

（2）按键识别及编制键盘处理程序

CPU 对于一组键或者一个键盘中单个键的识别都要通过 I/O 接口线以查询或中断方式来进行。根据键盘结构不同，采用的编码也不同，但最终都要转换成与累加器中数值相对应的键值，以实现按键功能程序的转移。在编写键盘处理程序时需要考虑下面几个问题：

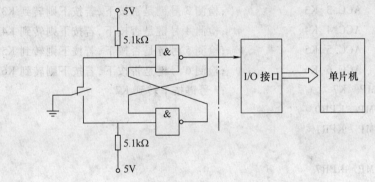

图 8-2　硬件去除抖动电路

1）监测有无键按下。

2）有键按下时，若无硬件去除抖动电路，则用软件延时方法去除抖动。

3）有可靠的逻辑处理方法，解决多键冲突问题。如采用双键锁定，只处理一个键，期间任何按下又松开的键不产生影响，不管一次按键持续多长时间，仅执行一次按键功能程序。

4）给出确定的键号以满足散转指令的要求。

8.1.2　独立式键盘接口技术

非编码键盘的结构形式一般有两种：独立式键盘和矩阵式（行列式）键盘。

独立式键盘电路是每个按键单独占有一根 I/O 接口引线。每根 I/O 接口线上的按键都不会影响其他的 I/O 接口线，独立式按键电路如图 8-3 所示。按键输入采用低电平有效，上拉电阻保证了按键断开时，I/O 接口线有确定的高电平。当 I/O 接口内部有上拉电阻时，外电路可以不接上拉电阻。这样，CPU 只要检测 I/O 接口线的电平高、低就可

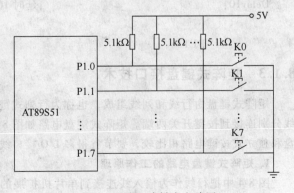

图 8-3　独立式键盘电路图

以很容易地判断出哪个按键被按下。独立式键盘电路配置灵活，软件识别简单，但在按键数量较多时，占用 I/O 接口线数目较多。故只在按键数量不多时采用这种按键电路。

下面是查询方式的按键识别程序（硬件电路见图 8-3），这里省略了软件延时部分，KPR0 ～ KPR7 分别为 K0 ～ K7 按键的功能程序入口地址。

```
        MOV    P1,#0FFH          ;置 P1 口为输入方式
        MOV    A,P1              ;读入键状态
        CPL    A
        JZ     KEYEND            ;无键按下则转返回
        ACALL Delay10            ;有键按下调用延时程序去除抖动
        MOV    A,P1              ;读入键状态
        CPL    A
        JZ     KEYEND            ;无键按下则为干扰处理,转返回
        JB     ACC.0,K0          ;检测 0 号键是否按下,若按下则转到 K0
        JB     ACC.1,K1          ;检测 1 号键是否按下,若按下则转到 K1
        JB     ACC.2,K2          ;检测 2 号键是否按下,若按下则转到 K2
        JB     ACC.3,K3          ;检测 3 号键是否按下,若按下则转到 K3
        JB     ACC.4,K4          ;检测 4 号键是否按下,若按下则转到 K4
        JB     ACC.5,K5          ;检测 5 号键是否按下,若按下则转到 K5
        JB     ACC.6,K6          ;检测 6 号键是否按下,若按下则转到 K6
        SJMP   K7                ;7 号键按下转到 K7
K0:     AJMP   KPR0
K1:     AJMP   KPR1
        …
K7:     AJMP   KPR7
KEY0:   …                       ;0 号键功能程序入口
        LJMP   KEYEND
KPR1:   …                       ;1 号键功能程序入口
        LJMP   KEYEND
        …
KPR7:   …                       ;7 号键功能程序入口
KEYEND: RET
Delay10:                        ;延时 10ms 子程序
        …
        RET
```

8.1.3　矩阵式键盘接口技术

矩阵式键盘由行线和列线组成，也称为行列式键盘。按键位于行、列的交叉点上，行线、列线分别连接到按键开关两端。矩阵式键盘电路如图 8-4 所示。在按键数量较多的场合，矩阵式键盘和独立式按键电路相比较，要节省很多 I/O 接口线。

1. 矩阵式键盘电路的工作原理

图 8-4 中把行线作为输入线连接到单片机扩展的 8255A 输入端口 PC0 ～ PC3，列线作为输出线连接到单片机扩展的 8255A 输出端口 PA0 ～ PA7。行线通过上拉电阻接 5V，若没有键按下时，

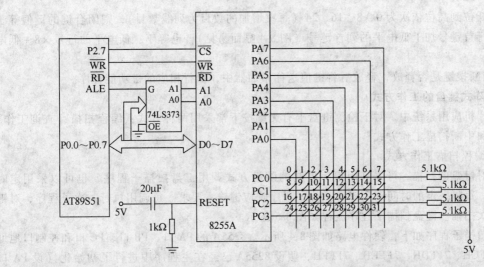

图 8-4　通过 8255A 芯片扩展的 4×8 矩阵式键盘电路图

行线就处在高电平状态；若有键按下，则对应行线和列线直接相连，行线的电平状态就取决于与此行线相连的列线电平状态。这样，在单片机的控制下，就可以判断究竟是哪一个键被按下。先令所有列线 PA0 ~ PA7 全输出低电平（"0"），读入行线的状态，如果所有行线的状态均为高电平（"1"），则键盘无键按下，否则，键盘中有键按下。当键盘中有键按下时，再逐行扫描。先令列线 PA0 输出低电平（"0"）、其余列线 PA1 ~ PA7 输出高电平，读入行线的状态。如果所有行线的状态均为高电平，则 PA0 这一列上没有闭合键。如果行线的状态不全为高电平，则要逐行判断哪一行为低电平，为低电平的行线和 PA0 相交叉处的按键就是闭合键；若 PA0 这一列上没有键闭合，则令列线 PA1 输出低电平、其余列线输出高电平。用同样的方法判断 PA1 这一列上是否有键闭合。依此类推，直到令列线 PA7 输出低电平、其余列线输出高电平，判断 PA7 这一列上是否有键闭合为止。这种逐列逐行地检查键盘按键状态的过程称为判断键盘是否有键按下的行扫描法。

具体过程如下：

1）判断键盘上有无键按下。令列线 PA0 ~ PA7 输出全为 "0"，读入行线 PC0 ~ PC3 的电平状态。若行线全为 "1"，则无键按下；若不全为 "1"，则有键按下。

2）去除键的抖动影响。当判断有键按下时，采用软件延时 10ms 后，再次判断是否有键按下。若仍然有键按下，则认为有一个确定的键按下，通过逐行扫描确定具体哪个键被按下。

3）求取按键值。根据上述的键盘扫描方法，应用下述的计算方法就可获得相应按键值。针对图 8-4，先确定行首键号和列首键号。列首键号按照从列的低位到高位依次为 0 ~ 7（最后的数字取决于列线的数目），行首键号按

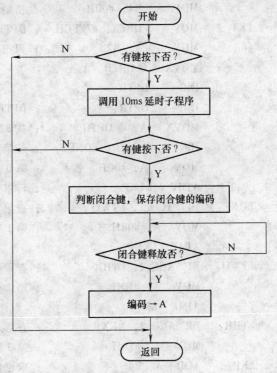

图 8-5　按键扫描子程序流程图

照从行的低位到高位依次为 0、8、16、24（每次增加的数目为列线数目），则闭合键的键值等于低电平的行首键号加上低电平的列首键号（图 8-4 显而易见），也等于：低电平的行号 × 8 + 低电平的列号。

4）判断按键是否释放，释放后将键值送往累加器中，执行相应的键功能程序。

2. 矩阵式键盘的工作方式

在单片机应用系统中，对于检测键盘上有无键按下常采用两种方式：编程扫描（查询工作）工作方式和中断扫描工作方式。

（1）编程扫描工作方式

CPU 对键盘的扫描，可以采用程序控制的随机方式调用键盘扫描子程序，也可以采用定时控制方式，每隔一定的时间调用键盘扫描子程序响应键输入要求。每调用执行一次子程序，对键盘进行一次扫描。键盘扫描子程序流程如图 8-5 所示。

键盘扫描子程序如下，硬件电路如图 8-4 所示。8255A 的 PA 口、PB 口、PC 口和控制口地址分别是 7FFCH、7FFDH、7FFEH、7FFFH，假设 8255A 已经在主程序中进行了初始化（设 PA 口方式 0 输出，PC 口的低 4 位方式 0 输入）。

```
KEY1:  ACALL  KS1          ; 调用判断有无键按下子程序
       JNZ    LK1          ; 有键按下时，(A)≠0 转消除抖动延时
       AJMP   KEND         ; 无键按下返回
LK1:   ACALL  TIM10ms      ; 调用 10ms 延时子程序
       ACALL  KS1
       JNZ    LK2          ; (A)≠0，有键按下、逐列扫描
       AJMP   KEND         ; 不是真有键按下，返回
LK2:   MOV    R2，#0FEH    ; 初始列扫描字（0 列）送入 R2
       MOV    R4，#00H     ; 初始列号 0 送入 R4
LK4:   MOV    DPTR，#7FFCH ; DPTR 指向 8255A 的 PA 口
       MOV    A，R2        ; 列扫描字送至 8255A 的 PA 口
       MOVX   @DPTR，A
       INC    DPTR
       INC    DPTR         ; DPTR 指向 8255A 的 PC 口
       MOVX   A，@DPTR     ; 从 8255A 的 PC 口读入行线状态
       JB     ACC.0，LONE  ; 若第 0 行无键按下，转查第 1 行
       MOV    A，#00H      ; 第 0 行有键按下，行首键号#00H 送入 A
       AJMP   LKP          ; 转求键值
LONE:  JB  ACC.1，LTWO     ; 查第 1 行无键按下，转查第 2 行
       MOV  A，#08H        ; 第 1 行有键按下，行首键号#08H 送入 A
       AJMP  LKP
LTWO:  JB  ACC.2，LTHR     ; 查第 2 行无键按下，转查第 3 行
       MOV  A，#10H        ; 第 2 行有键按下，行首键号#10H 送入 A
       AJMP  LKP
LTHR:  JB  ACC.3，NEXT     ; 查第 3 行无键按下，转查下一列
       MOV  A，#18H        ; 第 3 行有键按下，行首键号#18H 送入 A
LKP:   ADD  A，R4          ; 求键值，键值 = 行首键号 + 列号
       PUSH  ACC          ; 键值入栈保护
```

```
LK3:      ACALL KS1              ; 等待键释放
          JNZ   LK3              ; 键未释放，等待
          POP   ACC
          RET
NEXT:     INC   R4               ; 准备扫描下一列，列号加1
          MOV   A，R2            ; 取列扫描字送累加器A
          JNB   ACC.7，KEND      ; 判断8列扫描完否？扫描完返回
          RL    A                ; 扫描字左移一位，变为下一列扫描字
          MOV   R2，A
          AJMP LK4
KEND:     RET
KS1:      MOV   DPTR，#7FFCH     ; DPTR指向8255A的PA口
          MOV   A，#00H
          MOVX  @DPTR，A         ; 全扫描字送往8255A的PA口
          INC   DPTR
          INC   DPTR
          MOVX  A，@DPTR         ; 读入PC口行状态
          CPL   A                ; 变正逻辑，以高电平表示有键按下
          ANL   A，#0FH
          RET
TIM10ms:  MOV   R7，#14H         ; 延时10ms(12MHz)
TM:       MOV   R6，#0F8H
TM6:      DJNZ  R6，TM6
          NOP
          DJNZ  R7，TM
          RET
```

（2）中断扫描方式

在计算机应用系统中，很多情况下并没有键输入，但在程序控制扫描方式不论有没有键按下，CPU 都要定时或不定时地对键盘进行扫描，从而占用 CPU 的大量时间。为了提高效率，可以采用中断扫描方式。中断扫描方式通过在初始化命令所有列线的输出全为 0，将所有行线经过"与门"后连接到单片机的外部中断输入端来实现。这样，当没有键按下时无中断请求，有键按下时，便向 CPU 发出中断请求。CPU 响应后就执行中断服务程序，在中断服务程序中对键盘进行扫描。这样就保证了在没有键按下时，CPU 就不会执行扫描程序，提高了 CPU 的工作效率。中断扫描方式需要编写中断服务程序，在中断服务程序中对键盘进行扫描、处理过程与查询扫描方式中的键盘扫描子程序相同。

8.2 显示器接口技术

为了便于人们观察和监视单片机应用系统的运行情况，需要一种显示器作为单片机应用系统的输出设备，显示单片机应用系统的键输入值、中间信息及运算结果和运行状态等。在单片机应用系统中，最常用的显示器有两种：由发光二极管（Light Emitting Diode，LED）组成的数码管显示器。简称 LED 显示器和液晶显示器（Liquid Crystal Display，LCD）。

8.2.1　LED 显示器的结构与原理

1. LED 显示器的结构

LED 显示器是由发光二极管按一定的结构组合起来的显示器件。在单片机应用系统中最常用的是 8 段 LED 显示器。7 段发光二极管排成"8"字形的 7 个段，另一段构成小数点，各段标记如图 8-6a 所示。8 段 LED 显示器的连接方法有共阳极（所有发光二极管的阳极连接在一起作为公共端，阴极分别引出）和共阴极（所有发光二极管的阴极连接在一起作为公共端，阳极分别引出）两种，如图 8-6b、c 所示。其中的公共端也称为位选线。对于共阴极接法，公共端接地，在阳极加高电平则点亮 LED，加低电平则 LED 不亮。对共阳极接法，公共端 5V；若阴极接低电平，则点亮 LED。若阴极接高电平，则 LED 不亮。当 LED 导通时，相应的段点亮，组合不同的点亮段，就可以显示数字 0～9、字母 A～F 及小数点等。LED 的正向压降一般为 1.5～2V，额定电流为 10mA，最大电流为 40mA。

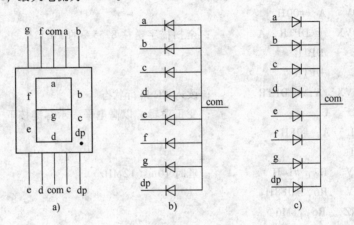

图 8-6　8 段 LED 显示器结构

a）引脚配置　b）共阳极　c）共阴极

2. LED 显示器的编码

由 LED 显示原理可知，要显示不同的数字和字母，只要把不同的电平送往不同的 LED 将其点亮即可。这些用来控制 LED 显示器的不同电平组合所构成的代码称为相应字符的字段码（也称为字形码或段选码）。由图 8-6a 可知，LED 字段标记为 a～g 及 dp，8 段正好一个字节。若将 a～g 及 dp 的驱动电平在一个字节中按照从低位到高位的顺序排列（见表 8-1），则可得到表 8-2 的字段码。其中共阴极接法和共阳极接法的字形码互为反码。

表 8-1　字段码与 LED 字段

字段码	D7	D6	D5	D4	D3	D2	D1	D0
LED 字段	dg	g	f	e	d	c	b	a

表 8-2　字段码与显示字符的关系

显示字符	共阴极字段码	共阳极字段码	显示字符	共阴极字段码	共阳极字段码
0	3FH	0C0H	5	6DH	92H
1	06H	0F9H	6	7DH	82H
2	5BH	0A4H	7	07H	0F8H
3	4FH	0B0H	8	7FH	80H
4	66H	99H	9	6FH	90H

（续）

显示字符	共阴极字段码	共阳极字段码	显示字符	共阴极字段码	共阳极字段码
A	77H	88H	U	3EH	0C1H
B	7CH	83H	T	31H	0CEH
C	39H	0C6H	Y	6EH	91H
D	5EH	0A1H	L	38H	0C7H
E	79H	86H	8.	0FFH	00H
F	71H	8EH	"灭"	00H	0FFH
P	73H	8CH	—	—	—

3. LED 显示器的控制方式

用一个 LED 显示块，可以显示一位数字或字母。在单片机应用系统中，经常会用 LED 显示块构成多位 LED 显示器。N 位 LED 显示器有 N 根位选线、$8 \times N$ 根段选线。段选线提供段选码，由它控制要显示的字符，而位选线则控制要在哪一位上显示该字符。

显示控制方式不同，位选线和段选线的连接方法不同。通常有两种显示控制方式，即静态显示方式和动态显示方式。

8.2.2　静态显示接口技术

1. 静态显示方式

静态显示是指显示器显示某一字符时，相应段的 LED 恒定地导通或截止，且显示器的各位能够同时显示。在静态显示方式下，LED 显示器由接口芯片直接驱动，采用较小的驱动电流就可以得到较高的亮度。LED 显示器与 I/O 端口的连接方法为，共阴极或共阳极连接在一起接地或接 5V；每一位的段选线（a～dp）分别与一个 8 位并行输出端口（必须具有锁存功能）的每一位相连。如图 8-7 所示是一个 3 位显示器静态连接电路图。由于每一位由一个 8 位并行输出端口控制段选码，因此，同一时间各位能够同时显示相同或者不同的字符。

N 位数码管显示器静态显示时有 $8 \times N$ 根段选线，需要占用 N 个 8 位并行输出端口。当显示位数较少时，采用静态显示方式是比较合适的。当显示位数较多时，应该采用动态显示方式。

静态显示的特点：显示亮度大、稳定，软件结构简单。

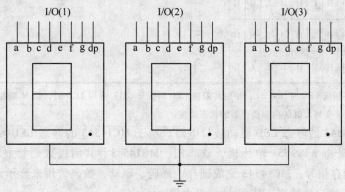

图 8-7　3 位 LED 显示器静态连接电路图

在实际应用中，当单片机没有使用串行通信功能时，静态显示方式中 CPU 输出字形码可以采用并行输出，或者利用串行接口工作在移位寄存器方式下串行输出。采用串行输出可以节省单片机的资源。

2. 静态显示接口

（1）基于 MC14543 的静态 LED 驱动接口电路

1）MC14543 引脚功能。MC14543 为 4 线 7 段译码/驱动电路，具有 4 位二进制锁存、BCD7 段译码和驱动功能，图 8-8 为 MC14543 的引脚图，各引脚功能如下：

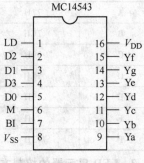

图 8-8　MC14543 引脚图

- M：输入引脚，用来控制输出状态的正反向。
- BI：输入引脚，用来消隐显示。
- LD：输入引脚，用来锁存 BCD 码。
- D0 ~ D3：显示数据输入引脚（BCD 码）。
- Ya ~ Yg：BCD7 段码的译码/驱动输出引脚。
- V_{DD} 接电源，V_{ss} 接地。

液晶显示时，应在液晶的公共电极和电路的 M 引脚施加方波脉冲，电路的输出引脚直接连接到液晶的各笔画段。表 8-3 是 4 线 7 段译码/驱动器的逻辑真值表。

表 8-3　MC14543 的逻辑真值表

LD	BI	M	D3	D2	D1	D0	Ya	Yb	Yc	Yd	Ye	Yf	Yg	显示	LD	BI	M	D3	D2	D1	D0	Ya	Yb	Yc	Yd	Ye	Yf	Yg	显示
×	H	*	×	×	×	×	L	L	L	L	L	L	L		H	L	*	H	L	L	L	H	H	H	H	H	H	H	8
H	L	*	L	L	L	L	H	H	H	H	H	H	L	0	H	L	*	H	L	L	H	H	H	H	H	L	H	H	9
H	L	*	L	L	L	H	L	H	H	L	L	L	L	1	H	L	*	H	L	H	L	L	L	L	L	L	L	L	
H	L	*	L	L	H	L	H	H	L	H	H	L	H	2	H	L	*	H	L	H	H	L	L	L	L	L	L	L	
H	L	*	L	L	H	H	H	H	H	H	L	L	H	3	H	L	*	H	H	L	L	L	L	L	L	L	L	L	
H	L	*	L	H	L	L	L	H	H	L	L	H	H	4	H	L	*	H	H	L	H	L	L	L	L	L	L	L	
H	L	*	L	H	L	H	H	L	H	H	L	H	H	5	H	L	*	H	H	H	L	L	L	L	L	L	L	L	
H	L	*	L	H	H	L	H	L	H	H	H	H	H	6	L	L	*	×	×	×	×	**	**	**	**	**	**	**	
H	L	*	L	H	H	H	H	H	L	L	L	L	L	7															

注：* 表示使用共阴极 LED 时，M = L；使用共阳极 LED 时，M = H；使用 LCD 时，从 M 端加脉冲。* * 表示输出状态由 LD 从 H 变到 L 时的内部锁存器的状态决定。

2）基于 MC14543 的静态 LED 驱动接口电路。基于 MC14543 的静态 LED 驱动接口电路如图 8-9 所示。该电路是由 AT89S51 单片机、或非门、MC14543、共阴极数码管显示器组成。其中，或非门用来产生锁存信号，MC14543 完成锁存、译码、驱动，数码管用来显示。

（2）基于串行接口的静态 LED 驱动接口电路

基于串行接口的静态 LED 数码管驱动电路如图 8-10 所示。3 个 LED 显示器采用共阳极连接，串行输入并行输出的转换器采用 74LS164，这里 P1.0 作为串行输出选择信号（只有 P1.0 为高时，串行移位同步信号 TXD 才能输出），清 "0" 输入端（CLEAR）低电平有效。显示 AT89S51 片内 RAM 中以 30H 为首地址的子程序如下：

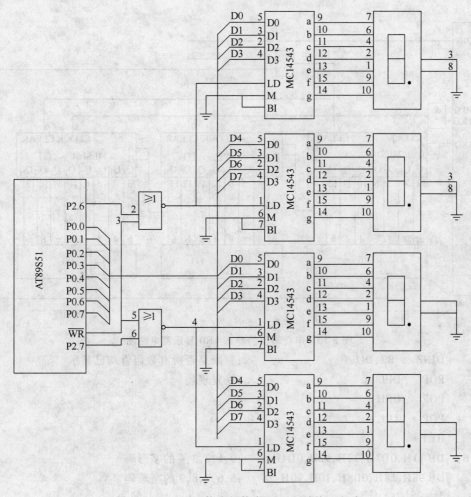

图 8-9　MC14543 构成的静态 LED 驱动接口电路

DIR：	PUSH ACC	;保护现场
	PUSH DPH	
	PUSH DPL	
	MOV SCON,#0	
	CLR　P1.1	;74LS164 清"0"
	MOV　R2,#03H	;显示 3 个数
	MOV　R0,#30H	;显示缓冲区地址送入 R0
	SETB P1.1	;为显示器正常显示准备
	SETB P1.0	;选通 TXD 同步移位时钟
DL0：	MOV A,@R0	;取要显示的数作为查表偏移量
	MOV　DPTR,#TAB	;DPTR 指向字形码表首地址
	MOVC A,@A+DPTR	;查表得字形码
	MOV　SBUF,A	;由串行接口发送字形码
DL1：	JNB　TI,DL1	;等待一帧数据发送完
	CLR　TI	;清标志,准备继续发送
	INC　R0	;更新显示单元

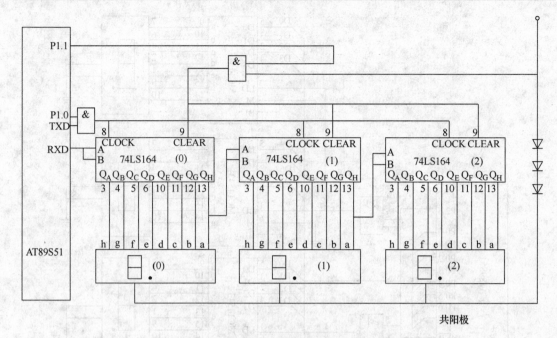

图 8-10　串行输出的静态 LED 显示器电路图

DJNZ	R2,DL0	;判断是否所有数码管均已显示
POP	DPL	;恢复现场
POP	DPH	
POP	ACC	
RET		
TAB:	DB 11H,0D7H,32H,92H,0D4H	;0,1,2,3,4 的字形码
	DB 98H,18H,0D8H,10H,90H	;5,6,7,8,9 的字形码

8.2.3　动态显示接口技术

1. 动态显示方式

动态显示是采用扫描的方法把多位 LED 显示器一位位地轮流点亮。或者说，每隔一段时间 LED 显示器的每一位被点亮一次。这样，虽然在同一时间只有一位显示器被点亮，但是由于人眼的视觉暂留效应（通常人眼的视觉暂留时间为 0.1s）和 LED 熄灭后的余晖作用，获得的效果是多位字符"同时"显示。LED 显示器的显示亮度既与导通电流相关，也与点亮的持续时间和间隔时间的比例相关。

在动态显示方式下，为了简化电路、降低成本，多位 LED 显示器的段选线并联在一起，然后与一个 8 位并行输出端口（必须具有锁存功能）的每一位相连接，即所有 LED 显示器的段选码均由该端口控制，从而形成段选线的多路复用。而各位 LED 显示器的共阴极点或共阳极点分别与另外一个并行输出端口（必须具有锁存功能）的每一位相连接，实现各位分时选通，也称位控。在某一段时间内，8 位并行输出端口输出段选码，位控端口输出位选通信号，以保证某一位 LED 显示器显示相应的字符。如此轮流，使每一位 LED 显示器显示该位要显示的字符，并延时 1~2ms，就可获得视觉稳定的显示效果。这就是动态显示的工作原理。N 位 LED 显示器动态显示时有 8 根段选线，需要占用 1 个 8 位并行输出端口，还需要 1 个 N 位控制口。

图 8-11 是 3 位 LED 显示器动态显示连接电路，3 个数码管的段选线并接在一起通过 I/O（1）控制，每个数码管的公共端与一根 I/O 接口线连接，通过 I/O（2）控制。

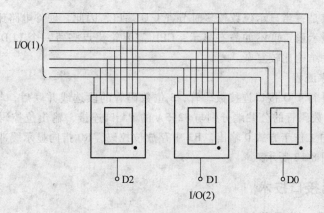

I/O(1)

○ D2　○ D1　○ D0

I/O(2)

图 8-11　LED 显示器动态显示连接电路

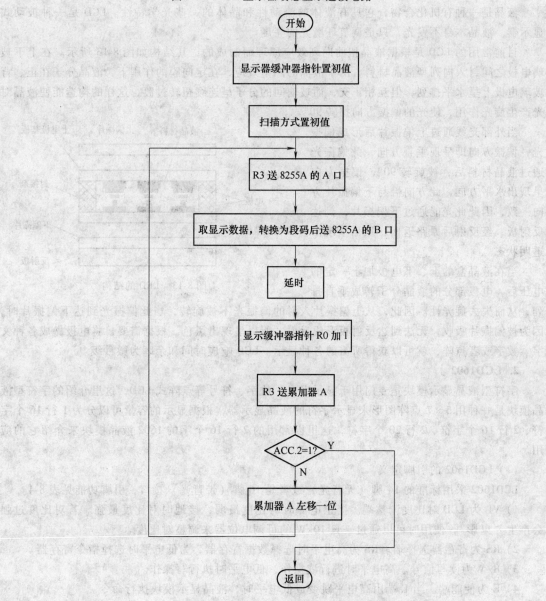

开始

↓

显示器缓冲器指针置初值

↓

扫描方式置初值

↓

R3 送 8255A 的 A 口

↓

取显示数据，转换为段码后送 8255A 的 B 口

↓

延时

↓

显示缓冲器指针 R0 加 1

↓

R3 送累加器 A

↓

ACC.2=1? —Y→

↓N

累加器 A 左移一位

↓

返回

图 8-12　动态显示的子程序流程图

动态显示的特点是：当显示位数较多时节省 I/O 端口，因此，硬件电路比较简单；但是和静态显示比较而言，显示稳定度不如静态显示，CPU 需要轮流点亮每一个 LED 显示器，占用 CPU 较多的时间，且软件结构比较复杂。

2. 动态显示程序流程

用 8255A 扩展并行 I/O 接口连接数码管，3 位数码管的段选线并联后，与 8255A 的 PB 口相连输出段选码；3 位数码管的公共端分别与 8255A 的 PA 口连接，输出位控码选择要显示的数码管。PA 口和 PB 口均工作于方式 0 输出。R3 中存放位控码，R0 指向显示缓冲区首地址。动态显示的子程序流程如图 8-12 所示。

8.2.4　液晶显示接口技术

1. LCD 的结构和工作原理

液晶是一种有机化合物，它具有液体的流动性和晶体的一些光学特性。LCD 是一种被动式显示器。液晶本身不发光，只是调节环境光的亮度。

目前常用的 LCD 是根据液晶扭曲向列效应原理而制成的，其结构如图 8-13 所示。在上下玻璃电极之间封入向列型液晶材料，由于液晶的四壁效应，在定向膜的作用下，液晶分子在正、背玻璃电极上呈水平排列，但互相正交，而玻璃间的分子呈连续扭转过渡，这样的构造能使液晶对光产生旋光作用，使光的偏振方向扭转 90°。

当外部光线通过上偏振片后形成偏振光，偏振方向即呈现垂直方向，此偏振光通过液晶材料后，被旋转 90°，偏振方向呈现出水平方向，此方向恰与下偏振片方向一致，因此此光能通过下偏振片，到达反射板，经反射后原路返回，从而呈现出透明状态。

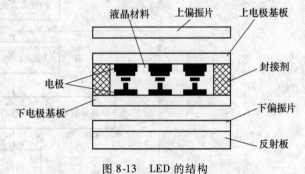

图 8-13　LED 的结构

当在液晶盒的上、下电极加上一定的电压后，电极部分的液晶分子转成垂直排列，从而失去旋光性。因此，从上偏振片入射的偏振光不被旋转，当此偏振光到达下偏振片时，因为被偏振片吸收，无法到达反射板形成反射，所以呈现出黑色。根据需要，将电极做成各种文字、数字或者点阵，就可以获得所需的各种显示。LCD 响应时间和余晖为微秒级。

2. LCD1602

字符型液晶显示模块是专门用于显示字母、数字、符号等点阵式 LCD，这里介绍的字符型液晶模块是一种用 5×7 点阵图形来显示字符的液晶显示器，根据显示的容量可以分为 1 行 16 个字符、2 行 16 个字符、2 行 20 个字符，这里以常用的 2 行 16 个字的 1602 液晶模块来介绍它的应用。

（1）LCD1602 的引脚定义

LCD1602 采用标准的 14 脚（无背光）或者是 16 脚（带背光）接口，引脚功能见表 8-4。

1）VL 为 LCD 对比度调整端。接正电源时对比度最弱，接地时对比度最强。若对比度过强会产生"鬼影"，使用时可以通过一只 10kW 的可调电位器来调整对比度。

2）RS 为寄存器选择端。RS 为高电平时选择数据寄存器，为低电平时选择指令寄存器。

3）R/$\overline{W}$ 为读写信号。高电平时进行读操作，低电平时执行写操作。

4）E 为使能端。当 E 端由高电平跳变成低电平时，液晶显示模块执行命令。

5）D0 ~ D7 为双向数据线。

表 8-4　LCD1602 的引脚功能

编　号	符　号	引脚说明	编　号	符　号	引脚说明
1	V_{SS}	电源地	9	D2	数据
2	V_{DD}	电源正极	10	D3	数据
3	VL	对比度调整端	11	D4	数据
4	RS	寄存器选择端	12	D5	数据
5	R/$\overline{W}$	读/写信号	13	D6	数据
6	E	使能端	14	D7	数据
7	D0	数据	15	BLA	背光源正极
8	D1	数据	16	BLK	背光源负极

（2）LCD1602 的命令说明

LCD1602 液晶显示模块内部的控制器有 11 条控制指令，见表 8-5。LCD1602 液晶显示模块的读/写操作、屏幕和光标的操作是通过指令编程来实现的。

表 8-5　LCD1602 液晶显示模块内部控制器的 11 条控制指令

序号	指　令	RS	R/W	D7	D6	D5	D4	D3	D2	D1	D0
1	清显示	0	0	0	0	0	0	0	0	0	1
2	光标返回	0	0	0	0	0	0	0	0	1	*
3	置输入模式	0	0	0	0	0	0	0	1	I/D	S
4	显示开/关控制	0	0	0	0	0	0	1	D	C	B
5	光标或字符移动	0	0	0	0	0	1	S/C	R/L	*	*
6	功能设置命令	0	0	0	0	1	DL	N	F	*	*
7	置字符存储器地址	0	0	0	1	字符发生器存储地址（AGC）					
8	置数据存储器地址	0	0	1	显示数据存储器地址（ADD）						
9	读状态标志或光标地址	0	1	BF	计数器地址（AC）						
10	写数据到 CGRAM 或 DDRAM	1	0	要写的数据内容							
11	从 CGROM 或 DDRAM 读数据	1	1	读出的数据内容							

注：* 表示无关项；BF=1/0，内部操作正在进行/允许指令操作。

指令的功能及指令表中 D0 ~ D7 位所使用字符说明如下：

1）指令 1：清显示，光标复位到地址 00H 位置。

2）指令 2：光标返回，光标返回到地址 00H。

3）指令 3：读/写方式下的光标和显示模式设置命令。

● I/D 表示地址计数器的变化情况，即光标的移动方向。I/D = 1 表示计数器地址自动加 1，光标右移一字符位置；I/D = 0 表示计数器地址自动减 1，光标左移一字符位置。

● S 表示显示屏上画面向左或者向右全部移动一个字符位。S = 0 表示无效；S = 1 表示有效。

● S = 1，I/D = 1：显示画面左移；S = 1，I/D = 0：显示画面右移。

4）指令 4：显示开/关控制，控制显示、光标和光标闪烁的开关。

● D：当 D = 0 时显示关闭，DDRAM 中数据保持不变。

● C：当 C = 1 时显示光标。

● B：当 B = 1 时光标闪烁。

5）指令 5：光标或字符移动。DDRAM 中内容不改变。

- S/C = 1 时，移动显示；S/C = 0 时，移动光标。
- R/L = 1 时，为右移；R/L = 0 时，为左移。

6）指令 6：功能设置命令。

- DL = 1 时：内部数据总线为 4 位宽度 DB7 ~ DB4；DL = 0 时，内部总线为 8 位宽度。
- N = 0 时，单行显示；N = 1 时，双行显示。
- F = 0 时，为显示字形 5 × 7 点阵；F = 1 时，为显示字形 5 × 10 点阵。

7）指令 7：字符发生器 RAM 地址设置。

8）指令 8：DDRAM 地址设置。GROM（字符发生存储器）、CGRAM（用户自定义字符图形 RAM，包含在 CGROM 中）、DDRAM（显示数据 RAM）。

9）指令 9：读状态标志和光标地址。BF：忙标志位。BF = 1 表示忙，此时模块不能接收命令或数据；BF = 0 表示不忙。

10）指令 10：写数据。

11）指令 11：读数据。

（3）LCD1602 的 RAM 地址与标准字库表

由于液晶显示模块是慢显示器件，所以在执行每条指令之前必须要确定模块的忙标志是否为低电平（即不忙），否则该指令失效。显示字符时，要先输入显示字符地址，也就是告诉模块在哪里显示字符，LCD1602 的内部显示地址见表 8-6。

表 8-6　LCD1602 内部显示地址

位置	1	2	3	4	5	6	7	8	9	10	11	12	13	14	15	16
第一行	00	01	02	03	04	05	06	07	08	09	0A	0B	0C	0D	0E	0F
第二行	40	41	42	43	44	45	46	47	48	49	4A	4B	4C	4D	4E	4F

表 8-6 中第二行第一个字符的地址是 40H，那么是否直接写入 40H 就可以将光标定位在第二行第一个字符的位置呢？这是不行的，因写入显示地址要求最高位 D7 = 1（根据表 8-5 的指令 8），所以这时实际写入的数据位是 01000000B（40H）+ 10000000（80H）= 11000000（0C0H）。

（4）LCD1602 的初始化方法

对液晶显示模块进行初始化时，应先设置显示模式，在液晶模块显示字符时光标是自动右移的，无需人工干预。每次输入指令之前，都要判断液晶显示模块是否处于忙状态。LCD1602 液晶显示模块内部的字符发生器中已经存储了 160 个点阵字符图形，每个字符都有一个固定的代码。

LCD1602 液晶显示模块初始化过程如下：

1）写指令 38H：显示模式设置为 2 行，5 × 7 字符。

2）延时 15ms。

3）写指令 06H，置输入模式为地址增量，显示屏不移动。

4）延时 15ms。

5）写指令 0FH：显示开，显示光标，光标闪烁。

6）延时 15ms。

7）写指令 01H：显示清屏。

（5）LCD1602 和单片机的接口电路

LCD1602 显示模块可以和单片机 AT89S51 直接相连，连接电路如图 8-14 所示。若在 LCD 的第一行显示 "AT89S51"，第二行显示 www.jstu.edu，相应的程序如下：

```
E          BIT        P2.2
RW         BIT        P2.1
```

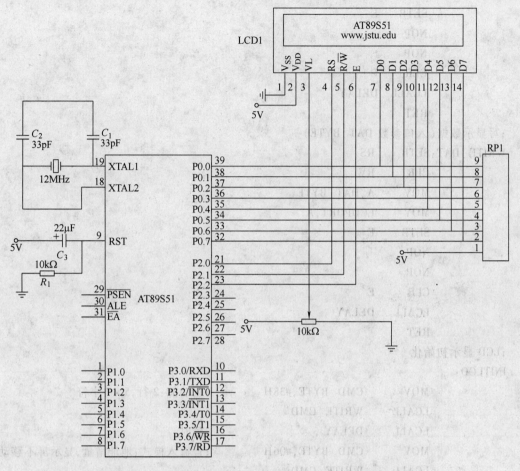

图 8-14　LCD1602 显示模块和单片机 AT89S51 连接的电路图

```
        RS          BIT        P2.0
        LCDPORT     EQU        P0
        CMD_BYTE    EQU        30H
        DAT_BYTE    EQU        31H
        ORG                    0000H
        AJMP        MAIN
        ORG                    0050H
MAIN:   MOV         SP,#60H
        LCALL       INITLCD
        LCALL       DISPMSG1
        LCALL       DISPMSG2
        SJMP        $
;LCD1602 要用到的一些子程序
;写命令(入口参数 CMD_BYTE)
WRITE_CMD:CLR       RS
        CLR         RW
        MOV         A,CMD_BYTE
        MOV         LCDPORT,A
```

```
                SETB       E
                NOP
                NOP
                CLR        E
                LCALL      DELAY
                RET
;写显示数据(入口参数 DAT_BYTE)
WRITE_DAT:SETB         RS
                CLR        RW
                MOV        A,DAT_BYTE
                MOV        LCDPORT,A
                SETB       E
                NOP
                NOP
                CLR        E
                LCALL      DELAY
                RET
;LCD 显示初始化
INITLCD:
                MOV        CMD_BYTE,#38H        ;置功能:2 行,5×7 字符
                LCALL      WRITE_CMD
                LCALL      DELAY                ;延时
                MOV        CMD_BYTE,#06H        ;置输入模式:地址增量,显示屏不移动
                LCALL      WRITE_CMD
                LCALL      DELAY                ;延时
                MOV        CMD_BYTE,#0FH        ;显示开,显示光标,光标闪烁
                LCALL      WRITE_CMD
                LCALL      DELAY                ;延时
                MOV        CMD_BYTE,#01H        ;清显示
                LCALL      WRITE_CMD
                LCALL      DELAY                ;延时
                RET
DISPMSG1:       MOV CMD_BYTE,#80H
                LCALL      WRITE_CMD
                MOV        R7,#07H
                MOV        R6,#00H
                MOV        DPTR,#TAB1
DISPMSG1_1:MOV A,R6
                MOVC       A,@ A+DPTR
                MOV        DAT_BYTE,A
                LCALL      WRITE_DAT
                INC        R6
```

```
                DJNZ        R7,DISPMSG1_1
                RET
DISPMSG2：      MOV CMD_BYTE,#0C0H
                LCALL       WRITE_CMD
                MOV         R7,#0CH
                MOV         R6,#00H
                MOV         DPTR,#TAB2
DISPMSG2_1：MOV A,R6
                MOVC        A,@ A + DPTR
                MOV         DAT_BYTE,A
                LCALL       WRITE_DAT
                INC         R6
                DJNZ        R7,DISPMSG2_1
                RET
;延时子程序
DELAY：         MOV         R5,#0A0H
DELAY1：        NOP
                DJNZ        R5,DELAY1
                RET
                ORG 0200H
;要显示的内容
                TAB1：DB"AT89S51"
                TAB2：DB "www. jstu. edu"
                END
```

3. LCD 的特点

1）功耗小。同样的显示面积，其功耗比 LED 小几百倍，特别适宜与低功耗的 CMOS 电路匹配，用于各种便携式仪器仪表、微型计算机的终端显示。

2）可在明亮环境下使用，在黑暗环境中不能使用，需采用辅助光源。

3）尺寸小，外形薄，使用方便。

4）响应时间和余晖时间长，响应速度较慢，为毫秒级。

5）使用寿命较长。

6）工作温度范围较窄，为 -5 ~ 70℃。

7）显示内容丰富，可显示字符、汉字、图形。

8）有液晶字符、液晶点阵字符、液晶点阵图形等多种产品。

4. 设计显示程序应注意的问题

（1）灭零处理

在显示的时候，应将高位的零熄灭，如 00345 应显示成 345，这样可以减少阅读误差，符合阅读习惯。处理规则：整数部分从高位到低位的连续零均不显示，从遇到的第一个非零数值开始均要显示；小数部分个位的零和小数部分均要显示。

（2）闪烁处理

在显示过程中，有时为了提醒操作者注意，可对显示进行闪烁处理。进行闪烁处理的基本方法：一段时间正常显示，一段时间熄灭显示，互相交替产生闪烁效果。一般每秒闪烁 1 ~ 4 次。

闪烁方式有两种：

1）全闪：即整个内容进行闪烁，多用于异常状态的提示，如参数超范围，提醒操作者进行及时处理，以免引起更大的异常情况。

2）单字闪烁：多用于定位提示，如采用按键来调整一个多位数字参数时，可用单字闪烁的方法来指示当前被调整的数字位置。

8.3　键盘和显示器组合接口技术

在微型计算机应用系统中，键盘和显示器作为最基本的人机交互接口必不可少。对键盘和显示器接口设计来说，应该从整体上考虑系统的功能和特点，将显示器和键盘做在一起，构成实用的键盘、显示器组合接口电路。这样可以节省硬件资源，使用结构紧凑。对单片机而言，既可以通过并行接口实现，也可以通过串行接口实现。

8.3.1　键盘及动态显示接口电路

图 8-15 是单片机通过并行接口芯片 8155 实现的键盘和显示器组合接口电路。LED 显示器采用共阴极接法，系统工作频率选用 12MHz。

8155 芯片内的 RAM 地址为：7E00H ~ 7EFFH，I/O 端口地址为：7F00H ~ 7F05H。8155 的 PA 口为输出口、地址为 7F01H，与键盘的列线相连，同时又是 6 位显示器的位控口。PB 口地址为 7F02H、输出显示器的段选码并经过 74LS07 同相驱动。PC 口和键盘的行线相连，读入键盘的行线状态。图中 75452 为调整。

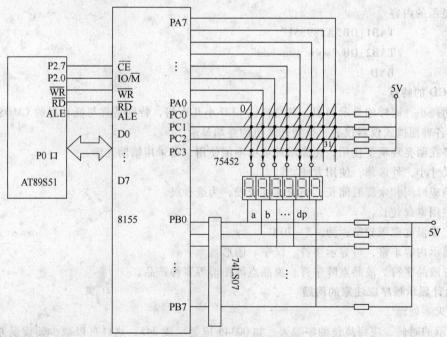

图 8-15　键盘和显示器接口电路

1. 键盘扫描程序设计

键盘扫描程序和 8.1.3 节中矩阵式键盘扫描程序完全相同，不同的是采用显示子程序代替原来的延时子程序，无键按下时也须调用显示子程序。另外，它们的接口地址不同。程序流程参考图 8-5 所示。

2. 动态显示程序设计

对图 8-15 的 6 位显示器，在 AT89S51 的内部设置了 6 个显示缓冲单元 69H ~ 6EH，分别存放显示器的 6 位数据。8155 的 PA 口扫描输出总是只有一位为高电平，即显示器的 6 位中仅有一位公共阴极为低电平，其他为高电平；8155 的 PB 口输出相应位（阴极为低电平）的显示数据的段选码使某一位显示出一个字符，其他位为暗。依次改变 PA 口的输出为高电平的位，PB 口输出相应的段选码，显示器的 6 位就显示出由缓冲器中显示数据所定的字符。程序流程图和 8.2.3 节中动态显示程序流程图完全相同（见图 8-12），这里给出显示参考程序如下（设单片机主频为12MHz）：

```
DISPLAY: MOV    R0,#69H              ;R0 指向缓冲区首址
         MOV    R3,#01H              ;位控码送 R3 保存
         MOV    A,R3
LD0:     MOV    DPTR,#7F01H          ;扫描模式送 8155 的 PA 口
         MOVX   @DPTR,A
         INC    DPTR
         MOV    A,@R0                ;取显示数据
         ADD    A,#0DH               ;加偏移量
         MOVC   A,@A+PC              ;查表取段选码
DIR1:    MOVX   @DPTR,A              ;段选码送 8155 的 PB 口
         ACALL  DL1                  ;延时 1ms
         INC    R0
         MOV    A,R3
         JB     ACC.5,LD1
         RL     A
         MOV    R3,A
         AJMP   LD0
LD1:     RET
DSEG:    DB 3FH,06H,5BH,4FH,66H,6DH  ;段选码数据表
DSEG1:   DB 7DH,07H,7FH,6FH,77H,7CH
DSEG2:   DB 39H,5EH,79H,71H,73H,3EH
DSEG3:   DB 31H,6EH,1CH,23H,40H,03H
DSEG4:   DB 18H,00,00,00
DL1:     MOV    R7,#02H              ;延时 1ms
DL:      MOV    R6,#0F8H
DL6:     DJNZ   R6,DL6
         DJNZ                R7,DL
         RET
```

8.3.2 键盘及静态显示接口电路

采用串行接口工作在模式 0 移位寄存器输出方式，在串行接口外接移位寄存器 74LS164，构成键盘和显示器组合接口电路。其硬件接口电路如图 8-16 所示。图中和显示器相连的 8 个74LS164 作为 8 位八段 LED 显示器的静态显示接口，上面的 1 个 74LS164 作为键盘扫描输出口，即键盘的列线。AT89S51 的 P3.4 和键盘的行线相连，读入键盘行线状态，P3.3 作为同步脉冲输

出控制线。这种静态显示方式显示器亮度大，能做到显示不闪烁，CPU不必频繁地为显示服务，主程序可不必扫描显示器，软件设计比较简单，从而使单片机有更多的时间处理其他事务。这里给出了显示子程序和键盘扫描子程序。

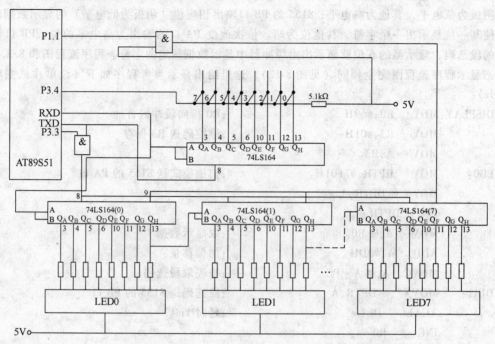

图 8-16　采用串行接口构成键盘和显示器组合接口电路

显示子程序：

```
DIR:    SETB   P3.3              ;开放显示输出
        SETB   P1.1
        MOV    R7,#08H
        MOV    R0,#7FH           ;7FH~78H 为显示缓冲区
DL0:    MOV    A,@R0             ;取出要显示的数据
        ADD    A,#0DH            ;加偏移量
        MOVC   A,@A+PC           ;查表取段选码数据
        MOV    SBUF,A            ;送出显示
DL1:    JNB    T1,DL1            ;发送完,清中断标志
        CLR    TI
        DEC    R0                ;修改指针,指向下一个段选码
        DJNZ   R7,DL0
        CLR    P3.3
        RET
SEGTAB: DB 0C0H,0F9H,0A4H,0B0H   ;段选码数据表
        DB 99H,92H,82H,0F8H
        DB 80H,90H,88H,83H
        DB 0C6H,0A1H,86H,8EH,
```

键盘扫描子程序：

KEY:	MOV	A,#00H	
	MOV	SBUF,A	;使扫描键盘的 74LS164 输出全为"0"
KL0:	JNB	TI,KL0	;判断串行口数据是否发送完
	CLR	TI	
KL1:	JNB	P3.4,PK1	;有键闭合,转处理,否则返回
	AJMP	KEND	
PK1:	ACALL	DL10	;延时,去除抖动
	JNB	P3.4,PK2	;确定有键按下,查找具体的按键
	AJMP	KEND	
PK2:	MOV	R7,#08H	;判断是哪一个键按下
	MOV	R6,#0FEH	
	MOV	R3,#00H	
	MOV	A,R6	
KL5:	MOV	SBUF,A	
KL2:	JNB	TI,KL2	;等待串行接口发送完毕
	CLR	TI	
	JB	P3.4,NEXT	;此列无键按下,转查下一列
	MOV	A,#00H	;此列有键按下,送全扫描字
	MOV	SBUF,A	
KL3:	JNB	TI,KL3	
	CLR	TI	
KL4:	JNB	P3.4,KL4	;等待键释放
	MOV	A,R3	;键释放,取得键值
KEND:	RET		
NEXT:	MOV	A,R6	;判断下一列是否有键按下
	RL	A	
	MOV	R6,A	
	INC	R3	
	DJNZ	R7,KL5	;8 列键都检查完否
	AJMP	KEND	;8 列扫描完,返回
DL10:	MOV	R7,#0AH	;延时 10ms (fosc = 6MHz)
DL:	MOV	R6,#0F8H	
DL6:	DJNZ	R6,DL6	
	NOP		
	DJNZ	R7,DL	
	RET		

8.4　D/A 转换器与单片机接口技术

8.4.1　D/A 转换器概述

1. D/A 转换器的工作原理

　　D/A 转换器的功能是把数字量转换成模拟量，单片机处理的是数字量，然而单片机应用系统中很多控制对象是通过模拟量控制，单片机输出的数字量经 D/A 转换器转换成模拟信号后，才能施加给控制对象进行控制。

　　D/A 转换器的原理可以概括为"按权展开，然后相加"，即 D/A 转换器能把输入数字量中的每一位按权值分别转换成模拟量，并通过运算放大器求和相加。因此 D/A 转换器内部必须有一个解码网络，以便实现按权值分别进行 D/A 转换。

　　通常解码网络有两种：T 型电阻网络和二进制加权电阻网络。但是在二进制加权电阻网络中，每位二进制位的 D/A 转换是通过相应位加权电阻实现的，这就导致了加权电阻阻值差别很大，尤其是 D/A 转换位数较多时这是不能接受的。因此，现代 D/A 转换器几乎都采用 T 型电阻网络进行解码。

　　现以 4 位 D/A 转换器为例介绍 T 型电阻网络的原理，如图 8-17 所示。虚线框内为 T 型电阻网络（桥上电阻均为 R，桥臂电阻为 2R）；OA 为运算放大器（可以外接），A 点为虚地（接近 0V）；V_{REF} 为参考电压，由稳压电源提供；$S_3 \sim S_0$ 为电子开关，受 4 位 DAC 寄存器中 $b_3 b_2 b_1 b_0$ 的控制，可以和"0"端相连也可以和"1"端相连。设 $b_3 b_2 b_1 b_0$ 全为"1"，S_3、S_2、S_1、S_0 均和"1"端相连。

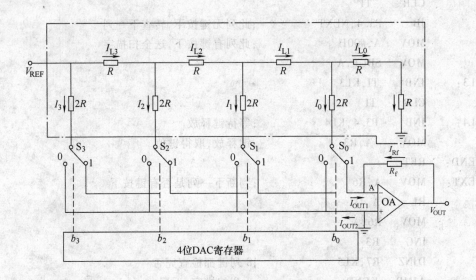

图 8-17　4 位 T 型电阻网络型 D/A 转换器

根据图 8-17 的连接关系。由基尔霍夫定律，有如下关系式：

$$I_3 = \frac{V_{REF}}{2R} = 2^3 \frac{V_{REF}}{2^4 R} \tag{8-1}$$

$$I_2 = \frac{I_3}{2} = 2^2 \frac{V_{REF}}{2^4 R} \tag{8-2}$$

$$I_1 = \frac{I_2}{2} = 2^1 \frac{V_{REF}}{2^4 R} \tag{8-3}$$

$$I_0 = \frac{I_1}{2} = 2^0 \frac{V_{REF}}{2^4 R} \tag{8-4}$$

实际上，$S_3 \sim S_0$ 的状态是受 $b_3 \sim b_0$ 控制的，并不一定是全"1"，若它们中有些位为"0"，

$S_3 \sim S_0$ 中相应开关会与 "0" 端相连而无电流流入 A 点。将 $b_3 \sim b_0$ 作为系数引入，这样就得到了式（8-5）。

$$I_{\text{OUT1}} = b_3 I_3 + b_2 I_2 + b_1 2_1 + b_0 I_0 = (b_3 2^3 + b_2 2^2 + b_1 2^1 + b_0 2^0) \frac{V_{\text{REF}}}{2^4 R} \tag{8-5}$$

如果选 $R_f = R$，并且考虑 A 点为虚地，就可以得到 $I_{Rf} = -I_{\text{OUT1}}$。因此有

$$V_{\text{OUT}} = I_{R_f} R_f = -(b_3 2^3 + b_2 2^2 + b_1 2^1 + b_0 2^0) \frac{V_{\text{REF}}}{2^4 R} R_f = -D \frac{V_{\text{REF}}}{16} \tag{8-6}$$

式中，D 为二进制数 $b_3 \sim b_0$ 对应的十进制值。

对于 n 位 T 型电阻网络，式（8-6）则为

$$V_{\text{OUT}} = -(b_{n-1} 2^{n-1} + b_{n-2} 2^{n-2} + \cdots + b_1 2^1 + b_0 2^0) \frac{V_{\text{REF}}}{2^n R} R_f = -D \frac{V_{\text{REF}}}{2^n} \tag{8-7}$$

D/A 转换过程主要由解码网络并行工作完成，这样，就把并行输入 D/A 转换器的 n 个二进制数 $b_{n-1} \sim b_0$ 数字量转换成了模拟电压量输出。

2. D/A 转换器的性能指标

1）分辨率（Resolution）：是指 D/A 转换器能分辨的最小输出模拟增量，取决于输入数字量的二进制位数。

2）转换时间（Establishing Time）：从 D/A 转换器输入的数字量发生变化开始，到其输出模拟量达到相应的稳定值所需要的时间称为转换时间。

3）转换精度（Conversion Accuracy）：指满量程时 DAC 的实际模拟输出值和理论值的接近程度。

4）偏移量误差（Offset Error）：偏移量误差是指输入数字量为零时，输出模拟量对零的偏移值。

5）线性度（Linearity）误差：线性度是指 DAC 的实际转换特性曲线和理想直线之间的最大偏移差。

6）输出电平范围。

【注意】　精度和分辨率是两个不同的概念。精度取决于 D/A 转换器各个部件的制作误差，而分辨率取决于 D/A 转换器的位数。

8.4.2　DAC0832 芯片及其与单片机的接口

DAC0832 是 8 位电流型 D/A 转换器芯片，数字量输入端具有双重缓冲功能，可以双缓冲、单缓冲或者直通方式输入。转换控制容易，价格便宜，在实际应用中使用广泛。如图 8-18 是其内部结构，图 8-19 所示是其引脚图。

1. D/A 转换芯片 DAC0832 的内部结构

DAC0832 内部主要由 8 位输入寄存器、8 位 DAC 寄存器、8 位 D/A 转换器和控制逻辑电路组成。8 位输入寄存器接收从外部发送来的 8 位数字量，锁存于内部的锁存器中，8 位 DAC 寄存器从 8 位输入寄存器中接收数据，并且能把接收的数据锁存于内部的锁存器中，8 位 D/A 转换器对 8 位 DAC 寄存器发送来的数据进行转换，转换的结果通过 I_{out1} 和 I_{out2} 输出。8 位输入寄存器和 8 位 DAC 寄存器分别有自己的控制端 $\overline{\text{LE1}}$ 和 $\overline{\text{LE2}}$，通过 $\overline{\text{LE1}}$ 和 $\overline{\text{LE2}}$ 及相应的控制逻辑，DAC0832 可以很容易地实现双缓冲、单缓冲或者直通方式输入。

2. DAC0832 的引脚功能

DAC0832 采用双列直插式封装，共有 20 引脚。各引脚的功能如下：

（1）与计算机相连的引脚

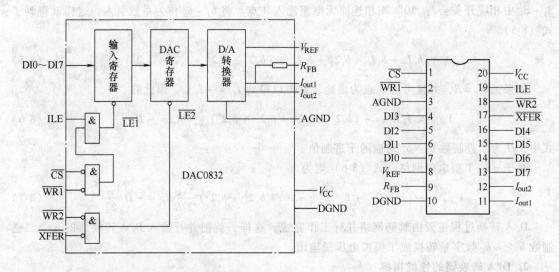

图 8-18　DAC0832 结构框图　　　　　　图 8-19　DAC0832 引脚图

1）$\overline{CS}$：片选信号引脚（低电平有效）。

2）ILE：输入锁存允许信号（高电平有效）。

3）$\overline{WR1}$：第一级锁存写选通（低电平有效）。当 $\overline{WR1}$ 为低电平时，用来将输入数据传送到输入锁存器；当 $\overline{WR1}$ 为高电平时，输入锁存器中的数字被锁存；当 ILE 为高电平时，必须是 $\overline{CS}$ 和 $\overline{WR1}$ 同时为低电平时，才能将锁存器中的数据进行更新。以上三个控制信号构成了第一级输入锁存。

4）$\overline{WR2}$：第二级锁存写选通（低电平有效）。该信号与 $\overline{XFER}$ 配合，可使锁存器中的数据传送到 DAC 寄存器中进行转换。

5）$\overline{XFER}$：传送控制信号（低电平有效）。将 $\overline{XFER}$ 与 $\overline{WR2}$ 配合使用，构成第二级锁存。

6）DI0 ~ DI7：8 位数字量输入端（DI0 为最低位）。

（2）与外设相连接的引脚

1）I_{out1}：DAC 电流输出 1。当 DAC 寄存器为全 1 时，表示 I_{out1} 为最大值，当 DAC 寄存器为全 0 时，表示 I_{out1} 为 0。

2）I_{out2}：DAC 电流输出 2。I_{out2} 为常数减去 I_{out1}，或者 $I_{out2} + I_{out1} =$ 常数。在单极性输出时，I_{out2} 通常接地。

3）R_{FB}：内部集成反馈电阻，为外部运算放大器提供一个反馈电压。R_{FB} 可由内部提供，也可以由外部提供。

（3）其他引脚

1）V_{REF}：参考电压输入，要求外部接一个精密的电源。当 V_{REF} 为 ± 10V（或者 ±5V）时，可以获得满量程四象限的可乘操作。

2）V_{CC}：数字电路供电电压，一般为 5 ~ 15V。

3）AGND：模拟地。

4）DGND：数字地。

【注意】　AGND 需要和模拟电路的公共地连接在一起，DGND 需要和数字电路的公共地连接在一起，最后把它们汇接为一点接到总电源的地线上。这样，可以避免两种信号的相互干扰。

3. DAC0832 的工作方式

AT89S51 和 DAC0832 接口时，可以有三种连接方式：直通方式、单缓冲方式和双缓冲方式。

（1）直通方式

DAC0832 内部有两个起数据缓冲器作用的寄存器，分别受 $\overline{LE1}$ 和 $\overline{LE2}$ 控制。ILE 接 5V、$\overline{CS}$、$\overline{XFER}$、$\overline{WR1}$ 和 $\overline{WR2}$ 接地，则 DI0～DI7 上的数字量可以直通到达"8 位 DAC 寄存器"进行 D/A 转换，DAC0832 就在直通方式下工作。这种方式处理简单，常用于不带微型计算机的控制系统。

（2）单缓冲方式

通过连接 ILE、$\overline{WR1}$、$\overline{WR2}$、$\overline{CS}$ 和 $\overline{XFER}$ 引脚，使得两个锁存器中的一个处于直通状态，另外一个处于受控制状态，或者两个同时被控制，DAC0832 就工作于单缓冲方式。如图 8-20 所示就是一种单缓冲方式的连接电路。

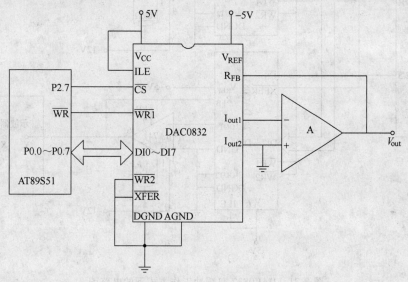

图 8-20 单缓冲方式下的 DAC0832 连接电路

（3）双缓冲方式

当 8 位输入锁存器和 8 位 DAC 寄存器分开控制导通时，DAC0832 工作于双缓冲方式。此时单片机对 DAC0832 的操作分为两步：第一步，使 8 位输入锁存器导通，将 8 位数字量写入 8 位输入锁存器中；第二步，使 8 位 DAC 寄存器导通，8 位数字量从 8 位输入锁存器送入 8 位 DAC 寄存器。在第二步操作中只使 DAC 寄存器导通，在数据输入端写入的数据无意义。这种方式特别适用于要求同时输出多个模拟量的应用场合。图 8-21 是由 2 片 DAC0832 组成的双缓冲系统，在图中 1#DAC0832 的 $\overline{CS}$ 和 P2.5 相连，因此 AT89S51 控制 1#DAC0832 中 $\overline{LE1}$ 的选口地址为 0DFFFH；2#DAC0832 的 $\overline{CS}$ 和 P2.3 相连，所以控制 2#DAC0832 中 $\overline{LE1}$ 的选口地址为 0F7FFH，1# 和 2#DAC0832 的 $\overline{XFER}$ 同 P2.7 相连，故控制 1# 和 2#DAC0832 中 $\overline{LE2}$ 的选口地址为 7FFFH。工作时，AT89S51 分别通过口地址 0DFFFH 和 0F7FFH 把 1# 和 2#DAC0832 的数字量送入相应的 8 位输入寄存器，然后再通过口地址 7FFFH 把输入寄存器中的数据同时送入相应的 8 位 DAC 寄存器中，以实现两片 D/A 转换的同步输出。

子程序如下：

```
MOV    DPTR,#0DFFFH        ;DPTR 指向 0DFFFH
MOV    A,#Xdata
MOVX   @DPTR,A             ;Xdata 写入 1#DAC0832
MOV    DPTR,#0F7FFH        ;DPTR 指向 0F7FFH
MOV    A,#Ydata
MOVX   @DPTR,A             ;Ydata 写入 2#DAC0832
```

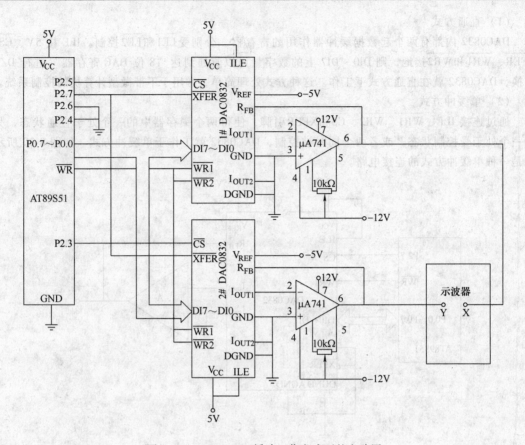

图 8-21   DAC0832 双缓冲工作方式下的电路图

```
MOV    DPTR,#7FFFH        ;DPTR 指向 7FFFH
MOVX   @DPTR,A            ;启动 1#和 2#DAC0832 工作
RET
```

4. DAC0832 应用举例

【例 8-1】   DAC0832 采用单缓冲方式，电路如图 8-20 所示。要求输出 0~5V 的三角波，周期为 100ms，如图 8-22 所示。设 $V_{REF} = -5V$，DAC0832 芯片接口地址为 0FEH。编写 D/A 转换程序。

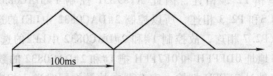

图 8-22   周期为 100ms 的三角波

解：

```
          ORG    2000H
STAR:     MOV    DPTR,#0FEH       ;DAC0832 地址
          MOV    A,#00H           ;开始输出 0V
UP：      MOVX   @DPTR,A          ;启动 D/A 转换
          ACALL  Delay1           ;延时 50/256ms
          INC    A                ;产生上升段电压
```

```
        JNZ    UP              ;上升到 A 中为 0FFH（A≠0 跳）
DOWN：  DEC    A               ;产生下降段电压
        MOVX   @DPTR，A
        ACALL  Delay1          ;延时 50/256ms
        JNZ    DOWN            ;下降到 A 中为 00H
        SJMP   UP              ;重复
        RET
```

8.5　A/D 转换器与单片机接口技术

A/D 转换器是模拟量与计算机系统或者其他数字系统之间联系的桥梁，它的任务是将连续变化的模拟量转换成数字量，以便计算机系统或者其他数字系统进行处理、存储、控制和显示。在工业测试系统或者测控系统中，A/D 转换器是必不可少的重要组成环节。A/D 转换器按转换原理分为 4 种：逐次逼近式 A/D 转换器、双积分式 A/D 转换器、计数式 A/D 转换器和并列式 A/D 转换器。其中，应用最为广泛的是逐次逼近式 A/D 转换器。

8.5.1　A/D 转换器的工作原理

图 8-23 是逐次逼近式 A/D 转换器的工作原理图。A/D 转换器由 N 位寄存器、D/A 转换器、比较器及控制电路四部分组成。

N 位的转换过程：当欲转换的模拟量 V_{in} 输入后，启动 A/D 转换器开始进行模/数转换。先把 N 位寄存器的最高位 D_{N-1} 置 "1"，其余位全送 "0"，即 N 位寄存器数字量为 10000000B（$N = 8$ 位），该数字量经 D/A 转换器变换成模拟信号 V_n，然后 V_{in} 与 V_n 进行比较。如果 $V_{in} \geq V_n$，保留 D_{N-1} 位的 "1"。反之，若 $V_{in} < V_n$，则将 D_{N-1} 位清零。保留 D_{N-1} 位值。然后，对 N 位寄存器的次高位 D_{N-2} 置 "1"，依上述方法进行 D/A 转换和比较。如此重复上述过程，直至确定 N 位寄存器的最低位为止。最后，控制单元发出转换结束信号，此时读出 N 位寄存器的数字量，就是与模拟量 V_{in} 相对应的数字量转换结果。显然，N 位 A/D 转换器需要比较 N 次。最终的转换结构能否准确逼近模拟量，主要取决于寄存器和 D/A 转换器的位数。位数越多，越能准确逼近模拟量，但转换所需要的时间也越长。其转换时间大约在几微秒到几百微秒之间。

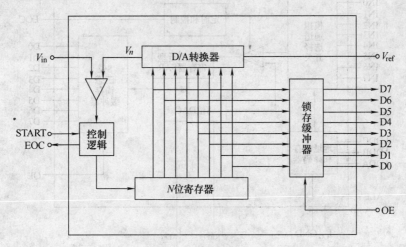

图 8-23　逐次逼近式 A/D 转换器原理图

8.5.2　A/D 转换器的技术指标与选取原则

1. ADC 的主要技术指标

1）分辨率：分辨率是指 A/D 转换器能分辨的最小模拟输入电压值，用转换成的数字量的位数来表示（例如，8 位、10 位、12 位、16 位等）或者用数字量输出的最低位所对应的模拟输入的电压值表示。若输入电压满量程 V_{FS}，转换器的位数为 n，分辨率为 $\frac{1}{2^n} V_{FS}$。

2）转换速度：完成一次 A/D 转换所需要的时间，即从它接到转换命令起直到输出端得到稳定的数字量输出所需要的时间。

3）相对精度：实际转换值和理想特性之间的最大偏差。

4）量程：量程就是能进行转换的输入电压的最大范围。

5）线性误差：也称为非线性误差或线性度，指 A/D 转换器实际输入特性曲线与理论输出特性的偏差。

2. 选取原则

1）根据系统总误差，进行各环节的误差分配，选择 A/D 转换器的精度和分辨率。

2）根据信号的变化率及转换精度要求，确定 A/D 转换器的速度，以保证系统的实时性要求。

3）对快速变化的信号，为了减小 A/D 转换的孔径误差，可考虑增加采样/保持电路。

4）根据实际工作环境条件选用 A/D 转换器的环境参数。

5）根据和其他数字系统接口的特征，考虑选择 A/D 转换器的输出状态。

8.5.3　ADC0809 接口芯片及其与单片机的接口

ADC0809 为 8 路模拟量输入、逐次逼近式 8 位 A/D 转换器，可分时采集转换 8 路模拟信号，有转换起停控制，模拟输入电压范畴为 0 ~ 5V，当时钟频率为典型值 640kHz 时，转换时间为 100μs。

1. ADC0809 芯片的内部结构

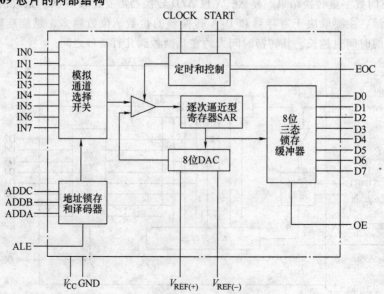

图 8-24　ADC0809 的内部结构

ADC0809 的内部结构如图 8-24 所示。由 8 路模拟量选择开关、地址锁存与译码器、比较器、8 位开关树形 D/A 转换器、逐次逼近型寄存器、定时控制电路和三态输出锁存器等组成。其中，8 路模拟通道选择开关实现从 8 路输入模拟量中选择一路送给后面的比较器进行比较；地址锁存和译码器在 ALE 信号控制下可以锁存 ADDA、ADDB、ADDC 上的地址信息，经译码后控制 IN0 ~ IN7 上模拟电压送入比较器；比较器、8 位 D/A 转换器、逐次逼近型寄存器、定时和控制电路组成 8 位 A/D 转换器，当 START 信号有效时，就开始对输入的当前通道模拟量进行转换，转换完后，把转换得到的数字量送到 8 位三态锁存器，同时通过 EOC 引脚输出转换结束信号。三态输出锁存器保存当前模拟通道转换得到的数字量，当 OE 信号有效时，把转换的结果通过 D0 ~ D7 输出。

2. ADC0809 芯片的引脚功能

双列直插式封装的 ADC0809 芯片有 28 个引脚，如图 8-25 所示。

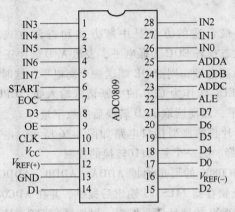

图 8-25　ADC0809 芯片引脚图

1）IN0 ~ IN7：8 路模拟量电压输入端，用于输入被转换的模拟电压。

2）D0 ~ D7：8 位数字量输出端。

3）ADDA、ADDB、ADDC：3 位地址输入线，用于选择 IN0 ~ IN7 上的哪一路模拟电压送给比较器进行 A/D 转换。ADDA、ADDB、ADDC 对 IN0 ~ IN7 的选择见表 8-7。

表 8-7　ADC0809 通道地址选择

ADDC	ADDB	ADDA	选择通道
0	0	0	IN0
0	0	1	IN1
0	1	0	IN2
0	1	1	IN3
1	0	0	IN4
1	0	1	IN5
1	1	0	IN6
1	1	1	IN7

4）START：A/D 转换启动信号，输入正脉冲有效。脉冲上升沿清除逐次逼近型寄存器，下降沿启动 A/D 转换。

5）$V_{REF(+)}$ 和 $V_{REF(-)}$：基准参考电压，决定输入模拟量的范围。典型值分别为 5V 和 0V。

6）EOC：A/D 转换结束信号，输出。当启动转换时，该引脚为低电平，当 A/D 转换结束时，该引脚输出高电平。

7）OE：数据输出允许信号，输入高电平有效。当转换结束后，从该引脚输入高电平，则打开输出三态门，输出锁存器的数据从 D0 ~ D7 送出。

8）CLK：时钟信号输入端（其内部无时钟电路），其典型值为 640kHz。

9）ALE：地址锁存允许信号，输入高电平有效。

10）V_{cc}：电源，接 5V。

11）GND：接地。

3. ADC0809 与单片机连接时注意的几个问题

1）要给 START 引脚送一个 100ns 宽的启动正脉冲。

2）获取 EOC 线上的状态信息，因为它是 A/D 转换的结束标志。

3）要给"三态输出锁存器"分配一个端口地址，也就是给 OE 端上送一个地址译码器输出信号。

4）转换数据的读取。最合适的方法是中断方式和查询方式。采用查询法读取数据时 AT89S51 需要查询 EOC 的状态：若 EOC 为低电平，表示 A/D 转换正在进行，则 AT89S51 应当继续查询；若查询到 EOC 变为高电平，则给 OE 端送一个高电平，这时读取 A/D 转换后的数字量。采用中断方式读取数据时，EOC 线作为 CPU 的中断请求输入线，CPU 响应中断后，应在中断服务程序中使 OE 端变为高电平，以便读取 A/D 转换后的数字量。

ADC0809 与 AT89S51 单片机的典型接口电路如图 8-26 所示。电路连接主要涉及两个问题：一是 8 路模拟信号通道的选择，另一个是 A/D 转换的控制。

在模拟通道选择上，ADC0809 的通道地址 ADDA、ADDB、ADDC 分别由 AT89S51 的地址总线低 3 位 P0.0 ~ P0.2 经地址锁存器 74LS373 输出后提供，并在 ADC0809 的地址锁存信号 ALE 有效时将通道地址锁存到 ADC0809 的地址锁存器中，以选择在 IN0 ~ IN7 中的一个通道作为当前的 A/D 转换通道。

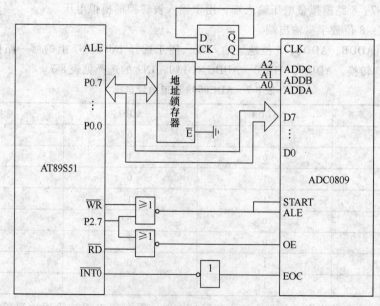

图 8-26　AT89S51 与 ADC0809 连接图

图 8-26 中，ADC0809 的转换时钟由 AT89S51 的 ALE 信号提供，ALE 信号的频率是晶振频率的 1/6，如果晶振频率为 6MHz，则 ALE 的频率为 1MHz，所以 ALE 的信号要分频后再送给 ADC0809。在单片机系统中，ADC0809 作为 AT89S51 的一个扩展芯片，对它的通道地址锁存、

转换的启停控制、转换后数据的读取都需要按端口来进行操作。因此，电路中将 AT89S51 的 P2.7 和WR或非后接到 ADC0809 的 START 引脚，同时又把 START 和 ALE 引脚相连。这样可以在 ALE 和 START 信号的上升沿锁存待转换的通道地址，而且在下降沿启动转换。锁存通道地址和启动转换用下面指令完成（针对通道 IN0）。

```
        MOV     DPTR, #7FF8H            ;送入 ADC0809 的口地址
        MOVX @ DPTR, A                  ;启动转换
```

若要启动别的通道进行转换，只需修改 ADC0809 口地址的低 3 位即可。对转换结果的读取，必须在确定一次转换结束后，通过控制 ADC0809 的 OE 引脚，然后从 ADC0809 的数据引脚获取。在图 8-26 中将 AT89S51 的 P2.7 和RD引脚或非后连至 ADC0809 的 OE，通过下列指令来读取转换结果。

```
        MOV     DPTR, #7FF8H            ;送入 ADC0809 的口地址
        MOVX A, @ DPTR                  ;读取转换结果
```

这两条指令的执行过程中，送出 ADC0809 有效的输出允许口地址的同时，发出RD有效信号，使 ADC0809 的输出允许信号有效，从而打开三态门使数据从数据输出引脚送出，同时通过 AT89S51 的数据总线送至 AT89S51 的累加器 A 中。

【例 8-2】　在图 8-26 中，假设该图用于一个 8 路模拟量输入的巡回数据采集系统。使用中断方式读取数据，把转换所得的数字量按序存于片内 RAM 40H ~ 47H 单元中。采集完一遍后停止采集。

解：

```
            ORG     0000H
            AJMP    MAIN
            ORG     0003H
            LJMP    INT00
MAIN:       ORG     0100H             ;主程序
            MOV     R0,#40H           ;设立数据存储区指针
            MOV     R2,#08H           ;设置 8 路采样计数值
            SETB    IT0               ;设置外部中断 0 为边沿触发方式
            SETB    EA                ;CPU 开放中断
            SETB    EX0               ;允许外部中断 0 中断
            MOV     DPTR,#7FF8H       ;送入口地址并指向 IN0
LOOP:       MOVX    @ DPTR,A          ;启动 A/D 转换,A 的值无意义
            SJMP    $                 ;等待中断
            ORG     0200H             ;中断服务程序
INT00:      PUSH    PSW               ;保护现场
            PUSH    ACC
            PUSH    DPL
            PUSH    DPH
            MOVX    A,@ DPTR          ;读取转换后的数字量
            MOV     @ R0,A            ;存入片内 RAM
            INC     DPTR
            INC     R0
            DJNZ    R2,NEXT           ;8 路未转换完,则继续
```

	CLR	EA	;已转换完,则关中断
	CLR	EX0	;禁止外部中断 0 中断
	RETI		
NEXT:	MOVX	@DPTR,A.	;再次启动 A/D 转换
	POP	DPH	;恢复现场
	POP	DPL	
	POP	ACC	
	POP	PSW	
	RETI		;中断返回
	END		

8.5.4　AD574A 芯片与单片机接口

为了提高 A/D 转换精度,可以采用 10 位、12 位或者更多位数的 A/D 转换器。本节以 AD574A 芯片为例介绍 12 位的 A/D 转换器和 AT89S51 的接口。

AD574A 是美国 AD 公司研制的 12 位逐次逼近式 ADC,适合在高精度快速采样系统中使用。

1. AD574A 的结构特点和引脚功能

(1) AD574A 的结构特点

AD574A 的内部结构和 ADC0809 类同,只是数字量位数由 8 位提高到 12 位。所以对于它的内部结构不再介绍,仅对它和 ADC0809 的主要差别加以介绍。

1) AD574A 的内部集成有转换时钟、参考电压源和三态输出锁存器,故使用方便,可以与单片机直接接口,不需要外接 CLOCK 时钟。

2) AD574A 的转换时间是 $25\mu s$,这与 ADC0809 的 $100\mu s$ 相比小得多。

3) ADC0809 输入模拟电压是 $0 \sim 5V$,是单极性的。但 AD574A 的输入模拟电压既可以单极性也可以双极性;单极性输入时为 $0 \sim 10V$ 或者 $0 \sim 20V$;双极性输入时为 $\pm 5V$ 之间或者 $\pm 10V$ 之间。

4) AD574A 的数字量位数可以设定为 8 位,也可以设定为 12 位。

(2) 引脚功能

AD574A 为 28 引脚双列直插式封装,引脚如图 8-27 所示。

1) 模拟量输入引脚 (3 条):$10V_{IN}$ 为 10V 量程的模拟电压输入引脚,单极性时为 $0 \sim 10V$,双极性时为 $\pm 5V$;$20V_{IN}$ 为 20V 量程模拟电压输入引脚,单极性时 $0 \sim 20V$,双极性时为 $\pm 10V$。AGND 为模拟电压公共引脚。

2) 数字量输出引脚 (12 条):DB11 ~ DB0 为数字量输出引脚,DB11 为最高位;DGND 为数字量公共接地引脚,常和 AGND 相连后接地。

3) 控制线 (6 条):$\overline{CS}$ 为片选线,低电平有效;CE 为片选使能线,高电平有效。$\overline{CS}$ 和 CE 共同用于片选控制,当 $\overline{CS}$ 为 0 且 CE 为 1 时,选中芯片工作,否则芯片处于禁止状态。$R/\overline{C}$ 为读出/转换控制输入线,若使 $R/\overline{C}$ 为 0,则本片启动工作;若使 $R/\overline{C}$ 为 1,则芯片处于允许读出数字量状态。A0 和 $12/\overline{8}$ 这两条控制线决定进行 12 位还是 8 位 A/D 转换以及读取转换结果的方式,控制

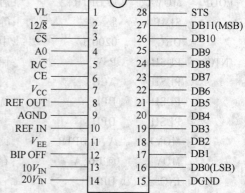

图 8-27　AD574A 引脚图

功能见表 8-8。STS 为转换状态输出线。STS 为高电平，表示 AD574A 正处在 A/D 转换状态；若 STS 变为低电平，则它的 A/D 转换已经完成。因此，在实际应用中 STS 可以供 CPU 查询，也可以作为 AT89S51 的外中断请求输入线。

表 8-8 AD574A 控制信号真值表

CE	$\overline{CS}$	R/$\overline{C}$	12/$\overline{8}$	A0	工作状态
0	×	×	×	×	禁止
×	1	×	×	×	禁止
1	0	0	×	0	启动 12 位转换
1	0	0	×	1	启动 8 位转换
1	0	1	×	×	12 位并行输出有效
1	0	1	0	0	高 8 位并行输出有效
1	0	1	0	1	低 4 位加上尾随 4 个 0 有效

4）调零线（3 条）：REF IN、REF OUT 和 BIP OFF。REF IN 为内部解码网络所需参考电压输入线；REF OUT 为内部参考电压输出线。通常，REF IN 和 REF OUT 之间可以跨接一个 100Ω 金属陶瓷电位计，用来调整各量程增益。BIP OFF 为补偿调整线，用于在模拟输入为零时把 ADC 输出数字量调整为零。

5）电源线（4 条）：VL 为 5V 电源线；V_{CC} 为 12 ~ 15V 电源线；V_{EE} 为 -12 ~ -15V 电源线；DGND 为直流电压地线。

2. AD574A 与 AT89S51 的接口

（1）接口电路

AD574A 的输出具有锁存功能，因而可直接与 AT89S51 单片机数据总线接口。AD574A 的低 4 位 DB3 ~ DB0 接到 AT89S51 的 D7 ~ D4 上；AD574A 的高 8 位 DB11 ~ DB4 接到 AT89S51 的 D7 ~ D0 上。可分两次读出数据，第一次读高 8 位，第二次读低 4 位。AD574A 的转换结束输出 STS 接 AT89S51 的 $\overline{INT0}$。AD574A 与 AT89S51 的接口电路如图 8-28 所示。根据 AD574A 真值表可知有 5 根控制线。

1）12/$\overline{8}$：输出数据方式选择控制信号。接高电平时，输出数据为 12 位长度；接低电平时，输出数据以两个 8 位长度输出。与 8 位机接口时，该引脚接地。

2）CE：由 $\overline{WR}$ 和 $\overline{RD}$ 信号通过一个与非门控制，无论是读操作还是写操作，CE 均为 "1"，芯片使能有效。

3）$\overline{CS}$：由地址线 P2.7 控制，当 P2.7 = 0 时，片选有效。

4）R/$\overline{C}$：由地址线 A1 控制，当 A1 = 0 时，启动 A/D 转换；当 A1 = 1 时，读取 A/D 转换结果。

5）A0：转换数据长度选择控制信号。当 A0 = 0 时，启动 12 位转换；当 A0 = 1 时，启动 8 位转换。读取转换数据时和 12/$\overline{8}$ 配合，当 A0 = 0 时，读高 8 位；当 A0 = 1 时，读低 4 位。

因此，AD574A（12 位）启动地址为 7FFCH，高 8 位读取地址为 7FFEH，低 4 位读取地址为 7FFFH。

（2）程序设计

由于 AD574A 转换器的速度较快，所以大多采用程序查询方法。

程序查询法程序段如下：

```
MOV    DPTR,#7FFCH            ;(12 位)A/D 启动地址
MOV    R1,#40H                ;结果存放地址
```

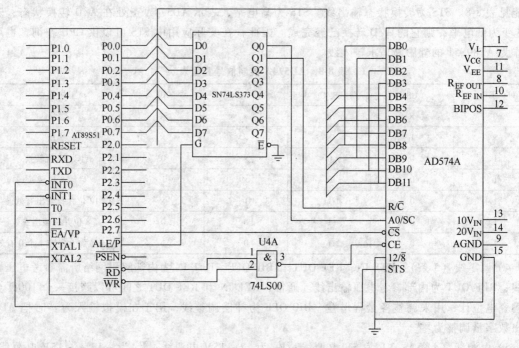

图 8-28　AT89S51 与 AD574A 连接图

```
MOVX      @ DPTR , A              ;启动 A/D 转换
JB        P3. 2 ,$                ;查询 A/D 转换是否结束
MOV       DPTR ,#7FFEH
MOVX      A ,@ DPTR               ;读取高 8 位数
MOV       @ R1 , A                ;存高 8 位数
INC       DPTR
INC       R1
MOVX      A ,@ DPTR               ;取低 4 位
ANL       A ,#0F0H                ;屏蔽无关位
MOV       @ R1 , A                ;A/D 低 4 位数
```

8.6　开关量输入/输出接口技术

在单片机应用系统中，也常常会遇到开关量的输入、输出问题。开关量以"接通"和"断开"动作为特征。因此，需要把外部"接通"和"断开"动作所产生的信号转化为单片机所能接收和处理的信号或者把单片机的输出信号经过隔离和驱动接口转化为外部的"接通"和"断开"动作，从而实施控制作用。

8.6.1　开关量输入接口技术

1. 拨盘开关与单片机的接口

（1）拨盘开关

拨盘开关有很多种，常见的是 BCD 码拨盘开关，如图 8-29 所示。拨动正面的拨盘，可选定一个十进制数（在开关正面将显示该数），并转换成 BCD 码（呈现在背面 8、4、2、1 引脚上）而输入计算机、拨盘开关用于参数设定，非常直观、方便。在 BCD 码拨盘开关中，引脚 A 一般接高电平，8、4、2、1 四个引脚原来是低电平；当选定某十进制数时，拨盘的转动将使引脚有一定的接通关系，与引脚 A 接通的将输出高电平，不与引脚 A 接通的仍输出低电平，从而转换成与该十进制数相应的 BCD 码。例如，拨数字 5，则 8、4、2、1 脚输出数字编码为 0101，其他依此类推。当然也可反过来接，即引脚 A 接低电平，8、4、2、1 四个引脚输出高电平；得到的是与十进制相应的 BCD 码的反码。这样将所得的码取反后就可以得到正确的 BCD 码。

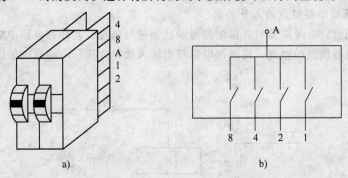

图 8-29　BCD 码拨盘开关结构图

a) BCD 拨盘产品外观　b) 1 位 BCD 拨盘结构原理

（2）拨盘开关与单片机接口

图 8-30 与后面的程序是拨盘开关的应用实例。通过拨盘开关将 2 位十进制数置入单片机，其十位数与个位数将分别暂存于片内 RAM 的 31H、30H 单元。子程序如下：

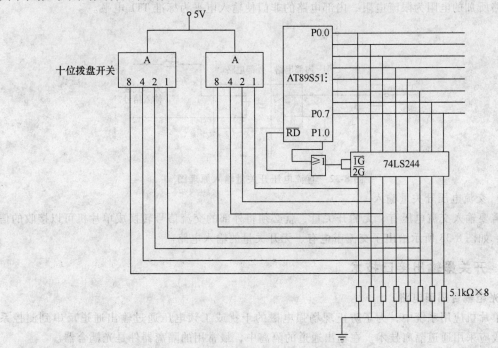

图 8-30　拨盘开关应用实例

```
BCD:CLR    P1.0        ;准备选通和读入 2 位 BCD 码
     MOVX   A,@R0       ;产生RD信号，自 P0 口读入 2 位 BCD 码
     ANL    A,#0FH      ;取个位数
     MOV    30H,A       ;存入片内 RAM 30H 单元
     MOVX   A,@R0       ;重读 2 位 BCD 码
```

```
        ANL    A,#0F0H          ;取十位数
        SWAP   A                ;调整到低半字节
        MOV    31H,A            ;存入片内 RAM 31H 单元
        RET
```

2. 外部电路通断状态输入接口

（1）利用外部继电器触点输入开关量

在一些应用场合，有时需要对外部电路通断状态进行监视，若外部电路中应用了继电器，此时，可以利用继电器提供的触点，将外部电路状态输入给单片机。电路原理如图 8-31 所示。

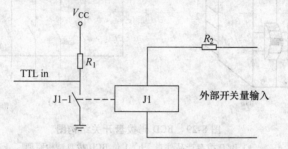

图 8-31　利用外部继电器触点输入开关量

（2）直流电压开关量输入

如果需要对外部直流电压有、无的开关量进行监视，则可采用图 8-32 所示的电路。电路中，外部电路所加的电阻为限流电阻，内部电路的非门使输入电平为标准 TTL 电平。

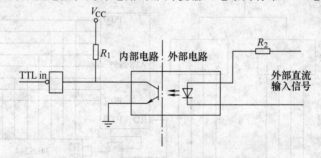

图 8-32　直流电压开关量输入原理图

（3）交流电压开关量输入

若需要输入交流电压有、无的开关量，就必须将外部的交流信号转换成单片机可以接收的信号形式，如图 8-33 所示给出了交流市电有、无开关量的输入电路。

8.6.2　开关量输出接口技术

1. 光电耦合隔离电路

在单片机应用系统中，为了防止现场强电磁的干扰或工频电压通过输出通道反串到测控系统，一般应采用通道隔离技术。在输出通道的隔离中，最常用的隔离器件是光耦合器。

光耦合器是一种以光为媒介传输信号的器件，它把一个 LED 和一个光敏晶体管封装在一个管壳内，LED 加正向输入电压信号（大于 1.1V）即可发光，光信号作用在光敏晶体管基极，产生基极光电流使晶体管导通，输出电信号。在光耦合器中，输入电路与输出电路是绝缘的。一个光耦合器能够完成一路开关量的隔离，如图 8-34 所示。如果将光耦合器 8 个或 16 个一起使用，就能实现 8 位数据或 16 位数据的隔离。

光耦合器的输入侧都是 LED，但是输出侧有多种结构，如光敏晶体管、达林顿型晶体管、

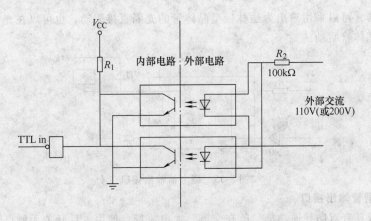

图 8-33　交流市电开关量输入的电路原理图

TTL 逻辑电路等。光耦合器主要特性参数有以下几方面：

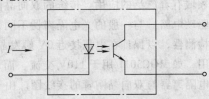

图 8-34　晶体管输出光隔离器

1）导通电流和截止电流：对于开关量输出场合，光电隔离主要用于其非线性输出特性。当 LED 两端通以一定电流时，光耦合器输出端处于导通状态；当流过 LED 的电流值小于某一值时，光耦合器输出端截止。不同的光耦合器有不同的导通电流，典型值是 10mA。

2）频率响应：由于受 LED 和光敏晶体管响应时间的影响以及开关信号传输速度和频率受光耦合器频率特性的影响。因此，在高频信号传输中要考虑其频率特性。在开关量输出通道中，输出开关信号的频率一般比较低，不会受光耦合器频率特性的影响。

3）输出端工作电流：光耦合器导通时，流过光敏晶体管的额定电流。该值表示了光耦合器的驱动能力，一般为毫安量级。

4）输入/输出压降：分别指 LED 和光敏晶体管的导通压降。

5）输出端暗电流：当光耦合器开关处于截止状态时，流经开关的电流。对光耦合器来说，该值越小越好，以防止输出端的误触发。

6）隔离电压：表示光耦合器对电压的隔离能力。

【注意】　光耦合器的输入部分和输出部分必须采用不同的电源，若公用一个电源，则光耦合器就失去了隔离的本意；若用光耦合器对输入通道和输出通道进行隔离，则需对所有信号全部隔离，否则部分隔离是没有意义的。

常用的光耦合器有以下几种：

1）二极管-晶体管耦合的 4N25、TLP541。

2）二极管-达林顿管耦合的 4N38、TPL570。

3）二极管-TTL 耦合的 6N137。

2. 继电器控制方式开关量输出接口

目前最常用的一种输出方式是继电器方式的开关量输出，一般在驱动大型设备时，利用继电器作为测控系统输出到输出驱动级之间的第一级执行机构，通过第一级继电器输出，可完成从低压直流到高压交流的过渡。如图 8-35 所示，经过耦合器光电隔离后，直流部分给继电器控制线圈供电，而继电器的输出触点可直接与 220V 市电连接。由于继电器的控制线圈有一定的电感，在关断瞬间会产生较大的反电势，因此在继电器的线圈上往往反向并联一个二极管用于电感反向放电，以保护驱动晶体管不被击穿。不同的继电器，允许的驱动电流也不一样。对于需要较大驱动电流的继电器，可以采用输出为达林顿型晶体管的光隔直接驱动；也可以在光电隔离与继电器之间再加一级晶体管驱动。

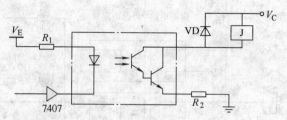

图 8-35　继电器输出接口

3. 双向晶闸管输出接口

双向晶闸管具有双向导通功能，能在交流、大电流场合使用，且开关无触点，因此在工业控制领域有着广泛的应用。传统的双向晶闸管隔离驱动电路的设计，采用一般的光电隔离器和晶体管驱动电路。与一般的光电隔离器不同，输出部分是一个硅光敏双向晶闸管，有的还带有过零触发检测器，以保证在电压接近 0V 触发晶闸管。常用的有 MOC3000 系列等，用于不同的负载电压使用，如 MOC3011 用于 110V 交流，而 MOC3041 用于 220V 交流使用。如图 8-36 所示是这两类光电隔离器与双向晶闸管的接线图。由于不同的光电隔离器的输入端电流不一样，因此在驱动电路中可以加入一个限流电阻 R_1，一般在微型计算机测控系统中，其输出 OC 门驱动，在光电隔离器输出端，与双向晶闸管并联的 RC 是为了在使用感性负载时，吸收与电流不同步的过电压；而门极电阻则是为了提高抗干扰能力，以防止误触发。

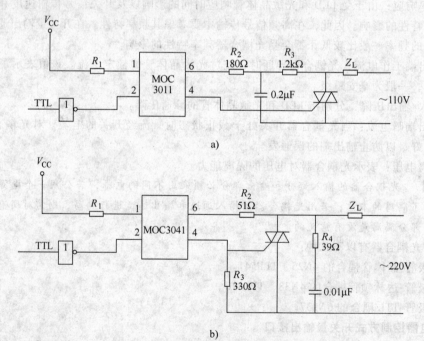

图 8-36　光电隔离器与双向晶闸管的接线图

a) 用于交流 110V 的接线图　b) 用于交流 220V 的接线图

4. 固态继电器输出接口

固态继电器（SSR）是近年发展起来的一种新型电子继电器，输入控制电流小，用 TTL、HTL、CMOS 等集成电路或加简单的辅助电路就可直接驱动，因此用于在微型计算机测控系统中作为通道的控制器件；输出采用晶体管或晶闸管驱动，无触点。

SSR 按其负载类型可以分为：直流型（DC - SSR）和交流型（AC - SSR）两大类。直流型固态继电器主要用于直流大功率控制场合。其输入端为光耦合电路，因此可以用 OC 门或者晶体管直接驱动，驱动电流一般为 3 ~ 30mA，输入电压为 5 ~ 30V，所以在电路设计中可以选用适当的电压和限流电阻 R_1，其输出端为晶体管输出，输出电压为 30 ~ 180V。直流型固态继电器的接口电路如图 8-37 所示，图中 L 为感性负载，二极管 VD1 用于防止由于直流型固态继电器突然截止所引起的高电压。

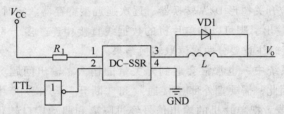

图 8-37　直流 SSR 接口电路

交流型固态继电器又可以分为非过零型和过零型两种，两者都是用双向晶闸管作为开关器件，用于交流大功率驱动场合。对于非过零型 SSR，在输入信号时，不管负载电源电压相位如何，负载端立即导通；而过零型必须在负载电源电压接近零并且输入控制信号有效的时候，输出端负载电源才能导通。当输入端的控制电压撤销后，流过双向晶闸管负载电流为零时才关断。

一般在电路设计中，让 SSR 的开关电流至少为恒定工作电流的 10 倍，负载电流低于该值时，则应该并联电阻 R_L，用来提高开关电流，如图 8-38 所示。当使用感性负载时，也可以采用这种方法，避免误动作。

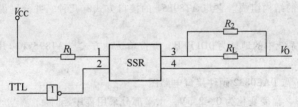

图 8-38　交流型 SSR 用于小负载接口电路图

本 章 小 结

本章主要介绍了键盘接口技术、显示器（LED/LCD）接口技术、D/A 转换器、A/D 转换器接口技术和开关量输入/输出与单片机的接口技术。

1）键盘是单片机最常用的输入设备，可分为独立式键盘和矩阵式键盘两种。在按键数量比较少时，常采用灵活方便的独立式键盘。当按键数量较多时，常采用结构紧凑的矩阵式键盘。键盘接口程序工作包括键盘扫描、延时去除抖动、按键确认、获取键值、等待按键释放和保存键值等。

2）LED 显示器是单片机应用系统中使用最多的输出显示器，可分为共阴极和共阳极两种连接方法，显示方式有静态、动态显示两种。静态显示是指显示器显示某一字符时，相应段的 LED 恒定导通或截止，且显示器的各位能够同时显示。动态显示是采用扫描的方法把多位 LED 显示器一位位地轮流点亮。或者说，每隔一段时间 LED 显示器的每一位被点亮一次。这样，虽然在同一时间只有一位显示器被点亮，但是由于人眼的视觉暂留效应（通常人眼的视觉暂留时间为

0.1s）和 LED 熄灭后的余辉作用，获得的效果是多位字符"同时"显示。

3）D/A 转换器可以把数字量转换为模拟量，从而把单片机的数字量输出转换为模拟量输出到测控系统中的执行机构。D/A 转换器的分辨率由其位数表示，位数越多，分辨率越高。DAC0832 是一种 8 位的电流型 D/A 转换器芯片，若需要电压输出，则需要外接运算放大器。其数字量输入端具有双重缓冲功能，可以有双缓冲、单缓冲或者直通三种工作方式。A/D 转换器可以把模拟量转换为数字量，从而把外界的模拟信号转换为数字信号输入到单片机。单片机读取 A/D 转换的结果可以采用中断方式或者查询方式。ADC0809 由 8 路模拟量选择开关、地址锁存与译码器、比较器、8 位开关树形 D/A 转换器、逐次逼近型寄存器、定时控制电路和三态输出锁存器等组成。其数字量输出引脚可以和单片机的数据线直接相连。多于 8 位的 A/D 转换器（如 AD574A）和单片机连接时注意要分两次读取转换结果。

4）在单片机应用系统中，也常常会遇到开关量的输入、输出问题。开关量以"接通"和"断开"动作为特征。因此，需要把外部"接通"和"断开"动作所产生的信号转化为单片机所能接收和处理的信号或者把单片机的输出信号经过隔离和驱动接口转化为外部的"接通"和"断开"动作，从而实施控制作用。完成信号隔离的主要器件是光电隔离器，使用光电隔离器时注意其输入和输出回路不能共用一个电源。

思考题与习题

8-1　某 12 位 A/D 转换器的输入电压为 0～5V，试计算当输入模拟量为下列值时输出的数字量。（1）1.25V；（2）3.75V。

8-2　某梯度炉温变化范围为 0～1600℃，经温度变送器输出电压为 1～5V，再经 ADC0809 转换，ADC0809 的输入范围为 0～5V，试计算当采样数值为 9BH 时，所对应的梯度炉温是多少？

8-3　试述 DAC0832 的结构组成。它与 AT89S51 的接口方式有几种？并分别说明几种接口方式控制信号的连接及其作用。

8-4　设 DAC0832 在系统中的地址为 0DFFFH，并按单缓冲方式与 AT89S51 单片机接口，DAC0832 接成单极性输出。

（1）试画出 AT89S51 与 DAC0832 硬件接口电路图。

（2）试编程产生梯形，幅度变化为 0～2.5V，水平部分采用程序延时。

8-5　什么叫显示缓冲区？显示缓冲区一般放在哪里？显示缓冲区中通常存放的是什么？

8-6　AT89S51 单片机在应用中 P0 和 P2 是否可以直接作为输入/输出连接开关、指示灯等外围设备？

8-7　8 段 LED 显示器有动态和静态两种显示方式，这种显示方式要求 AT89S51 单片机如何进行接口电路的设计？

8-8　根据图 8-20 所示电路，编写程序使 DAC0832 输出负向锯齿波。

参 考 文 献

[1]　胡汉才. 单片机原理及其接口技术［M］. 2 版. 北京：清华大学出版社，2004.

[2]　万福君. MCS-5 单片机原理、系统设计与应用［M］. 北京：清华大学出版社.

[3]　李全利. 单片机原理与应用技术［M］. 北京：高等教育出版社，2000.

[4]　朱大奇，等. 单片机原理、接口及应用［M］. 南京：南京大学出版社.

[5]　谢维成，等. 单片机原理与应用及 C51 程序设计［M］. 北京：清华大学出版社.

[6]　杨居义. 单片机原理与工程应用［M］. 北京：清华大学出版社，2009.

[7]　周明德. 微机原理与接口技术［M］. 2 版. 北京：人民邮电出版社，2007.

[8]　梅丽凤，等. 单片机原理与接口技术［M］. 3 版. 北京：清华大学出版社，2009.

第9章　51系列单片机应用系统设计

【内容提要】

51系列单片机应用系统是以单片机为核心，扩展必需的外围电路、开发相应的应用软件，实现给定任务和功能的实际应用系统。本章首先概述单片机应用系统的基本结构和设计过程；其次介绍单片机应用系统的设计方法和抗干扰技术；然后结合前面介绍的方法给出单片机应用系统的实例。

【基本知识点与要求】

（1）了解单片机应用系统设计的基本要求。

（2）掌握单片机应用系统的组成。

（3）掌握单片机应用系统的设计过程。

（4）掌握单片机应用系统的设计方法和抗干扰的基本技术。

【重点与难点】

本章重点和难点是单片机应用系统的设计过程、应用系统的设计方法和抗干扰的基本技术。

9.1　单片机应用系统设计概述

单片机应用系统是软件和硬件相结合的工程系统，其设计必须围绕应用系统的功能和技术指标来进行。在实现应用系统功能和保证技术指标的前提下，适当考虑应用系统的成本。单片机应用系统设计包括总体设计、硬件设计、软件设计、软硬件联合调试和现场调试运行等环节。

9.1.1　单片机应用系统的结构与设计要求

单片机应用系统的结构按照所用单片机数目来分可以分为单机结构和多机结构。单机结构是指在单片机应用系统中只有一台单片机；多机结构是指在单片机应用系统中有多台单片机共同工作。单机结构是目前单片机应用系统采用最多的一种结构。其特点是设计简单、紧凑，对于小规模应用系统有较高的性价比，适用于小规模的应用系统。多机结构是面向大规模单片机应用系统的，根据拓扑结构的不同，又可分为多级分散控制结构与局部网络结构，其中多级分散控制结构在目前应用最为广泛。

1. 单片机应用系统的结构

不同单片机应用系统有不同的用途和要求，因此系统的配置和软件功能也有所不同。单片机应用系统组成包括硬件和软件两个方面。单片机又称为微控制器，在大多数情况下，单片机常被用做工业测控系统或者测试系统的主控制器。基于单片机的测控系统结构如图9-1所示。

（1）单片机测控系统的硬件组成

单片机组成的测控系统硬件包括以下几个部分：

1）通信模块。利用串行接口，通过载波通信等通信设备或者经过调制解调等方式和远程主机进行通信，上传终端信息或接收受控信号。

2）操作控制台，包括键盘、控制按钮等，是单片机测控系统中人–机交流的桥梁，通过它操作者可以向系统发出各种控制命令输入各种控制参数。

3）输入/输出设备，包括光笔、打印机、显示屏、触摸屏等，主要用来进行显示和操控、打

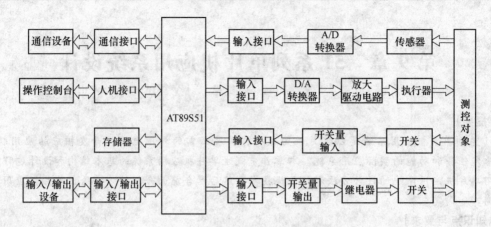

图 9-1　基于单片机的测控系统结构

印、存储及传送数据。

　　4）模拟量输入通道。通过传感器、放大器与变送器、A/D 转换器、并行输入接口等将测控对象的模拟量转换为数字量。

　　5）模拟量输出通道。通过并行输出接口、D/A 转换器、驱动电路和执行器等，将系统的数字量转换为模拟量输出。

　　6）开关量输入通道。通过开关量输入接口、光电隔离器等实现开关量的输入。

　　7）开关量输出通道。通过开关量输出接口、驱动电路、固态继电器等来实现开关量的输出。

　　8）单片机及其扩展的存储器。

　　(2) 单片机测控系统的软件组成

　　单片机测控系统中的软件一般包括系统监控程序和应用程序两大部分。

　　1）系统监控程序。系统监控程序是控制单片机系统按照预定操作方式顺序运行的无限循环程序。它负责组织调度各个应用程序模块，完成系统的自检、初始化、键盘扫描、显示程序、处理条件触发等。

　　2）应用程序。应用程序是完成系统各个部分功能的软件，如数据采集（包括 A/D 转换）、键功能处理、数字滤波程序、控制算法程序、通信程序、控制量输出程序（包括 D/A 转换）、中断服务程序等。

　　2. 单片机应用系统的设计要求

　　虽然单片机应用系统被控对象和控制过程多种多样，设计方案与技术指标也千变万化，但是在设计与实现过程中有共同的基本要求。

　　(1) 高可靠性

　　单片机应用系统通常用在工业现场，环境复杂、条件恶劣。这就要求单片机应用系统设计时必须考虑安全性和可靠性。采用高可靠、高性能的单片机及其接口，采取必要的抗干扰措施，还必须设计备用操作方案。

　　(2) 高性价比

　　单片机应用系统或者产品开发有若干种方案都可以实现其要求，在这种情况下要充分考虑价格和性能的关系，在满足性能要求的前提下，降低成本。

　　(3) 实时性强

　　很多单片机应用系统都有相同的功能，但是反应速度不一。设计时要充分考虑系统的实时性要求，中断处理能力，以便于当被控对象变化或收到控制命令时能在规定时限内做出反应。

　　(4) 操作、维护方便

操作方便表现在操作简单、直观、便于操作，尽可能减少对操作人员的专业知识要求。因此，设计时，在系统性能不变的情况下，尽量减少人-机交互接口。维护方便体现在易于查找和排除故障。因此，在设计时，尽可能采用模块式结构，预留测试点，便于故障定位和排除。

9.1.2 单片机应用系统的设计过程

单片机应用系统的设计一般包括以下几个过程：

1）根据用户或研究课题的任务和功能要求进行功能和性能的认识与合理分析，确定合理、详尽的技术指标。

2）单片机应用系统的设计，包括系统基本结构的确立、主要器件选型、测控电路的选择以及软硬件功能的划分等。

3）单片机应用系统的硬件设计与调试。

4）单片机应用系统的软件设计与调试。

5）单片机应用系统联合调试与试运行。

6）单片机应用系统现场调试运行或产品化设计。

9.2 单片机应用系统的设计方法

1. 确定单片机应用系统的任务、功能要求和性能技术指标

在设计一个单片机应用系统之前，必须确定系统的具体功能和各项技术指标，以及应用的范围和场所。如果是受甲方委托，应根据与甲方签订的技术合同或者技术协议即可以确定以上的内容。但如果是自行开发产品，就必须经过市场调研以获得产品的功能信息，还应该对比市面上同类产品的功能、技术指标、寿命、价格等各项因素，此外还可以召开专家研讨会以进一步细化产品的各项功能、技术指标，并形成设计文件。

2. 确定单片机应用系统的设计方案

确定系统的功能和技术指标后，就可以进行调研、查找资料、分析研究以确定系统的设计方案。根据测控对象的要求，确定被控参数，选择可靠、经济、实用的传感器和执行器件，确定模拟量输入、输出通道的数目和主要环节，开关量输入、输出通道的数目和主要环节。综合考虑硬件、软件的分工与配合方案，在此基础上画出整个系统的原理框图。

3. 单片机应用系统的硬件设计与调试

单片机应用系统的硬件是系统的载体，其设计包括以下几个方面：

1）单片机的选择。单片机是系统的核心部件，应根据系统的功能、技术指标、性价比和开发工具等方面综合考虑选择单片机。

2）信号输入通道的硬件设计。根据系统输入信号的多少和性能要求来设计信号调理电路；A/D 转换器、多路选择开关的选择与电路设计主要由信号采集的速度、精度以及抗干扰的要求来确定。开关量输入需考虑隔离和电平的兼容。

3）存储器与 I/O 接口的扩展。根据所选的单片机型号以及应用系统的规模，考虑是否扩展程序存储器和数据存储器。扩展时，选用容量相对大一些的芯片，这样可以减少连线。对于 I/O 接口的扩展，主要由显示器部分、键盘以及数字量输入/输出等部分而定。尽可能选用可编程芯片，因其端口线多、使用灵活。

4）总线驱动能力。总线的驱动能力也称为负载能力，51 系列单片机自身的 4 个口的驱动能力是有限的，P0 口最多驱动 8 个 TTL 门电路、P1 ~ P3 口只能驱动 4 个 TTL 门电路。在单片机应用系统比较复杂的情况下，需要考虑总线的负载能力。数据总线必须采用双向驱动器（如

74LS245），而地址和控制总线采用单向总线驱动器（如 74LS244）。

5）信号输出通道的硬件设计，主要根据应用系统功能要求而定，有两方面问题必须考虑，一是驱动问题；二是 D/A 转换器的选择。前者由负载特性而定，后者与输出精度有关。开关量输出需要考虑隔离和驱动能力问题。

6）人-机交互设计，主要考虑键盘部分、显示器或者触摸屏的设计，由系统具体功能和要求确定。

7）通信接口设计。根据功能要求确定通信模式及通信协议，选择通信接口标准。单片机应用系统硬件电路设计结束后，需要画出详细的系统硬件原理图，以便于分工协作和交流。然后需要进行电路仿真和实验验证，以进一步确认电路的可行性、正确性和可靠性。经验证无误后进行制板、安装焊接元器件。最后需要进行硬件的静态调试和动态调试。

硬件的静态调试包括不加电调试和加电调试。利用万能表、逻辑分析测试仪，在不加电的情况下检查电路中各器件及引脚连接是否正确，是否有断路故障等。排除故障后，插上芯片，在加电的情况下进一步检查是否有故障。此时要注意对易受静电影响的器件考虑防静电措施。最后，将应用系统和仿真机联机动态调试，观察存储器和各扩展的 I/O 端口线是否正常，直至硬件可以稳定正常工作。

4. 单片机应用系统的软件设计与调试

1）确定软件总体结构，划分功能模块，生成软件设计文档。单片机应用系统的软件设计常用的方法是自顶向下模块化设计，即在明确软件总体结构的情况下，把一个大的程序划分为一些较小的部分，明确规定各个部分的功能，每一功能相对独立的部分用一个程序模块来实现。各模块间的接口信息尽量简单。这样各个模块可以分别独立设计、编制和调试。

2）模块设计采用逐步细化的方法。根据文档，在明确模块功能的基础上，先设计一个粗略的功能实现操作步骤，只需要指明各个操作步骤的逻辑顺序，不需要说明如何实现。然后，进一步细化各个操作步骤，解决如何实现的问题，直到可以用指令编写程序为止。产生各功能模块详细程序流程图。

3）采用结构化的程序设计思想。在编程过程中，采用顺序结构、分支结构、循环结构和子程序的结构化设计思想。使得程序结构更加清晰，便于调试。在编写应用程序时，有的也可以直接调用监控程序来完成（如键盘管理程序、显示程序等），这样可以提高编程效率。

最后将各个程序模块联结成一个完整的系统程序。

软件设计完成后，就可以进行软件的调试工作。软件调试遵循先独立后联机、先分块后组合、先单步后连续的原则。软件调试需要利用仿真工具在线一个模块一个模块地进行调试，最后连接起来统一调试。也可以通过 Keil C51 与 Proteus 联合进行全程仿真调试。需要注意的问题是，经过汇编程序的"编译"，只能发现语法错误，不能解决程序逻辑上的错误。逻辑错误只能通过设计者进行仔细的软件调试和硬软件联合调试来完成。软件调试无误后就可以固化到单片机的程序存储器中，脱机运行。

5. 单片机应用系统联合调试与试运行

单片机应用系统软、硬分别设计，调试结束后，必须进行软、硬件联合调试。通过联合调试来发现硬、软件能否按预定要求协调工作，系统运行中是否有潜在的设计时难以预料的错误，系统的动态性能指标是否满足设计要求等。这一步需要借助于单片机开发系统来完成。需要通过相应的仪器装置模拟现场设备的输入/输出信号，对系统进行调试，同时模拟环境运行，以期发现隐含的错误。联合调试无误后，将程序"烧录"到单片机中在现场进行试运行，由于现场环境比实验室环境复杂、条件恶劣、干扰多，总会出现这样或那样的问题，这时需要认真分析问题来源，加以解决。

6. 单片机应用系统现场调试运行或产品化设计

只有经过现场调试后的用户系统才能保证其可靠地工作，系统经过现场调试和试运行正常后，就可以交付用户正式运行使用了。如果开发的是产品，则还要为大批生产做准备，将各种设计、安装、调试、元器件采购等环节流程化，以进行大批量生产。

9.3　单片机应用系统的抗干扰技术

随着单片机技术的不断发展，单片机在工业自动化、生产过程控制、智能仪器仪表等领域的应用越来越广泛，大大提高了产品的质量，有效地提高了生产效率。但是，测控系统的工作环境往往复杂而且比较恶劣，尤其是系统周围的电磁环境，形成了强大的干扰。严重时会使系统失灵，甚至造成巨大损失。干扰信号主要通过电磁感应、传输通道和电源三个途径进入应用系统，对于电磁感应干扰可应用良好的"屏蔽"和正确的"接地"加以解决。下面着重从软、硬件两个方面给出传输通道和电源的抗干扰技术。

9.3.1　单片机应用系统的硬件抗干扰技术

1. 输入/输出通道抗干扰措施

输入/输出通道是单片机和外设、测控对象进行信息交换的渠道，由通道引起的干扰主要由公共地线引发。因此，必须隔开对象与输入/输出通道之间的公共地线，主要措施有：

1）光电耦合隔离。采用光电耦合可以切断主机与输入、输出通道电路以及其他主机电路的地线联系，能有效地防止干扰从通道进入主机。需要注意的是，光电隔离器的输入回路和输出回路必须采用独立的电源。

2）双绞线传输。双绞线能使各小环路的电磁感应干扰相抵消，对电磁场干扰、共模噪声有一定的抑制效果。采用双绞线长线传输时，要求信号源的输出阻抗、传输线的特性阻抗与接收端的输入阻抗相等。否则，信号在传输线上会产生反射，造成失真。

3）传感器后级的变送器应尽量采用电流型传输方式。由于电流型变送器比电压型变送器抗干扰能力强，所以采用电流型变送器可以提高系统的抗干扰能力。

2. 印制电路板的抗干扰措施

电路板是微型计算机应用系统中器件、信号线、电源线高密度集合体，其设计与布线的好坏对系统抗干扰性能影响很大，在电路板设计时可采用以下几种措施：

1）印制电路板大小要适中。过大时，印刷线条长、阻抗增加、抗噪声能力下降，成本也高；过小，散热不好且易受干扰。尽量使用多层印制板，保证良好的接地网，减少地电位差。

2）器件布置要合理。把相关的器件就近放置，易产生噪声的电路应尽量远离主机电路，发热量大的器件应考虑散热问题，I/O 驱动器件尽量靠近印制板边上放置。闲置的 IC 芯片引脚不要悬空，元器件引脚避免相互平行，以减少寄生耦合。如有可能，尽量使用贴片元件。

3）布线要合理。电路之间的连线应尽量短，容易受干扰的信号线要重点保护，不要与产生干扰或传递干扰的电路长距离平行布线；交直流电路要分开；对双面布线的印制电路板，应使两面线条垂直交叉，以减少磁场耦合效应。

4）合理接地。交流地与信号地不能共用，以减少电源对信号的干扰；数字地、模拟地分开设计，在电源端两种地线一点相连；对于多级电路，设计时要考虑各级动态电流，注意接地阻抗相互耦合的影响，工作频率低于 1MHz 时采用一点接地，工作频率较高时采取多点接地，接地线应尽量粗。

5）加去耦电容。加去耦电容是印制电路板设计的一项常用技术。在电源输入端跨接 10 ~

$100\mu F$ 的电解电容或钽电容，在每块集成电路芯片的电源线上跨接一个 $0.01\mu F$ 的陶瓷电容器，以过滤电源的干扰。

6）强、弱电路严格分开。如果单片机应用系统含有强电电路，那么强、弱电路不要设计在一块电路板上。

3. 供电系统抗干扰措施

1）使用交流稳压器，可防止电网过电压、欠电压干扰，保证供电的稳定性。

2）采用隔离变压器，一、二次侧用屏蔽层隔离，减少其间分布电容，提高共模抗干扰能力。

3）采用低通滤波器可滤去干扰中的高次谐波。

4）整个系统采用分立式供电方式，分别对各部分进行供电。

5）采用开关电源并提供足够的功率余量。

9.3.2　单片机应用系统的软件抗干扰技术

硬件抗干扰措施的目的是为了切断干扰进入单片机应用系统的通道，但干扰是随机的、多样的，因此除采用硬件抗干扰措施外，还要采用多种软件抗干扰措施，以解决数据采集误差增大、"程序跑飞"失控或陷入死循环等问题。软件抗干扰措施主要有以下三种：

1. 在程序中插入空操作指令（指令冗余）的抗干扰措施

程序在执行过程中，CPU 受到干扰后可能会将一些操作数当做指令码来执行，不能按正常状态执行程序，引起程序混乱，这就是通常所谓的程序"跑飞"或"走飞"。一旦程序"跑飞"，应尽快使程序恢复正常。51 系列单片机指令长度不超过 3B，当程序"跑飞"到某一长度为单字节指令上时，能自动恢复正常。当"跑飞"到某一长度为双字节或三字节指令上时，有可能落到操作数上，继续出错。所以在软件设计时，应多采用单字节指令，并在一些关键地方插入 NOP 指令，如在长度为双字节、三字节指令后面插入 2 条 NOP 指令，另外，在一些对程序流向起决定性作用的指令之前插入两条 NOP 指令（如 RET，RETI，ACALL，LCALL，SJMP，AJMP，LJMP，JZ，JNZ，JC，JNC，JB，JNB，JBC，CJNE，DJNZ）以保证"跑飞"的程序能快速恢复正常。

2. 采用"软件陷阱"抗干扰措施

当 CPU 受干扰造成程序"跑飞"到非程序区，此时指令冗余无能为力，可在非程序区设置拦截措施，使程序进入"陷阱"，强迫引导程序进入一个指定的地址，执行一段专门对程序出错进行处理的程序。下面的"软件陷阱"由 3 条指令构成，其中 ERR 为指定地址。

```
        NOP
        NOP
        LJMP   ERR
```

"软件陷阱"通常安排在下列 4 种存储区域：

1）未使用的中断区。当干扰使未使用的中断开放并激活这些中断时，就会引起程序混乱。如果在这些地方设置"软件陷阱"，就能及时捕捉到错误中断，如 51 系列单片机系统中使用 3 个中断 $\overline{INT0}$、$\overline{INT1}$、T1，它们的中断服务子程序入口分别为 PINT0、PINT1、PT1，T0 和串行接口未使用中断。则中断向量区可以设置如下：

```
        ORG 0000H
START： LJMP   MAIN          ; 主程序
        LJMP   PINT0         ; INT0中断服务子程序
        NOP
        NOP
        LJMP   ERR           ; "陷阱"
```

```
            LJMP    ERR                ；T0 没有中断，设置"陷阱"
            NOP
            NOP
            LJMP    ERR                ；"陷阱"
            LJMP    PINT1              ；INT1 中断服务子程序
            NOP
            NOP
            LJMP    ERR                ；"陷阱"
            LJMP    PT1                ；T1 中断服务子程序
            NOP
            NOP
            LJMP    ERR                ；"陷阱"
            LJMP    ERR                ；串行口没有中断，设置"陷阱"
            NOP
            NOP
            LJMP    ERR                ；"陷阱"
```

2）未使用的大片程序空间。对于未使用的 EPROM 单元，正常状态下为 0FFH，程序"跑飞"到这一区域后，如果不受新的干扰，将顺序执行，不再跳转。只要每隔一段区域设置一个"软件陷阱"，其他单元保持为 0FFH 不变，就一定能捕捉到"跑飞"到这里的程序。

3）程序区。程序区由一串串执行指令构成，当程序执行到 LJMP、SJMP、AJMP、RET 等无条件转移类指令时，PC 的值应发生正常的跳变，此时程序不可能继续往下顺序执行。若在这些指令后设置"软件陷阱"，就可拦截到这里的程序，而又不影响正常执行的流程。

4）数据表格区。为了不破坏表格的连续性，可在数据表格区的尾部设置"软件陷阱"。"软件陷阱"安排在正常程序执行不到的地方，不影响程序执行的效率，在程序存储器容量允许的条件下，多设置"软件陷阱"有利而无害。

3. 数据采集的抗干扰措施

对实时测控系统或者数据采集系统来说，除了采用硬件滤波电路外，还可以应用软件技术对要采集的数据进行"数字滤波"。所谓数字滤波，是通过算法程序对采样数据进行平滑加工，以减小或者剔除干扰对数据的影响。常用的滤波算法有"程序判断滤波"、"中值滤波"、"算术平均滤波"、"一阶递推滤波"等方法。

1）程序判断滤波。程序判断滤波的方法，是根据经验来确定一个最大偏差（阈值）ΔX，如果单片机对输入信号相邻两次采样的差值不大于 ΔX，则本次采样值有效并保存。如果两次采样的差值大于 ΔX，则本次采样值视为由于干扰引起的无效值，并选用上次采样值作为本次采样的替代值。

2）中值滤波。对某一被测参数连续采集 n 次（一般 n 取奇数），然后把 n 次的采样值从小到大排序，取中间值作为本次有效的采样值。

3）算术平均滤波。所谓算术平均滤波就是把 n 次采样值相加，然后取其算术平均值作为本次的采样值。

4）一阶递推滤波。这是用软件完成的动态滤波方法，其表达式为：

$$Y(n) = (1-a)X(n) + aY(n-1)$$

式中，$X(n)$ 是第 n 次的采样值；$Y(n-1)$ 是第 $n-1$ 次采样后的滤波器输出；$Y(n)$ 是第 n 次采样后的滤波器输出；$a = \dfrac{\tau}{\tau + T}$ 为滤波系数，τ 是滤波环节的时间常数，T 是采样周期，τ、T 的选择可根据具体情况确定。

9.4　单片机应用系统设计举例

9.4.1　电阻炉温度控制系统设计

　　用于热处理的电阻炉、用于熔化金属的坩埚电炉等加热设备在机械、化工、冶金等行业中应用广泛，其中温度是一个典型的被控参数。电阻炉温度控制属于一阶环节加纯滞后系统，具有大惯性、纯滞后、非线性等特点，如果应用传统的断续控制方式将导致超调量大、调节时间长、控制精度低等问题。采用单片机进行炉温控制，具有电路设计简单、控制精度高、效果好等优点，对提高生产效率和产品质量等方面具有重要的现实意义。

　　1. 整体设计及系统原理

　　设计的温度控制系统主要技术指标有以下几种：

　　1）温度控制范围：在 300～1000℃ 之间设定。

　　2）恒温时间：可以在 0～24 小时内任意设定，但每次设定时间不能超过 24 小时。

　　3）控制精度：±1℃。

　　4）超调量 <1%。

　　温度控制系统功能要求有以下几种：

　　1）能够由键盘设定目标温度和控制参数。

　　2）液晶显示炉温、设定时间、实际时间。

　　3）具有串行接口通信功能。

　　4）具有越限报警功能。

　　根据系统的功能要求和技术指标，本系统由 AT89S51 单片机、传感器、信号调理与转换电路、键盘、显示及报警电路、计时电路、驱动与执行电路、串行接口通信电路等部分组成。硬件原理框图如图 9-2 所示。

　　在系统中，利用热电偶测得电阻炉实际温度并转换成毫伏级电压信号。经过调理后，该电压信号再经过转换电路转换成与炉温相对应的数字信号输入单片机，单片机进行数据处理后，一方面通过显示器显示温度、判断温度是否越限，如果越限则报警，并将温度通过串行接口发送到上位机；另一方面将实际温度与设定温度值比较，由 PID 算法计算出控制量，该控制量用来控制固态继电器的导通和关闭，从而达到改变电阻丝

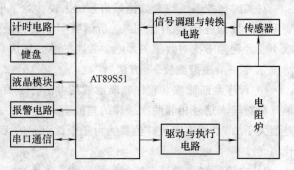

图 9-2　电阻炉温度控制系统原理框图

的导通时间，以实现对炉温的控制。该系统中的计时电路可以根据要求进行准确计时。

　　2. 硬件设计

　　（1）温度检测与调理电路

　　根据温度控制范围，传统的 K 型（镍铬—镍硅）热电偶，其测量温度范围宽，带有冷端补偿，一般输出为毫伏级电压信号，线性度好，而且性价比高。温度检测电路采用"传感器—滤波器—

放大器—冷端补偿—线性化处理—A/D 转换"模式，转换环节多、电路复杂、精度低。本系统选用高精度的集成电路芯片 MAX6675，完成热电偶输出电压信号的调理与数字量的转换。MAX6675 是 MAXIM 公司开发的 K 型热电偶转换器，集成了滤波器、放大器等，并带有热电偶断线检测电路、冷端补偿电路，能将 K 型热电偶输出的电压直接转换成 12 位的数字量，分辨率为 0.25℃。因此，不需外围电路、I/O 接线简单、精度高、成本低。温度数据通过 SPI 端口输出给单片机，表 9-1 为 MAX6675 的引脚功能。图 9-3 为本系统温度检测电路。

表 9-1　MAX6675 的引脚功能

引脚号	名称	功　　　能	引脚号	名称	功　　　能
1	GND	接地	5	SCK	串行时钟输入
2	T −	热电偶负极（使用时接地）	6	$\overline{CS}$	片选信号
3	T +	热电偶正极	7	SO	数据串行输出
4	V_{CC}	电源端	8	NC	悬空不用

以 AT89S51 单片机的 P2.5 口作为 MAX6675 芯片的片选信号，低电平有效，P2.4 口连接 MAX6675 时钟端口。在每一个时钟信号的下降沿从 MAX6675 芯片的 SO 端口输出一位数据，经过 16 个时钟信号完成数据输出，先输出高位 D15，最后输出的是低位 D0，D14 ~ D3 为相应的温度数据。当 P2.5 口为高电平时，MAX6675 开始进行新的温度转换。在应用 MAX6675 时，应该注意将其布置在远离其他 I/O 芯片的地方，以

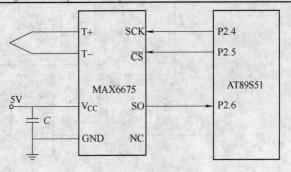

图 9-3　温度检测电路

降低电源噪声的影响；MAX6675 热电偶负端必须接地，而且和该芯片的电源地都是模拟地，不要和数字地混淆而影响芯片读数的准确性。

（2）计时电路

在系统中需要准确显示升温时间、恒温时间时，本系统选用了时钟芯片 DS12887 构成定时电路来完成对时间的准确计时。DS12887 芯片具有时钟、闹钟、12/24 小时选择和闰年自动补偿功能；包含有 10B 的时钟控制寄存器、4B 的状态寄存器和 114B 的通用 RAM；具有可编程序方波输出功能；报警中断、周期性中断、时钟更新中断可由软件屏蔽或测试。使用时不需任何外围电路，并具有良好的外围接口。在本系统中，DS12887 芯片的地址/数据复用总线与单片机的 P0 口相连。通过定时器中断，CPU 每隔 0.4s 读一次 DS12887 芯片的内部时钟寄存器，得到当前的时间，送至液晶显示器进行显示。每当电阻炉从一个状态转入另一个状态，CPU 通过 DS12887 芯片把系统时间清"0"，重新开始计时。此外，通过 DS12887 芯片还可以设定电阻炉的加热时间和恒温时间。电路如图 9-4 所示。

（3）控温电路

控温电路包括驱动芯片 MC1413、过零型交流固态继电器（D44606Z 型 SSR）。报警和控温电路如图 9-4 所示。D44606Z 型 SSR 内部含有过零检测电路，当加入控制信号，且负载电源电压过零时，Z 型 SSR 才能导通；而控制信号断开后，Z 型 SSR 在交流电正负半周交界点处断开。也就是说，当 Z 型 SSR 在 1s 内为全导通状态时，其被触发频率为 100Hz；当 Z 型 SSR 在 1s 内导通时间为 0.5s 时，其被触发频率为 50Hz。在本系统中，采用 PID 控制算法，通过改变 Z 型 SSR 在单位时间内的导通时间达到改变电阻炉的加热功率、调节炉内温度的目的。

（4）串行接口通信模块

串行接口通信模块应用单片机内部异步串行接口，在外围采用 MAX232 芯片完成 TTL 电平和 RS-232C 电平的转换，并与上位 PC 通信。

（5）键盘和报警电路

本系统采用 3×3 键盘，可通过按键设定温度和时间，有的按键在不同情况下可以实现不同功能。报警电路是将单片机的 I/O 接口与驱动芯片 MC1413 相连，通过 MC1413 芯片驱动蜂鸣器，电路如图 9-4 所示。

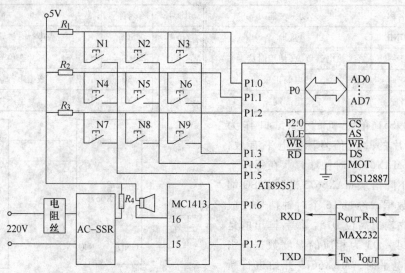

图 9-4　键盘、时钟、报警、通信和控温电路

（6）显示电路

显示器选用点阵字符型液晶显示器 TC1602，系统中将 AT89S51 单片机数据总线和 TC1602 的数据线相连，P2.1 与 TC1602 的使能端相连，低电平时液晶模块执行命令；P2.2 与 TC1602 的读/写信号线相连，以控制液晶显示器的读/写操作，高电平时对 TC1602 进行读操作，低电平时进行写操作；P2.3 与 TC1602 的寄存器选择信号线相连，高电平时选择数据寄存器，低电平时选择指令寄存器。TC1602 的显示形式是 16×2 行，可显示炉温、设定时间、实际时间等。电路如图 9-5 所示。

3. 软件设计

在系统软件中，主程序完成系统初始化和电阻丝的导通和关断；而炉温测量、键盘输入、时间确定和显示算法、控制算法、串行口通信等都由子程序来完成；中断服务程序实现定时测温和读取时间。程序流程如图 9-6 所示。图 9-6 中，实测温度如果处于下限值附近，或与目标温度的误差的绝对值大于 5℃，则使固态继电器处于恒导通状态，电炉全速加热，当误差的绝对值小于 5℃，此时采用 PID 算法控制电炉的加热。本例中仅给出了炉温测量和 PID 控制算法程序。

（1）炉温测量

利用定时器 T0 定时 50ms，利用 R0 计数 T0 定时 200 次后，即每 10s 采集一次炉温。并将结果存放在片内 RAM 60H 和 61H 单元（系统晶振为 12MHz）。下面为定时器 T0 的中断服务程序。

```
PTF0:   MOV     TH0, #3CH
        MOV     TL0, #0B0H
        INC     R5
        SETB    RS1                    ; 选择 3 区工作寄存器
```

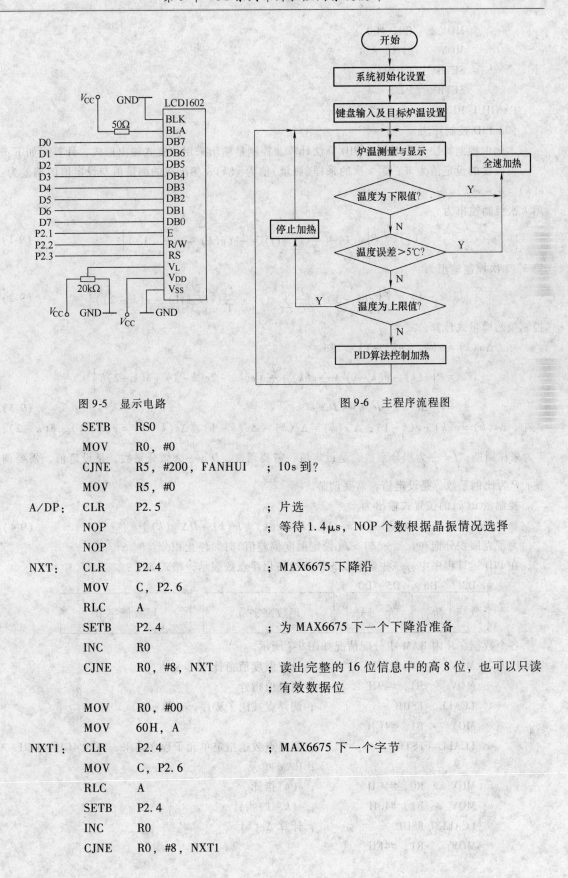

图 9-5　显示电路　　　　　　　　　　　图 9-6　主程序流程图

	SETB	RS0	
	MOV	R0，#0	
	CJNE	R5，#200，FANHUI	; 10s 到？
	MOV	R5，#0	
A/DP:	CLR	P2.5	; 片选
	NOP		; 等待 1.4μs，NOP 个数根据晶振情况选择
	NOP		
NXT:	CLR	P2.4	; MAX6675 下降沿
	MOV	C，P2.6	
	RLC	A	
	SETB	P2.4	; 为 MAX6675 下一个下降沿准备
	INC	R0	
	CJNE	R0，#8，NXT	; 读出完整的 16 位信息中的高 8 位，也可以只读
			; 有效数据位
	MOV	R0，#00	
	MOV	60H，A	
NXT1:	CLR	P2.4	; MAX6675 下一个字节
	MOV	C，P2.6	
	RLC	A	
	SETB	P2.4	
	INC	R0	
	CJNE	R0，#8，NXT1	

```
        MOV     R0，#00
        MOV     61H，A
        SETB    P2.4
        SETB    P2.5
FANHUI：RETI
```

（2）PID 控制算法

本例中控制算法采用增量式 PID 算法计算，控制量输出采用位置式输出形式，计算式如下：

设温度的设定值为 W；第 k 次的采样（测量）值为 $y(k)$；第 k 次的测量值与设定值的偏差为：$e(k) = W - y(k)$。

第 k 次控制输出为

$$u(k) = P\left[e(k) + \frac{T}{T_i}\sum_{j=0}^{k} e(j) + \frac{T_d}{T}(e(k) - e(k-1)) \right] \tag{9-1}$$

第 $k-1$ 次控制输出为

$$u(k-1) = P\left[e(k-1) + \frac{T}{T_i}\sum_{j=0}^{k-1} e(j) + \frac{T_d}{T}(e(k-1) - e(k-2)) \right] \tag{9-2}$$

控制量的增量式计算公式为

$$\Delta u(k) = u(k) - u(k-1)$$

$$= P\left[e(k) - e(k-1) + \frac{T}{T_i}e(k) + \frac{T_d}{T}(e(k) - 2e(k-1) + e(k-2)) \right]$$

$$= P\left[\Delta e(k) + Ie(k) + D\Delta^2 e(k) \right] \tag{9-3}$$

式中，$\Delta e(k) = e(k) - e(k-1)$；$\Delta^2 e(k) = \Delta e(k) - \Delta e(k-1)$，$\Delta e(k-1) = e(k-1) - e(k-2)$；$T$ 为采样周期；$I = \dfrac{T}{T_i}$ 为积分系数，是设定值，需要调整；$D = \dfrac{T_d}{T}$ 为微分系数，是设定值，需要调整；P 为比例系数，是设定值，需要调整。

控制量 $u(k)$ 的位置式输出为

$$u(k) = u(k-1) + P\left[\Delta e(k) + Ie(k) + D\Delta^2 e(k) \right] \tag{9-4}$$

为了克服积分饱和，当 $e(k) > \varepsilon$（设定温度偏差值）时，停止积分。

在 PID 运算程序中，一些参数以 3 字节规格化浮点数表示，格式如下：

D7	D6	D5…D0		
数符	阶符	阶　码	尾数高字节	尾数低字节

各个数据在片内 RAM 中分配情况如图 9-7 所示。

```
PID： MOV     R0，#31H        ；设定温度值指针
      MOV     R1，#49H        ；测量值指针
      LCALL   FSUB            ；调浮点减法子程序，计算 e(k)
      MOV     R1，4CH
      LCALL   FSTR            ；调浮点数送指定单元子程序结果，写入 4CH～4EH～
                              ；RAM 单元
      MOV     R0，#4CH        ；e(k) 指针
      MOV     R1，#40H        ；e(k-1) 指针
      LCALL   FSUB            ；计算 Δe(k)
      MOV     R1，#4FH
```

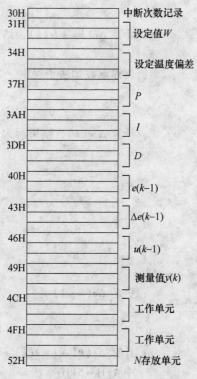

图 9-7　PID 控制参数片内 RAM 分配图

	LCALL	FSTR	; 结果写入 RAM 中 4FH ~ 51H
	MOV	40H, 4CH	; 更新 $e(k-1)$
	MOV	41H, 4DH	
	MOV	42H, 4EH	
CP0:	MOV	A, 4CH	
	JB	ACC. 7, S3	; 数符为 1 转 S3
	JB	ACC. 6, S3	; 阶符为 1 转 S3, 进行 PID 运算
	CJNE	A, 34H, CP1	
	MOV	A, 4DH	
	CJNE	A, 35H, CP1	
	MOV	A, 4EH	
	CJNE	A, 36H, CP1	
	LJMP	S3	
CP1:	JC	S3	
	MOV	4CH, 4FH	
	MOV	4DH, 50H	
	MOV	4EH, 51H	
	LJMP	S4	
S3:	MOV	R0, #40H	; 计算 $I . e(k)$, 结果写入 RAM 中 4CH ~ 4EH
	MOV	R1, #3AH	
	LCALL	FMUL	; 调浮点数乘法子程序
	MOV	R1, #4CH	

```
        LCALL   FSTR
        MOV     R0, #4CH        ; 计算 Δe(k) + Ie(k)，结果写入 RAM 中 4CH ~ 4EH
        MOV     R1, #4FH
        LCALL   FADD            ; 调浮点数加法子程序
        MOV     R1, #4CH
        LCALL   FSTR
S4:     MOV     R0, #4FH        ; 计算 Δ²e(k)，结果写入 RAM 中 49H ~ 48H 单元
        MOV     R1, #43H
        LCALL   SUB
        MOV     R1, #49H
        MOV     R0, #3DH
        LCALL   FMUL
        MOV     R1, #49H
        LCALL   FSTR
        MOV     43H, 4FH        ; 更新 Δe(k - 1)
        MOV     44H, 50H
        MOV     45H, 51H
        MOV     R1, #49H        ; 计算 Δe(k) + I * e(k) + DΔ²e(k - 1)，结果写入 RAM
                                  中 4FH ~ 51H
        MOV     R0, #4CH
        LCALL   FADD
        MOV     R1, #4FH
        LCALL   FSTR
        MOV     R0, #37H        ; 计算 ΔU(k)，结果写入 RAM 中 44H ~ 4EH
        MOV     R1, #4FH
        LCALL   FMUL
        MOV     R1, #4CH
        LCALL   FADD
        MOV     R1, #4CH
        LCALL   FSTR
        MOV     46H, 4CH        ; 更新 ΔU(k - 1)
        MOV     7H, 4DH
        MOV     48H, 4EH
        MOV     A, #4CH
        MOV     R2, #4DH
        MOV     R3, #4EH
        JB      ACC.7, CX1      ; U(k) < 1，则作零处理
        JB      ACC.6, CX2      ; 阶符为 1 转 S3，PID 运算
CX1:    MOV     R3, #00H
        AJMP    CXZ
CX2:    CJNE    A, #17, CX3     ; 阶码大于等于 17，则作 100 处理
        AJMP    CX6
```

```
CX2：   JC      CX4
CX6：   MOV     R3, #64H
        AJMP    CXZ
CX4：   CJNE    A, #16, CX5     ; U(k)≥100，则作 100 处理，U_i<100，则右移后定点
                                ; 数在 R3 中，再送入 52H～49H 的相应单元中
        CJNE    R2, #0, CX6
        CJNE    R3, #65H, CX7
        AJMP    CX6
CX4：   CLR     C
        XCH     A, R2          ; 右移 1 位
        RRC     A
        XCH     A, R2
        XCH     A, R3
        RRC     A
        XCH     A, R3
        INC     A              ; 阶码加 1
        SJMP    CX4
CX2：   MOV     52H, R3        ; 将 (R3) 送 52H 单元，即 N 送入 52H 单元
        RET
```

9.4.2　步进电动机控制系统设计

步进电动机是一种将电脉冲信号转换成相应角位移的控制装置。由于步进电动机具有起、停速度快、精确步进和定位等特点，因而在数控机床、绘图仪、打印机以及光学仪器中得到广泛应用。

常用的步进电动机有三相、四相、五相、六相等，本节以三相步进电动机为例，介绍其控制原理与程序设计。三相步进电动机内部有 A、B、C 三相绕组，其旋转方向与内部绕组的通电顺序及方式有关，常采用以下三种控制方式：

1）单三拍，其通电顺序如下：

$$\boxed{\rightarrow A \rightarrow B \rightarrow C \rightarrow}$$

2）双三拍，其通电顺序如下：

$$\boxed{\rightarrow AB \rightarrow BC \rightarrow CA \rightarrow}$$

3）三相六拍，其通电顺序如下：

$$\boxed{\rightarrow A \rightarrow AB \rightarrow B \rightarrow BC \rightarrow C \rightarrow CA \rightarrow}$$

【注意】　步进电动机相临两拍之间一般都有延时，具体延时时间应由步进电动机的转速和步距角来确定。

1. 步进电动机驱动电路

步进电动机的驱动电流一般比较大，单片机难以提供如此大的电流，所以一般需要在单片机和步进电动机之间加驱动电路。目前市场上已经有很多种类的通用步进电动机驱动器，也可以自行设计驱动电路，满足其电压电流的要求即可。图 9-8 是步进电动机常用的一种驱动电路。

这种驱动方式是全电压驱动，即在步进电动机移步与锁存时都加载额定电压。为防止电动机

过电流以及改善驱动特性,需要加限流电阻。由于步进电动机锁步时,限流电阻要消耗大量的功率,因此限流电阻要有比较大的功率容量,并且开关也要有比较高的负载能力。

2. 控制软件设计

如果三相步进电动机按照上述方式和通电顺序,则步进电动机正转;如果按照上述相反的方向顺序通电,则步进电动机反向转动。本节主要讲述三相六拍步进电动机的驱动。

(1)控制接口

选择单片机的输出接口控制三相步进电动机的每一相绕组。例如,用 8 位接口控制三相步进电动机时,可用 D0、D1、D2 分别接到三相步进电动机的 A、B、C 三相绕组的驱动电路。

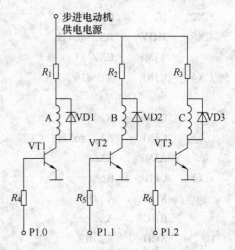

图 9-8　步进电动机的一种驱动电路

(2)根据控制方式写出相应的控制字

步进电动机正转控制字见表 9-2,步进电动机反转控制字见表 9-3。

表 9-2　步进电动机正转控制字

步序	控 制 位								工作状态	控制字
	D7	D6	D5	D4	D3	D2 C	D1 B	D0 A		
1	0	0	0	0	0	0	0	1	A	01H
2	0	0	0	0	0	0	1	1	AB	03H
3	0	0	0	0	0	0	1	0	B	02H
4	0	0	0	0	0	1	1	0	BC	06H
5	0	0	0	0	0	1	0	0	C	04H
6	0	0	0	0	0	1	0	1	CA	05H

表 9-3　步进电动机反转控制字

步序	控 制 位								工作状态	控制字
	D7	D6	D5	D4	D3	D2 C	D1 B	D0 A		
1	0	0	0	0	0	0	0	1	A	01H
2	0	0	0	0	0	1	0	1	CA	05H
3	0	0	0	0	0	1	0	0	C	04H
4	0	0	0	0	0	1	1	0	BC	06H
5	0	0	0	0	0	0	1	0	B	02H
6	0	0	0	0	0	0	1	1	AB	03H

(3)三相六拍步进电动机驱动程序段

程序流程如图 9-9 所示。

具体程序如下:

```
        STEP    EQU 60H
        ORG     1000H
        MOV     R7, #STEP           ;设定电动机运行步数 STEP
LOOP0：MOV      R2, #00H
        MOV     DPTR, #TAB
```

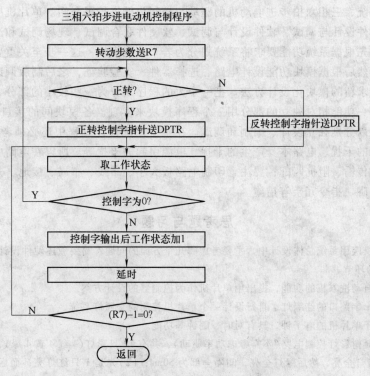

图 9-9　三相六拍步进电动机驱动程序流程

	JNB	00H, LOOP2	；判断电动机正、反转
LOOP1：	MOV	A, R2	；取正转工作状态
	MOVC	A, @A + DPTR	；取控制字
	JZ	LOOP0	；控制字为 0，则工作状态超过 5，则从 0 状
			；态开始。
	MOV	P1, A	；从 P1 口输出控制信号
	CALL	DELAY	；延时
	INC	R2	；修改工作状态
	DJNZ	R7, LOOP1	；判断预定步数是否走完
	RET		
LOOP2：	MOV	A, R2	；取反转工作状态
	ADD	A, #07H	；修改反转变量
	MOV	R2, A	
	AJMP	LOOP1	
DELAY：			；延时子程序(略)，用于相邻两拍之间延时
TAB：	DB 01H, 03H, 02H, 06H, 04H, 05H, 00H		
	DB 01H, 05H, 04H, 06H, 02H, 03H, 00H		
	END		

本 章 小 结

本章主要介绍了单片机应用系统的设计方法、设计的流程以及设计中应注意的抗干扰问题，并以炉温控制系统、三相六拍步进电动机的驱动与控制为例进行了介绍。单片机应用系统设计包括总体设计、硬件设计与调试、软件设计与调试、软硬件联合调试、现场调试和试运行或产品的优化等环节。首先根据系统功能要求将系统划分为若干功能模块，这一步至关重要，常常由系统设计师来完成。然后根据模块功能设计电路、选择器件、实验验证，之后制版调试。软件设计常用自顶向下逐步求精的模块化设计方法。把一个大的程序划分为一些较小的部分，明确规定各个部分的功能，每一功能相对独立的部分用一个程序模块来实现。各模块间的接口信息尽量简单。这样各个模块可以分别独立设计、编制和调试。在整个系统设计过程中还必须考虑抗干扰问题。一般有外部输入的干扰、电路本身产生的干扰、电源引起的干扰等。所以在电路中要采用光电耦合隔离、双绞线传输、阻抗匹配；要注意印制电路板大小、布线、布局、接地、去耦合；软件要注意采用软件陷阱、指令冗余等措施。

思考题与习题

9-1　在单片机应用系统总体设计中，主要考虑哪几个方面的问题？简要叙述硬件设计和软件设计的主要步骤以及调试的环节。

9-2　观察全自动洗衣机的功能，提出用单片机作为控制器的设计方案。

9-3　观察某十字路口的红绿灯，自行设计一个单片机控制的交通灯系统。

9-4　设计基于单片机的电子钟，具有对时、闹钟等功能。

9-5　设计圣诞树彩灯控制电路(不需考虑功率驱动)，共有 12 只彩灯(4 红 4 黄 4 绿)，要求：(1)先是红灯全亮，而后黄灯全亮，然后绿灯全亮，间隔全部为 50ms；(2)先是 1 只红灯亮，而后 1 只黄灯亮，然后 1 只绿灯亮，间隔全部为 50ms，照此顺序依次亮完所有灯。要求(1)、(2)循环。设计硬件逻辑图并编写程序。

9-6　用 51 系列单片机设计一秒表具有以下功能：(1)计时 0～30s；(2)起动按钮和停止按钮控制开始和停止；(3)时间精确到 10ms；(4)显示部分，只需将 0FFH 写入显示控制寄存器 8000H，55H 写入小数点控制器 8001H 后，小数点即可显示，时间由高到低可以依次写入 8002H～800FH。画出逻辑图并编写程序。

参 考 文 献

[1]　李鸿主 . 单片机原理及应用[M]. 湖南：湖南大学出版社，2004.

[2]　韩全立，王建明 . 单片机控制技术及应用[M]. 北京：电子工业出版社，2004.

[3]　周平，伍云辉 . 单片机应用技术[M]. 四川：电子科技大学出版社，2004.

[4]　胡伟，季晓衡 . 单片机 C 程序设计及应用实例[M]. 北京：人民邮电出版社，2004.

[5]　朱定华 . 微型计算机原理及应用[M]. 北京：电子工业大学出版社，2005.

[6]　李文江，张岩 . 用 L298 实现雷管脚线合股剥皮机多步进电机控制[J]. 辽宁工程技术大学学报，2005，(2).

[7]　赵龙庆，徐国栋 . 一种基与单片机的步进电机控制驱动器[J]. 西南林学院学报，2005，6.

[8]　赵景波，王劲松 . PROTEL2004 电路设计[M]. 北京：电子工业出版社，2004.

[9]　陈理璧 . 步进电动机及其应用[M]. 上海：上海科学技术出版社，1985.

[10]　孙凯，李元科 . 电阻炉温度控制系统[J]. 传感器技术，2003，(2)：50-52.

[11]　赖寿宏 . 微型计算机控制技术[M]. 北京：机械工业出版社，2004.

[12]　何立民 . MCS-51 系列单片机应用系统设计系统配置与接口技术[M]. 北京：北京航空航天大学出版社，2001.

[13]　王延平 . 计算机高精度控温系统的研究与开发[J]. 微计算机信息，2006，(6-1)：33-34.

[14]　刘洪恩 . 利用热电偶转换器的单片机温度测控系统[J]. 仪表技术，2005，(2)：29-30.

[15]　杨居义 . 单片机原理与工程应用[M]. 北京：清华大学出版社，2009.

第 10 章　C51 程序设计基础与开发环境

【内容提要】

本章学习内容建立在已经学习了 C 语言的基础上，着重介绍有关 C51 的基础知识及其应用，是学习用 C 语言编写单片机程序的基础。从 C51 程序结构开始，层层展开，介绍 C51 的基本数据类型和扩展数据类型，说明 C51 的运算式及其规则，简单分析了程序的三种控制流程，并讨论了数组和函数的使用。最后通过实例简述在 Keil C51 与 Proteus6.9 中如何建立和调试单片机应用程序。

【基本知识点与要求】

（1）理解单片机 C 语言程序开发流程及结构。

（2）掌握数据类型及其在单片机中的存储类型。

（3）了解 C51 的顺序、分支和循环控制流程。

（4）掌握 C51 数组、一般函数和中断函数的应用。

（5）掌握 Keil C51 的使用，了解 Keil C51 与 Proteus6.9 的联合调试。

【重点与难点】

本章重点是各种数据类型在 C51 中的应用、函数的应用、Keil C51 的使用；难点是中断函数的应用。

10.1　单片机的 C 语言概述

基于 51 系列单片机的 C 语言或 C 语言编译器简称为 C51 语言或 C51。这里以 Keil C51 编译器为主进行阐述。Keil C51 由美国 Keil Software 公司推出，是基于 51 系列单片机的 C 语言软件开发平台，集程序的编辑、编译、链接、目标文件格式转换、调试和模拟仿真等功能于一体。C51 具有标准 ANSI C 的所有功能，又兼顾 51 系列单片机的硬件特点而有所扩展。C51 的特点如下：

1）C51 系列头文件集中体现了各系列芯片的不同功能。

2）C51 比 ANSI C 多一种"位"类型。

3）数据存储类型有很大的区别。

4）在函数的使用上，由于 51 系列单片机系统的资源有限，它的编译系统不允许过多的程序嵌套。

5）C51 与标准 ANSI C 的库函数的区别。由于标准 ANSI C 的部分库函数不适合单片机处理系统，因此被排除在外，如字符屏幕和图形函数。也有一些库函数继续使用，但这些库函数是厂家针对单片机硬件特点相应开发的，它们与在 ANSI C 中的用法有了很大的区别，如 printf 和 scanf。在 ANSI C 中这两个函数通常用于屏幕打印和接收字符，而在 C51 中，它们则主要用于串行接口通信时数据的发送和接收。

10.1.1　C51 程序开发流程

C51 的程序开发流程与汇编语言的开发流程相似，首先要根据课题所述的技术要求编写软件流程，并在遵循 C51 的语法规范的基础上按照流程图的思路完成源程序的编写。C51 源程序的编写是一个 ASCII 文件，可以用任何标准的 ASCII 文本编辑器来编写。例如，Edit、WORDSTAR、

PE 等，或者在 Keil 的编辑环境中直接编写。

C51 源程序的书写格式比较自由，但注意一些要点会有利于程序的调试和维护。

1）一般情况下，每个语句占用一行。

2）不同结构层次的语句，从不同的起始位置开始，即在同一结构层次中的语句，缩进同样的字数。

3）表示结构层次的大括号，通常写在该结构语句第一字母的下方，与结构化语句对齐，并占用一行。

源程序编写完成之后，就要在编译软件的环境 Keil C51 中进行编译和链接，生成绝对定位目标码文件，即单片机可以执行的目标文件。若源程序有错误则要重新修改才能再进行编译和链接。该绝对定位目标码文件最终可以被写入编程器或硬件仿真器，与硬件一起完成系统功能。

C51 程序开发流程如图 10-1 所示。

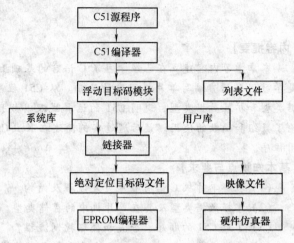

图 10-1　C51 程序开发流程

10.1.2　C51 程序结构

C51 语言继承了 C 语言的特点，其程序结构与一般 C 语言的程序结构没有差别。C51 源程序文件的扩展名为".c"，如 Test.c、Function.c 等。每个 C51 源程序中包含一个名为"main( )"的主函数，C51 程序的执行总是从 main( ) 函数开始的。当主函数中所有语句执行完毕，则程序执行结束。

在 C51 主函数前，一般包含专门的预处理语句。预处理功能包括宏定义、文件包含和条件编译 3 个主要部分。预处理命令不同于 C 语言语句。具有以下特点：预处理命令以"#"开头，后面不加分号；预处理命令在编译前执行；多数预处理命令习惯放在文件的开头。

1. 不带参数的宏定义

不带参数的宏定义的格式为：#define 宏符号名 常量表达式

宏符号名一般采用大写形式。

例如：

#define PI 3.14　　　　　//用宏符号名 PI 代替定点数 3.14

2. 文件包含

文件包含的含义是在一个程序文件中包含其他文件的内容。用文件包含命令可以实现文件包含功能。文件包含命令的格式为

#include < 文件名 > 或 #include "文件名"

例如，在文件 file1.c 中：

#include "file2.c"

3. Keil C51 头文件

若程序中用到 Keil C51 头文件中的内容，则必须用#include 实现包含。Keil C51 常用的头文件有：

absacc.h——包含允许直接访问 51 系列单片机不同存储区的宏定义。

assert.h——文件定义 assert 宏，可以用来建立程序的测试条件。

ctyp. h——字符转换和分类程序。

intrins. h——文件包含指示编译器产生嵌入固有代码的程序的原型。

math. h——数学函数。

reg51. h——定义 51 系列单片机的特殊功能寄存器。

reg52. h——定义 52 增强型单片机的特殊功能寄存器。

setjmp. h——定义 jmp_buf 类型和 setjmp、longjmp 程序的原型。

stdarg. h——可变长度参数列表程序。

stdlib. h——存储区分配程序。

stdio. h———般输入/输出函数。

string. h——字符串操作程序、缓冲区操作程序。

在编译预处理时，对#include 命令进行文件包含处理。实际上就是将文件 file2. c 中的全部内容复制插入到#include "file2. c"的命令处。

4. 条件编译命令

条件编译命令提供一种在编译过程中根据所求条件的值有选择地包含不同代码的手段，实现对程序源代码的各部分有选择地进行编译。

#if 语句中包含一个常量表达式，若该表达式的求值结果不等于 0 时，则执行其后的各行，直到遇到#endif、#elif 或#else 语句为止（预处理 elif 相当于 else if）。在#if 语句中可以使用一个特殊的表达式 define(标识符)：当标识符已经定义时，其值为 1；否则，其值为 0。

5. C51 源程序的结构

在 Keil C51 中，一般先生成一个项目文件管理器，该项目管理器中可以包含具体的头文件、C51 源程序文件、库文件、编译中间文件及最终可执行烧录的目标文件。

C51 源程序的结构：

1) C51 语言是由函数构成的。一个 C51 源程序至少包括一个主函数(main)，也可以包含一个 main 函数和若干其他函数。因此，函数是 C51 程序的基本单位。被调用的函数可以是编译器提供的库函数，也可以是用户自己编制的函数。

2) 一个 C51 程序总是从 main 函数开始执行的，而不论 main 函数在整个程序中的位置如何。

3) 任何编程语言都支持注释语句。注释语句只对代码起到功能描述的作用，在实际的编译链接过程中不起作用。C51 语言中可以用"//"符号开头来注释一行，或者用"/ * "符号开头、并以" * /"符号结束，对 C51 源程序中的任何部分进行注释。

下面是一个简单的 C51 程序。

```
#include "reg51. h"
sbit P1 _0 = P1^0;
void main( )
{ P1_1 = 0;
}
```

这个程序的作用是当 P1.0 引脚输出低电平时，接在 P1.0 引脚上的 LED 被点亮。下面来分析一下这个 C 语言程序包含了哪些信息。

(1) "文件包含"处理

程序的第一行是一个"文件包含"处理。所谓"文件包含"是指一个文件将另外一个文件的内容全部包含进来，所以这里的程序虽然只有 4 行，但 C 编译器在处理的时候却要处理几十或几百行。这里程序中包含 reg51. h。文件的目的是为了要使用 P1 这个符号，即通知 C 编译器，程序中所写的 P1 是指 80C51 单片机的 P1 端口而不是其他变量。

打开 reg51.h 可以看到下面的一些程序内容：

```
/* - - - - - - - - - - - - - - - - - - - - - - - - - - - - - - - - - -
REG51. H
Header file for generic 80C51 and 80C31 microcontroller。
Copyright (c) 1988 - 2001 Keil Elektronik GmbH and Keil Software, Inc。
All rights reserved。
 - - - - - - - - - - - - - - - - - - - - - - - - - - - - - - - - - - */
/* BYTE Register */
sfr P0  = 0x80;
sfr P1  = 0x90;
sfr P2  = 0xA0;
sfr P3  = 0xB0;
sfr PSW = 0xD0;
sfr ACC = 0xE0;
sfr B   = 0xF0;
sfr SP  = 0x81;
sfr DPL = 0x82;
sfr DPH = 0x83;
sfr PCON = 0x87;
sfr TCON = 0x88;
sfr TMOD = 0x89;
sfr TL0 = 0x8A;
sfr TL1 = 0x8B;
sfr TH0 = 0x8C;
sfr TH1 = 0x8D;
sfr IE  = 0xA8;
sfr IP  = 0xB8;
sfr SCON = 0x98;
sfr SBUF = 0x99;
/* BIT Register */
/* PSW */
sbit CY = 0xD7;
sbit AC = 0xD6;
sbit F0 = 0xD5;
sbit RS1 = 0xD4;
sbit RS0 = 0xD3;
sbit OV = 0xD2;
sbit P  = 0xD0;
/* TCON */
sbit TF1 = 0x8F;
sbit TR1 = 0x8E;
sbit TF0 = 0x8D;
```

```
sbit TR0 = 0x8C;
sbit IE1 = 0x8B;
sbit IT1 = 0x8A;
sbit IE0 = 0x89;
sbit IT0 = 0x88;
/* IE */
sbit EA = 0xAF;
sbit ES = 0xAC;
sbit ET1 = 0xAB;
sbit EX1 = 0xAA;
sbit ET0 = 0xA9;
sbit EX0 = 0xA8;
/* IP */
sbit PS = 0xBC;
sbit PT1 = 0xBB;
sbit PX1 = 0xBA;
sbit PT0 = 0xB9;
sbit PX0 = 0xB8;
/* P3 */
sbit RD = 0xB7;
sbit WR = 0xB6;
sbit T1 = 0xB5;
sbit T0 = 0xB4;
sbit INT1 = 0xB3;
sbit INT0 = 0xB2;
sbit TXD = 0xB1;
sbit RXD = 0xB0;
/* SCON */
sbit SM0 = 0x9F;
sbit SM1 = 0x9E;
sbit SM2 = 0x9D;
sbit REN = 0x9C;
sbit TB8 = 0x9B;
sbit RB8 = 0x9A;
sbit TI = 0x99;
sbit RI = 0x98;
```

上面都是一些 51 系列单片机特殊功能寄存器符号的定义，即规定符号名与地址的对应关系。例如，sfr P1 = 0x90 语句定义 P1 与地址 0x90 对应，P1 口的地址就是 0x90(0x90 是 C 语言中十六进制数的写法，相当于汇编语言中写 90H)。还可以看到一个频繁出现的词——sfr，sfr 不是标准 C 语言的关键字，而是 Keil 为能直接访问 51 系列单片机中的 SFR 而提供了一个新的关键词。

（2）符号 P1_0 表示 P1.0 引脚

在 C 语言里，如果直接写 P1.0，C 编译器并不能识别，而且 P1.0 也不是一个合法的 C 语言

变量名，所以得给它另起一个名字，这里起的名为 P1_0。为了 C 编译器能识别 P1_0，必须给
P1_0 和 P1.0 间建立联系，这里使用了 Keil C 的关键字 sbit 位变量名来定义，sbit 的用法后面将
详细介绍。这里用 sfr P1_0 = P1^0；就是定义用符号 P1_0 来表示 P1.0 引脚，当然，也可以起别
的名字，只要下面程序中也随之更改就行了。

（3）main（）称为"主函数"

每一个 C 语言程序有且只有一个主函数，函数后面一定有一对大括号"{}"，在大括号里面
书写其他程序。

10.2　C51 的数据类型

使用 C51 语言编制程序时，会涉及各种运算，而在单片机的运算中，变量在其数据存储器
中要占据空间，变量大小不同，所占据的空间就不同。对一个"变量"来说，其值的大小是有限
制的，不能随意给一个变量赋任意的值。所以使用一个变量之前，必须要给编译器声明这个变量
的类型，以便让编译器提前在单片机数据存储器中分配给这个变量合适的存储空间。

10.2.1　C51 的标识符与关键字

1. 标识符

标识符是用来表示组成 C51 程序的常量、变量、语句标号以及用户自定义函数的名称等。
简单地说，标识符就是名字，作为标识符必须满足以下规则。

1）所有标识符必须由一个字母（a~z，A~Z）或下画线"_"开头，但是要注意的是 C51 中有
些库函数的标识符也是以下画线开头的，所以一般不要以下画线开头命名标识符。

2）标识符的其他部分可以用字母、下画线或数字（0~9）组成。

3）大小写字母表示不同意义，即代表不同的标识符。

4）标识符一般默认 32 个字符。

5）标识符不能使用 C51 的关键字。

例如，smart、_decision、key_board 和 FLOAT 是正确的标识符；而 3mart33、ok? 和 float 则是
不正确的标识符，其中 float 是关键字，所以它不能作为标识符。

2. 关键字

C51 的关键字是被 C51 编译器已经定义的专用标识符，标准 ANSI C 的关键字同样适用于
C51，C51 所扩充的关键字见表 10-1。

表 10-1　C51 编译器扩充关键字

关键字	用　途	说　明
_at_	地址定位	为变量进行绝对地址定位
priority	多任务优先声明	规定 RTX51 或 RTX51 Tiny 的任务优先级
task	任务声明	定义实时多任务函数
alien	函数特性声明	用于声明与 PL/M51 兼容的函数
bdata	存储器类型声明	可位寻址的 51 系列单片机内部数据存储器
bit	位变量声明	声明一个位变量或位类型函数
code	存储器类型声明	51 系列单片机的程序存储空间
compact	存储模式	按 compact 模式分配变量的存储空间

（续）

关键字	用　　途	说　　明
data	存储器类型声明	直接寻址 51 系列单片机的内部数据寄存器
idata	存储器类型声明	间接寻址 51 系列单片机的内部数据寄存器
interrupt	中断函数声明	定义一个中断服务函数
large	存储器模式	按 large 模式分配变量的存储空间
pdata	存储器类型声明	分页寻址的 51 系列单片机外部数据空间
sbit	位变量声明	声明一个可位寻址的位变量
sfr	特殊功能寄存器声明	声明一个 8 位特殊功能寄存器
sfr16	特殊功能寄存器声明	声明一个 16 位特殊功能寄存器
small	存储器模式	按 small 模式分配变量的存储空间
using	寄存器组定义	定义 51 系列单片机的工作寄存器组
xdata	存储器类型声明	定义 51 系列单片机外部数据空间

10.2.2　C51 的数据类型与存储类型

同标准 C 语言一样，在 C51 语言中，每个变量在使用之前必须定义其数据类型。

1. 变量与常量

（1）变量

数据是计算机程序处理的主要对象，在程序中每项数据不是常量就是变量，它们之间的区别仅在于程序执行过程中变量的值可以改变，而常量是不能改变的。变量就是一般的标识符，用来存储各种类型的数据，以及指向存储器内部单元的指针。

根据变量作用域的不同，变量可分为局部变量和全局变量两种。

1）局部变量：局部变量也称为内部变量，是指在函数内部或以花括号"｛｝"括起来的功能模块内部定义的变量。局部变量只在定义它的函数或功能模块内有效，在该函数或功能模块以外不能使用。在 C51 语言中，局部变量必须定义在函数或功能模块的前面。

2）全局变量。全局变量也称为外部变量，是指在程序开始处或各个功能函数的外面定义的变量。在程序开始处定义的全局变量对于整个程序都有效，可供程序中所有的函数共同使用；而在各功能函数外面定义的全局变量只对全局变量定义语句后定义的函数有效，在全局变量定义之前定义的函数不能使用该变量。一般在程序开始处定义全局变量。

一个变量具有 3 个要素：数据类型、对象的名字和存放的地址。所有的变量在使用之前必须声明，所谓声明就是指出该变量的数据类型、长度等信息。

C51 对变量定义的格式为

［存储种类］数据类型［存储器类型］变量名表

例如：

char data var1　　　　　　　　　　//定义字符型变量 var1，被分配在片内 RAM 的低 128B

unsigned int pdata dimension　　　　//定义片外 RAM 无符号整型变量 dimension

（2）常量

常量就是不变的或固定的数，常量可分为算术常量、字符常量和枚举常量。算术常量又可分为整数常量和浮点常量两种。整型常量值可用十进制表示，如 128、−35 等；也可以用十六进制表示，如 0x1000。浮点型常量，如 0.12、−10.3 等。

字符型常量是用单引号括起来的一个字符，如 1'A'、'0'、'='等，编译程序将把这些字符型常量转换为 ASCⅡ 码，如 'A' 等于 0x41。对于不可显示的控制字符，可直接写出字符的 ASCII 码，或者在字符前加上反斜杠 "\" 组成转义符。转义符可以完成一些特殊功能和格式控制。表 10-2 是常用的转义符。字符串型常量用一对双引号括起一串字符来表示，如 "Hello"、"OK" 等。

表 10-2　常用的转义符

转义字符	含　义	ASCⅡ 码（16 进制）
\ 0	空字符（NULL）	0x00
\ n	换行符（LF）	0x0A
\ r	回车符（CR）	0x0D
\ t	水平制表符（HT）	0x09
\ '	单引号	0x27
\ "	双引号	0x22

实际使用中，用 #define 定义在程序中经常用到的常量，或者可能需要根据不同的情况进行更改的常量，如译码地址，而不是在程序中直接使用常量值。这样一方面有助于提高程序的可读性，另一方面也便于程序的修改和维护，例如：

```
#define   PI 3.14              //以后的程序中用 PI 代替浮点数常量 3.14，便于阅读
#define   SYSCLK 12000000      //长整型常量用 SYSCLK 代替 12MHz 时钟
#define   TRUE 1               //用字符 TRUE，在逻辑运算中代替 1
#define   STAR ' * '           //用 STAR 表示字符 " * "
```

2. 数据类型

C51 具有 ANSI C 的所有标准数据类型，包括 char、int、short、long、float 和 double，对 Keil C51 编译器来说，short 类型和 int 类型相同，double 类型和 float 类型相同。除此之外，为了更好地利用 51 系列单片机的结构，C51 还增加了一些特殊的数据类型，包括 bit、sfr、sfr16、sbit。下面主要阐述 C51 不同于标准 ANSI C 的数据类型。

（1）位（bit）类型

bit 类型存放逻辑变量，占用一个位地址，C51 编译器将把 bit 类型的变量安排在单片机片内 RAM 的位寻址区（20H ~ 2FH）。在一个作用域中最大可声明 128 个位变量。bit 变量的声明与其他变量相同，例如：

```
bit done_flag = 0;           //定义位变量 done_flag，初值为 0
bit func( bit bvar1 )        //bit 类型的函数
{   bit bvar2;
    …
return( bvar2 );             //返回值是 bit 类型
}
```

（2）特殊功能寄存器（sfr、sfr16、sbit）

51 系列单片机提供 128B 的特殊功能寄存器（SFR）区域。这个区域可字节寻址，有些也可进行字寻址、有些也可进行位寻址。用以访问定时器、计数器、串行口、I/O 接口及其他部件，分别由 sfr、sfr16、sbit 关键字说明。

C51 使用 sfr 对 51 系列单片机中的 SFR 进行定义。这种定义方法与标准 C 语言不兼容，只适用于对 51 系列单片机进行 C 编程。可以把 sfr 认为是一种扩充数据类型，占用一个数据存储单元，值域为 0x80 ~ 0xFF。定义方法是引入关键字 sfr，格式为

sfr 变量名 = SFR 中的地址

【注意】　sfr 后面必须跟一个特殊寄存器名，"="后面的地址必须是常数，不允许带有运算符的表达式。

例如，定义 P0、P1 口地址：

sfr P0 = 0x80

sfr P1 = 0x90

sfr16 用于定义存在于 51 系列单片机片内 RAM 的 16 位 SFR。当 SFR 的高端地址直接位于其低端地址之后时，对 SFR 的值可以进行直接访问。例如，AT89C52 单片机的定时器 2 就属于这种情况。为了有效地访问这类 SFR，可使用关键字"sfr16"。16 位 SFR 定义的语法与 8 位 SFR 相同，16 位 SFR 的低端地址必须作为"sfr16"的定义地址。

例如：

sfr16 T2 =0xcc　　　　　　　　//定义定时器 2 为 T2，即 TL2 为 0CCH，TH2 为 0CDH

等价于 sfr TL2 = 0xCC 和 sfr TH2 = 0xCD 两条语句。

关键字 sbit 定义可位寻址的 SFR 的位寻址对象。定义方法有如下三种：

1）sbit 位变量名 = 位地址

此时，位地址必须位于 0x80 ~ 0xFF 之间。

2）sbit 位变量名 = 特殊功能寄存器名^位位置

此时，位位置是一个 0 ~ 7 之间的常数。

3）sbit 位变量名 = 字节地址^位位置

此时，字节地址作为基地址，在 0x80 ~ 0xFF 之间。位位置是一个 0 ~ 7 之间的常数。

例如，可用下面三种方法定义 PSW 中的第 7 位 CY，结果相同：

sbit CY = 0xD7;　　　　　　　　//用绝对位地址表示 PSW 中的第 7 位

sbit CY = PSW^7;　　　　　　　//必须事先已经定义了 PSW

sbit CY = 0xD0^7;　　　　　　　// PSW 的字节地址为 0xD0

sbit 和 bit 的区别在于 sbit 定义 SFR 中的可寻址位；而 bit 则定义了一个普通的位变量，一个函数中可包含 bit 类型的参数，函数返回值也可为 bit 类型。另外，sbit 还可访问 51 系列单片机片内 20H ~ 2FH 范围内的位对象。

sbit、sfr、sfr16 三种数据类型用于对 51 系列单片机的 SFR 操作，不是传统意义上的变量。在实际应用中，将这些定义放入一个头文件中，以便使用。Keil C51 中的 reg51. h 便是这样一个文件，所以在 C51 程序中会看到"#include < reg51. h >"语句。

最后要说明的是，使用缩写形式定义数据类型。在编程时，为了书写方便，经常使用简化的缩写形式来定义变量的数据类型。具体是在源程序开头使用#define 语句。例如：

#define uchar unsigned char

#define uint unsigned int

这样定义后，在后面的程序编写中就可以分别用 uchar、uint 来代替 unsigned char、unsigned int 来定义变量。

10.2.3　51 系列单片机硬件结构的 C51 定义

在变量定义的基本格式中，有两个默认的选项分别是"存储种类"和"存储器类型"。这两项用来将变量与单片机的硬件结构——存储器相关联，因为 C51 是面向 51 系列单片机及其硬件控制系统的开发工具，所定义的任何数据类型必须以一定的存储类型的方式定位在 51 系列单片机的某一存储区中。51 系列单片机在物理上有 4 个存储空间：片内程序存储器空间、片外程序存储器空间、片内数据存储器空间、片外数据存储器空间。

1. 存储种类

变量的存储种类反映了变量的作用范围和寿命，将影响到编译器对变量在 RAM 中位置的安排。C51 有 4 种存储种类：auto（自动）、extern（外部）、static（静态）、register（寄存器）。如果不声明变量的存储种类，则该变量将为 auto 变量。

2. 存储器类型

定义变量时，根据 51 单片机存储器的特点，必须指明该变量所处的单片机的存储空间。C51 编译器支持 51 系列单片机的硬件结构，可完全访问 51 系列单片机硬件系统的所有部分。编译器通过将变量或者常量定义成不同的存储类型（data，bdata，idata，pdata，xdata，code）的方法，将它们定位在不同的存储区中。表 10-3 说明了存储类型与存储空间的对应关系。

表 10-3　存储类型与存储空间的对应关系

存储类型	与存储空间的对应关系
data	直接寻址片内数据存储区，访问速度快（128B）
bdata	可位寻址片内数据存储区，允许位与字节混合访问（16B）
idata	间接寻址片内数据存储区，可访问片内全部 RAM 地址空间（256B）
pdata	分页寻址片外数据存储区（256B），由 MOVX A，@R0 访问
xdata	片外数据存储区（64KB），由 MOVX A，@DPTR 访问
code	代码存储区（64KB），由 MOVC A，@A + DPTR 访问

当使用存储类型 data、bdata 定义常量和变量时，C51 编译器会将它们定位在片内 RAM 中。根据 51 单片机 CPU 的型号不同，这个存储区的长度分别为 64B、128B、256B 或 512B。它能快速存取各种数据。片内 RAM 是存放临时性传递变量或使用频率较高的变量的理想场所，所以应该把使用频率高的变量放在 data 区，由于空间有限，必须注意使用 data 区，data 区除了包含程序变量外，还包含了堆栈和寄存器组 data 区。下面是在 data 区中声明变量的例子。

unsigned char data system_ status = 0；

表示字符变量 system_status 被定义为 data 存储类型，C51 编译器将把该变量定位在 51 系列单片机片内 RAM 中（地址：00H ~ 0FFH）。

bit bdata flags；

表示位变量 flags 被定义为 bdata 存储类型，C51 编译器将把该变量定位在 51 系列单片机片内 RAM 中的位寻址区（地址：20H ~ 2FH）。

idata 存储类型可以间接寻址内部数据存储器，也可以存放使用比较频繁的变量，使用寄存器作为指针进行寻址。在寄存器中设置 8 位地址进行间接寻址，与片外存储器寻址比较，它的指令执行周期和代码长度都比较短。对于 AT89C52 单片机中定义的 idata 变量，如果低 128B 的 RAM 容量不够时，C51 编译器会自动安排到高 128B 的区域。

例如：

float idata outp_ value；

表示浮点变量 outp_value 被定义为 idata 存储类型，C51 编译器将把该变量定位在 51 系列单片机片内 RAM 中，并只能用间接寻址的方法进行访问。

pdata 和 xdata 用于单片机的片外 RAM，在这两个区声明变量和在其他区的语法是一样的，pdata 区只有 256B，而 xdata 区可达 65536B。对 pdata 和 xdata 的操作是相似的，对 pdata 和 xdata 的寻址要使用 MOVX 指令，需要 2 个处理周期。对 pdata 区寻址需要装入 8 位地址，使用 Ri 的间接寻址方式；而对 xdata 区寻址则需要装入 16 位地址，使用 DPTR 的间接寻址方式。举例如下：

float pdata dim；

char xdata inp_string[16];

上面表明浮点变量 dim 被定义为 pdata 存储类型，C51 编译器将把该变量定位在 51 单片机片外 RAM 中，并用操作码"MOVX A，@Ri"进行访问。而字符型数组 inp_string[16]被定义为 xdata 存储类型，C51 编译器将把该变量定位在 51 单片机片外 RAM 中，并占据 16 个字节存储空间，用于存放该数组变量。

当使用 code 存储类型定义数据时，C51 编译器会将其定义在程序代码区，一般代码区中可存放数据表，跳转向量和状态表，调试完成的程序代码被写入单片机的片内 ROM/EPROM 或片外 EPROM 中。在程序执行过程中，不会有信息写入这个区域，所以代码区的数据是不可改变的，读取 code 区存放的数据相当于用汇编语言的 MOVC 寻址。对 code 区的访问和对 xdata 区的访问时间是一样的。下面是代码区的声明例子。

unsigned int code unit_id[2] = {0x1234，0x89ab}；

unsigned char code uchar_data[16] = {0x00，0x01，0x02，0x03，0x04，0x05，0x06，0x07，0x08，0x09，0x10，0x11，0x12，0x13，0x14，0x15}；

图 10-2 所示是各种存储类型与存储空间的对应关系。

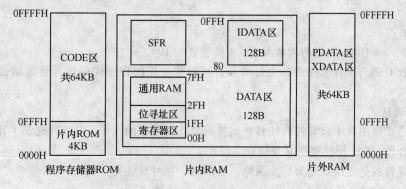

图 10-2　存储类型与存储空间对应关系

需要注意的是，如果在变量定义时省略了存储器类型标识符，C51 编译器会选择默认的存储器类型。默认的存储器类型由 SMALL、COMPACT 和 LARGE 存储模式（Memory Models）指令决定。存储模式是编译器的编译选项。在小模式（Small Model）下，所有未声明存储器类型的变量，都默认驻留在片内 RAM 中，即这种方式和用 data 进行显示说明一样；在紧凑模式（Compact Model）下，所有未声明存储器类型的变量，都默认驻留在片外 RAM 的一个页上，即这种方式和用 pdata 进行变量存储器类型的说明是一样的。该模式利用 R0 和 R1 寄存器来进行间接寻址（@R0 和 @R1）；在大模式（Large Model）下，所有未声明存储器类型的变量，都默认驻留在片外 RAM 中，即和用 xdata 进行显示说明一样。此时最大可寻址 64KB 的存储区域，使用数据指针寄存器（DPTR）来进行间接寻址。

为了提高系统运行速度，建议在编写源程序时，把存储模式设定为 SMALL，必要时在程序中把 xdata、pdata 和 idata 等类型变量进行专门声明。

10.3　C51 的运算符、表达式和规则

10.3.1　C51 的算术运算符和算术表达式

1. 赋值运算符

赋值运算符"="，在 C 语言中它的功能是给变量赋值，如 x = 10。

2. 算术运算符

C51 语言中的算术运算符有五种，具体如下：

1）＋：加法运算符，或取正值符号。

2）－：减法运算符，或取负值符号。

3）＊：乘法运算符。

4）／：除法运算符。

5）％：模（取余）运算符，如 8 % 5 = 3，即 8 除以 5 的余数是 3。

3. 自增自减运算

自增自减运算符可用在操作数之前，也可放在其后，作用是其值自动加 1 或减 1。例如，"x = x + 1"既可以写成" + + x"，也可写成"x + + "，其运算结果完全相同。但在表达式中这两种用法是有区别的。

x = 99；

y = + + x；

则 y = 100，x = 100，如果程序改为：

x = 99；

y = x + + ；

则 y = 99，x = 100。在这两种情况下，x 都被置为 100。

在大多数 C 语言编译程序中，由自增和自减操作生成的程序代码比等价的赋值语句生成的代码要快。

4. 算术表达式

算术表达式指用算术运算符和括号将运算对象连接起来的式子。C 语言规定了算术运算符的优先级和结合性，C51 同样遵循其规律：

算术运算符的优先级规定为：先乘除，后加减，括号最优先。例如：

a * (b + c) - (d - e)/f；

这个表达式中括号的优先级最高，乘除次之，减号优先级最低，故先运算（b + c）和（d - e），然后运算分别与 a 相乘和与 f 相除。最后将两部分的结果相减。

C 语言中规定算术运算符的结合性为自左向右方向，即当一个运算对象两侧的算术运算符优先级别相同时，运算对象先与左面的运算符结合。例如：

a + b - c；

式中，b 两边分别是" + "、" - "，运算符优先级别相同，则先执行 a + b 再与 c 相减。

10.3.2　C51 的关系运算符、关系表达式和优先级

1. C51 的关系运算符

C51 提供 6 种关系运算符，具体如下。

- ＞；大于。
- ＜；小于。
- ＞ =；大于等于。
- ＜ =；小于等于。
- = =；测试等于。
- ！=；测试不等于。

2. 关系表达式及优先级

由于关系运算符总是双目运算符，它作用在运算对象上使关系表达式的结果为一个逻辑值即

真或假，一般用 1 代表真，用 0 代表假。

关系运算符的优先级规定如下：

1）前四种关系运算符(< ， > ， < = ， > =)优先级相同，后两种也相同；前四种优先级高于后两种。

2）关系运算符的优先级比算术运算符低。例如，表达式"10 > x + 12"的计算，应看做是"10 > (x + 12)"。

3）关系运算符的优先级高于赋值运算符。例如，表达式"a = b > c"等效于"a = (b > c)"。

关系运算符的结合性为左结合。例如，若 a = 4、b = 3、c = 1，则 f = a > b > c 中，由于关系运算符的结合性为左结合，故 a > b 值为 1，而 1 > c 值为 0，故 f 值为 0。

10.3.3　C51 的逻辑运算符、逻辑表达式和优先级

1. 逻辑运算符

C51 提供三种逻辑运算符：

- && 逻辑与(AND)。
- ‖ 逻辑或(OR)。
- ! 逻辑非(NOT)。

"&&"和"‖"是双目运算符，要求有两个运算对象，而"!"是单目运算符，只要求有一个运算对象。

2. 逻辑表达式和优先级

逻辑表达式指用逻辑运算符将关系表达式或逻辑量连接起来的式子。逻辑表达式的值应该是一个逻辑"真(以 1 代表)"或"假(以 0 代表)"。逻辑表达式有以下三种：

- 逻辑与表达式：条件式 1 && 条件式 2。
- 逻辑或表达式：条件式 1 ‖ 条件式 2。
- 逻辑非表达式：! 条件式。

逻辑表达式的结合性为自左向右。

C51 逻辑运算符、算术运算符、关系运算符与赋值运算符之间优先级的次序如图 10-3 所示。其中"!(非)"运算符优先级最高，算术运算符次之，关系运算符再次之，然后是"&&"和"‖"运算符，最低为赋值运算符。

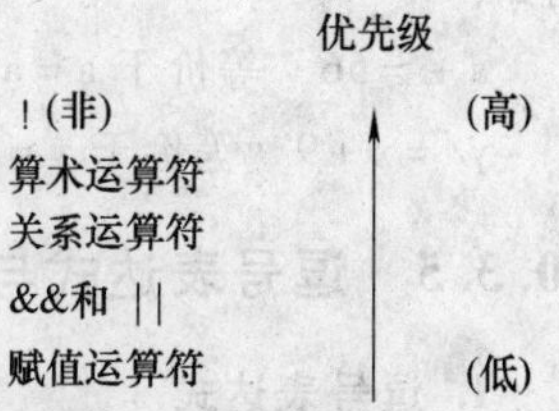

	优先级
!(非)	(高)
算术运算符	
关系运算符	
&&和 ‖	
赋值运算符	(低)

图 10-3　运算符优先级次序

例如，若 a = 4、b = 5，则

! a 为假(0)；

a‖b 为真(1)；

a&&b 为真(1)；

! a&&b 为假(0)(因为"!"优先级高于"&&"，故先执行"! a"，值为假(0)，而"0&&b"为 0，故最终结果为假(0))。

10.3.4　C51 的位操作及表达式

C51 语言能进行按位操作，从而使 C51 语言也具有一定的对硬件直接进行操作的能力。位运算符的作用是按位对变量进行运算，但并不改变参与运算的变量值。如果要求按位改变变量的值，则要利用相应的赋值运算。位运算符不能用来对浮点型数据进行操作，只能是整型或字符型数据。位运算一般的表达格式为

变量 1 位运算符 变量 2

C51 语言共有 6 种位运算符：

- &：按位与。
- |：按位或。
- ∧：按位异或。
- ~：按位取反。
- ＜＜：左移。
- ＞＞：右移。

除了按位取反运算符"~"以外，以上位操作运算符都是双目运算符，即要求运算符两侧各有一个运算对象。

位运算符也有优先级，从高到低依次是："~"（按位取反），"＜＜"（左移），"＞＞"（右移），"&"（按位与），"∧"（按位异或），"|"（按位或）。

例如，$a = 0x54 = 0101\ 0100B$，$b = 0x3b = 0011\ 1011B$，则：

$a\ \&\ b = 00010000$；

$a\ |\ b = 01111111$；

$a \wedge b = 01101111$；

$\sim a = 10101011$；

$a \ll 2 = 01010000$；

$b \gg 1 = 00011101$。

另外，C51 还提供复合运算符，即凡是双目运算符，都可以与赋值运算符"＝"一起组成复合运算符。C51 提供了 10 种复合赋值运算符。即：

　　$+ =$，$- =$，$* =$，$/ =$，$\% =$，$\ll =$，$\gg =$，$\& =$，$\wedge =$，$| =$

其含义就是变量与表达式先进行运算符所要求的运算，再把运算结果赋值给参与运算的变量。其实这是 C 语言中简化程序的一种方法，凡是双目运算符都可以用复合赋值运算符去简化表达。例如：

$a + = 56$　　等价于 $a = a + 56$；

$y/ = x + 9$　　等价于 $y = y/(x + 9)$。

10.3.5　逗号表达式与条件表达式

1. 逗号表达式

逗号(，)是 C 语言的一种特殊运算符，其功能是把几个表达式连接起来，组成逗号表达式。一般格式为

　　表达式 1，表达式 2，…，表达式 n；

逗号表达式的功能是依次计算表达式 1，2，…，n 的值，整个逗号表达式的值为表达式 n 的值。

2. 条件表达式

条件表达式的一般格式为

　　表达式 1 ? 表达式 2 : 表达式 3

条件表达式是这样执行的：先求表达式 1 的值，若非零则求解表达式 2 的值，并作为条件表达式的值；若表达式 1 的值为零，则求解表达式 3 的值，并作为条件表达式的值。

例如：

　　$max = (a > b)?\ a : b$；　　　　　/* $a > b$ 成立 $max = a$，否则 $max = b$ */

10.4　C51 流程控制语句

C 语言是一种结构化编程语言。结构化程序由若干模块组成，每个模块中包含若干个基本结构，而每个基本结构中可以有若干条语句。C51 语言的"语句"可以是以";"号结束的简单语句，也包括用"｛｝"组成的复合语句。

C51 语言大致可分为三种基本结构：顺序结构、选择结构和循环结构。

1. 顺序结构

顺序结构是一种最基本、最简单的程序结构。在这种结构中，单片机上电后或复位后是从地址 0000H 开始由低地址向高地址顺序执行指令代码的。如图 10-4 所示，程序先执行 f 操作，再执行 g 操作，两者是顺序执行的关系。

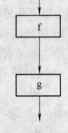

图 10-4　顺序结构流程图

2. 选择结构

在选择结构中，程序首先对一个条件进行测试。当条件为真时，执行一个分支上的程序；当条件为假时，执行另一个分支上的程序。如图 10-5 所示，c 表示一个条件，当 c 条件为真则执行 f 程序；当条件为假则执行 g 程序。两个分支上的程序流程最终汇在一起从一个出口中退出。

常用的选择语句有：if 语句、else if 语句和 switch-case 语句。

（1）if 语句

if 语句的格式为

　　if(表达式)｛语句 1；｝ else｛语句 2；｝

"else 语句 2"也可以省略。"语句 2"还可以接续另一个 if 语句。构成：

　　if(表达式 1)｛语句 1；｝
　　else if(表达式 2)｛语句 2；｝
　　else if(表达式 3)｛语句 3；｝
　　……
　　else｛语句 n；｝

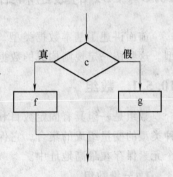

图 10-5　选择结构流程图

【注意】　else 总是和最近的 if 配对。

（2）switch 语句

switch 语句用于处理多路分支的情形，格式为

switch（表达式）

｛　case 常量表达式 1：｛语句 1；｝ break；

　　case 常量表达式 2：｛语句 2；｝ break；

　　……

　　case 常量表达式 n：｛语句 n；｝ break；

　　default：｛语句 n + 1；｝

｝

使用 switch 语句需要注意以下两点：

1）case 分支中的常量表达式的值必须是整型、字符型，不能使用条件运算符。每一个 case 的常量表达式必须是互不相同的。

2）break 语句用于跳出 switch 结构。若 case 分支中未使用 break 语句，则程序将继续执行到下一个 case 分支中的语句直至遇到 break 语句或整个 switch 语句结束。

3. 循环结构

循环结构是结构化程序设计的三种基本结构之一，它和顺序结构、选择结构一起共同作为各种复杂程序的基本构造单元。

作为构成循环结构的循环语句，一般是由循环体及循环终止条件两部分组成。一组被重复执行的语句称为循环体，能否继续重复执行下去则取决于循环终止条件。

C 语言有 for 、while、do-while 三种语句构成循环结构，同样适用于 C51 语言。它们的格式分别为以下几种：

for 循环语句的一般格式为

　　　for（表达式 1；表达式 2；表达式 3）循环体语句

while 循环语句的格式为

　　　while（表达式）循环体语句

do-while 循环语句的格式为

　　　do

　　　　循环体语句

　　　while(表达式)；

10.5　C51 的数组和结构

前面讲述了基本数据类型，C51 语言中还可以使用一些扩展的数据类型，称为构造数据类型。这些按一定规则构成的数据类型主要是数组、结构、指针等。

10.5.1　数组

数组是一组具有固定数目和相同类型成分分量的有序集合。在 C51 语言中数组是一个由同种类型的变量组成的集合，它保存在连续的存储区域中，第一个元素保存在最低地址中，最末一个元素保存在最高地址中。

1. 一维数组

一维数组的定义格式为

　　　数据类型［存储器类型］数组名［整型表达式］

例如，在程序存储器中用一维字符型数组定义 7 段共阴极 LED 数码显示的字形表：

unsigned char code LEDvalue［10］= ｛0x3f，0x06，0x5b，0x4f，0x66，0x6d，0x7d，0x07，0x7f，0x6f｝

它有 10 个元素，每个元素由不同的下标表示，分别是 LEDvalue［0］、LEDvalue［1］、LEDvalue［2］、…、LEDvalue［9］，数组元素的值分别对应 0 ~ 9 的显示数字的编码。要注意的是，数组的第一个元素的下标为 0 而不是 1。

为了节省硬件的运行时间，一般在数组定义时就对其全部或部分元素赋予初值，即数组定义时要初始化，就像 LEDvalue［10］数组所示，直接赋给其 10 个元素具体的初值以便程序中可以方便地访问。

2. 二维数组

二维数组的定义格式为

　　　数据类型［存储器类型］数组名［常量 1］［常量 2］

例如，int a［3］［4］；定义了 3 行 4 列共 12 个元素的二维数组 a［ ］［ ］。

二维数组的初始化可在数组定义时就对其全部或部分元素赋予初值。对全部元素赋初值的方法有两种。分别如下：

int[3][4] = {{1, 2, 3, 4}, {5, 6, 7, 8}, {9, 10, 11, 12}};

int[3][4] = {1, 2, 3, 4, 5, 6, 7, 8, 9, 10, 11, 12};

上面这两种赋值方法所得到的初值是一样的。对部分元素赋初值时，未赋值的元素初值则系统自动默认为零。

3. 数组的应用

数组的一个非常有用的用途之一就是查表。在许多嵌入式控制系统中，人们更愿意用表格而不是数学公式来进行高精度的数学运算。使用查表可以让程序的执行速度更快，所用代码更少。表可以事先计算好后装入 EPROM 中。

【例 10-1】 编程将摄氏温度转换成华氏温度。

解：

#define uchar unsigned char //将 unsigned char 数据类型定义为 uchar

uchar code tempt[] = {32, 34, 36, 37, 39, 41}; /*数组，设置在 EPROM 中，长度为实际输入的数值数*/

uchar ftoc(uchar degc)

{

　　return tempt[degc];　　　　　　　　　　　//返回华氏温度值

}

main()

{x = ftoc[5];}　　　　　　　　　　　　　　//得到 5℃的华氏温度并赋值给 x

在这个程序中，一开始就定义了一个无符号字符型数组 tempt[]，并对其初始化将摄氏温度 0、1、2、3、4、5 对应的温度 32、34、36、37、39、41 赋予数组，存储类型为 code，指定编译器将此表定位在 EPROM 中。然后，在主程序 main() 中调用函数 ftoc(uchar degc)，从 tempt[] 数组中查表获取相应的温度转换值，即主程序执行完后 x 的值为 5℃的华氏温度 41 ℉。

数组一旦设定，在编译时会在系统的存储空间中开辟一个区域用于存放该数组的内容。当数组中大多数元素没有被有效利用时，就会浪费大量的存储空间。而单片机这样的嵌入式控制器存储空间资源有限，故不能被无谓占用。因此在 C51 编程开发时要仔细根据需要来选择数组的大小。

10.5.2　结构

C51 语言中的结构，就是将互相关联的、多个不同类型的变量结合在一起形成的一个组合型变量，简称结构。构成结构的各个不同类型的变量称为结构元素（或成员），其定义规则与变量的定义相同。一般先声明结构类型，再定义结构变量。

定义一个结构类型的格式为

　　struct 结构名

　　{

　　　　结构成员说明；

　　}

结构成员还可以是其他已定义的结果，结构成员说明的格式为

　　类型标识符　成员名；

C51 结构类型变量定义的格式为

　　struct 结构名 变量表；

在 Keil C51 中，结构被提供了连续的存储空间，成员名被用来对结构内部进行寻址。

【例 10-2】 编程完成结构与结构变量的定义

解：

```
struct date                          //定义名称为 date 的结构类型
{   unsigned char month;
    unsigned char day;
    unsigned char year;
}
struct date date1, date2;            //定义结构变量 date1 和 date2
date1. year = 07;                    //对结构变量中成员的访问使用"."运算符
date1. month = 1;
date1. day = 25;
```

在例 10-2 中，定义了一个结构类型。struct date 表示这是一个"结构类型"。其中 struct 是不能省略的关键字，date 为结构名。它包含了三个成员 month、day、year，并且都为同一数据类型。这样程序员自己定义的结构类型 struct date 就和系统定义的标准类型一样（如 int、char）可以用来定义变量。如例 10-2 中定义了两个变量 date1 和 date2，并且使用"."运算符对 date1 的成员进行赋值操作。

10.6　C51 的指针与函数

10.6.1　C51 的指针概述

1. 指针的定义

指针是 C 语言中的一个重要概念，指针是指某个变量所占用存储单元的首地址。用来存放指针值的变量称为指针变量。

指针定义的一般格式为

类型识别符　*指针变量名

式中，"*"表示定义的是指针变量；类型识别符表示该指针变量指向的变量类型。

各种不同类型的指针定义如下：

```
char * s;                            //指向字符类型的指针
char * str[4];                       //定义字符类型的指针数组
int * numptr;                        //指向整型类型的指针
```

在以上定义中指针变量名前面的"*"表示该变量为指针变量。但指针变量名应该是 s、str[4]、numptr，而不是 *s、*str[4]和 *numptr。

2. C51 的指针类型

C51 支持"基于存储器"的指针和"一般"指针两种类型。

一般指针包括 3 字节：2 字节偏移和 1 字节存储器类型，即

地址	+0	+1	+2
内容	存储器类型	偏移量高位	偏移量低位

在一般指针的定义中，第 1 字节代表了指针的存储器类型，存储器类型的编码为

存储器类型	idata	xdata	pdata	data	code
值	1	2	3	4	5

例如，以 xdata 类型的 0x2345 地址作为指针可以表示为

地址	+0	+1	+2
内容	0x02	0x23	0x45

【注意】　当用常数作为指针时，必须正确定义存储类型和偏移。例如，将常数值 0x41 写入地址 0x8000 的外部数据存储器。

```
#define XBYTE((char *)0x20000L)
XBYTE[0x8000] = 0x41;
```

其中，XBYTE 被定义为 (char *)0x20000L，0x20000L 为一般指针，其存储类型为 2，偏移量为 0000，L 代表 long，说明 0x20000L 是一个长整型数。这样 XBYTE 成为指向 xdata 零地址的指针，而 XBYTE[0x8000] 是片外 RAM 的 0x8000 绝对地址。

由于 51 系列单片机存储器结构的特殊性，C51 语言还提供指定存储器类型的指针，在声明时定义指针指向的存储器类型，也称为基于存储器类型的指针，例如：

```
char data * str;                    //指针指向 data 区的字符
int xdata * numtab;                 //指针指向 xdata 区的整型变量
unsigned char code * powtab;        //指针指向 code 区的无符号字符
```

这种基于存储器类型的指针，因为存储器类型在编译时就已经指定了，所以指针可以保存在 1 字节（idata、data、bdata 等）或 2 字节（code 和 xdata 类型指针）中。

基于存储器类型的指针还可以用于结构数据类型。例如：

```
struct time
{    char hour;
     char min;
     char sec;
     struct time xdata * pxtime;}
```

在结构 struct time 中，除了其他结构成员外，还包含一个具有与其类型相同的指针 pxtime，time 位于外部存储器（xdata），指针 pxtime 具有 2 字节长度。time 位于 idata 存储器中，结构成员可以通过 @R0 或 @R1 进行间接访问，指针 pxtime 为 1 字节长。

3. 指针的应用举例

【例 10-3】　编程将片外 RAM 地址 1000H 开始的 10 字节读入到片内 RAM 中。

解：

```
#include <reg51.h>                           //定义 51 单片机的特殊功能寄存器（SFR）
#define XRAMaddr (unsigned char xdata *)0x1000
                                             //片外 RAM 的开始地址
unsigned char xdata * ptr;
  main( ){
    char i;
    unsigned char data array[10];
    ptr = XRAMaddr;                          //指针 ptr 指向开始地址 1000H
    for(i = 0; i < 10; i + +){               //将 1000H 开始的 10 片外 RAM 数据读入片内
                                             RAM
      array[i] = ptr[i];}
    while(1);}
```

4. 绝对地址访问

C51 语言中绝对地址的访问有多种方法，主要通过指针、关键字_at_、预定义宏等进行访问，下面具体说明。

（1）使用指针

在使用 C51 编程时常用指针操作，C51 语言中提供的两个专门用于指针和地址的运算符：

- *：取内容。
- &：取地址。

取内容和取地址运算的一般格式分别为

变量 = * 指针变量

指针变量 = & 目标变量

【例 10-4】 使用指针对指定地址进行访问。

解：

```
#define uchar unsigned char
#define uint unsigned int
void test_memory(void)
{   uchar idata ivar1;
    uchar xdata * xdp;              /* 定义一个指向 xdata 存储器空间的指针 */
    char data * dp;                /* 定义一个指向 data 存储器空间的指针 */
    uchar idata * idp;             /* 定义一个指向 idata 存储器空间的指针 */
    xdp = 0x1000;                  /* xdata 指针赋值，指向 xdata 存储器地址 1000H 处 */
    * xdp = 0x5A;                  /* 将数据 5AH 送到 xdata 的 1000H 单元 */
    dp = 0x61;                     /* data 指针赋值，指向 data 存储器地址 61H 处 */
    * dp = 0x23;                   /* 将数据 23H 送到 data 的 61H 单元 */
    idp = &ivar1;                  /* idp 指向 idata 区变量 ivar1 */
    * idp = 0x16;                  /* 等价于 ivar1 = 0x16 */
}
```

（2）使用关键字 _at_ 对确定地址进行访问

使用关键字_at_对指定的存储器空间的绝对地址进行定位。其具体格式为

　　　　[存储器类型] 数据类型 标识符 _at_常数

当对外部接口的地址进行读/写时，存储器类型为 xdata 数据类型；数据类型通常为 unsigned char 的 1 字节类型；使用关键字_at_定义的变量必须为全局变量。

【例 10-5】 用关键字 _at_ 访问指定地址，将地址为 1000H 的内容读入。

解：

```
#include < reg51. h >                //定义 51 单片机的特殊功能寄存器(SFR)
unsigned char xdata y1 _at_ 0x1000;  //定义变量 y1 为地址编号 1000H
main( )
{   unsigned char x1;
    x1 = y1;                         //将地址 1000H 的值读入到 x1 变量中
    while(1);
}
```

（3）使用 C51 运行库中的预定义宏

C51 编译器提供了一组宏定义用来对 MCS – 51 系列单片机的 code、data、pdata 和 xdata 空间

进行绝对地址访问。函数原型如下：

#define CBYTE((unsigned char volatile code *)0)

#define DBYTE((unsigned char volatile idata *)0)

#define PBYTE((unsigned char volatile * pdata)0)

#define XBYTE((unsigned char volatile * xdata)0)

这些函数原型放在 absacc. h 文件中。例如：

uchar uc_var1；

uc_var1 = XBYTE[0x0002]；　　　　/* 访问片外 RAM 0002H 地址的内容 */

为了能够用宏来定义绝对地址，在程序中必须将头 absacc. h 用如下所示的语句包含：

#include < absacc. h >

以上这三种访问绝对地址的方式在编程中均可以采用。

10.6.2　C51 函数的定义

C51 中编程时不限制函数的数目，但是如前面程序结构叙述，一个 C51 程序必须至少有一个 main 主函数，主函数是唯一的，整个程序从这个主函数开始执行。然后将一个大问题分成一个个子问题，对应于每一个子问题编写一个函数进行解决。这样形成模块化的结构，让各部分相互独立又互相配合构成一个新的大程序。C51 还可以使用和建立库函数，每个库函数执行一定的功能由用户根据需求调用。

1. 函数的定义

C51 函数定义的一般格式为

[return_type] funcname([args]) [small | compact | large][reentrant] [interrupt n] [using n]

其中，为[　]的项目可以用默认设置。下面对函数定义加以说明。

- return_type：函数返回值类型，如果不指定，默认为 int。
- funcname：函数名。
- args：函数的形式参数列表，是用逗号分隔的变量表，默认为无参数函数。
- small、compact、large：函数的三种存储模式，默认为 small。
- reentrant：表示函数是递归的或重入的。
- interrupt n：表示是一个中断函数，n 为中断号。
- using n：指定函数所用的工作寄存器组。

2. 函数的调用和返回

C51 调用函数时直接使用函数名和实参的方法，也就是将要赋给被调用函数的参量，按该函数说明的参数形式传递过去，然后进入子函数运行，运行结束后再按子函数规定的数据类型返回一个值给调用函数。

被调用的函数必须是已经存在的函数。C51 中主调用函数对被调用函数的调用方式同 C 语言一样。

3. 中断函数

C51 编译器允许用 C51 创建中断服务程序，仅仅需要注意中断号和寄存器组的选择就可以了。编译器自动产生中断向量和程序的入栈及出栈代码。也无需注意 ACC、B、DPH、DPL、PSW 等寄存器的保护，C51 编译器会根据上述寄存器的使用情况在目标代码中自动增加压栈和出栈。

在函数声明时 interrupt 不能默认，这样声明的函数定义为一个中断服务程序。关键字 interrupt 后面的 n 是中断号，理论上可以是 0 ~ 31 的整型参数，用来表示中断处理函数所对应的中断号，该参数不能是带运算符的表达式。对于 AT89S51 单片机 n 的取值范围是 $0 \sim 4$，中断号和中断源的对应关系见表 10-4。

表 10-4　中断号和中断源的对应关系

中断号	中断源	中断向量
0	外部中断 0	0003H
1	定时器/计数器 0	000BH
2	外部中断 1	0013H
3	定时器/计数器 1	001BH
4	串行接口	0023H

另外，using n 可以用来定义此中断服务程序所使用的寄存器组。如果 using n 默认，则由编译器选择一个寄存器组作为绝对寄存器组。

中断函数应遵循以下规则：中断函数不能进行参数传递；中断函数没有返回值；不能在其他函数中直接调用中断函数；若在中断中调用了其他函数，则必须保证这些函数和中断函数使用了相同的寄存器组。

【例 10-6】　设单片机的 $f_{osc} = 12\text{MHz}$，要求在 P1.0 脚上输出周期为 2ms 的方波。

解：

分析，周期为 2ms 的方波要求定时时间间隔 1ms，每次时间到将 P1.0 取反。定时器计数率 $= f_{osc}/12$。机器周期 $= 12/f_{osc} = 1\mu s$，每个机器周期定时器计数加 1，$1\text{ms} = 1000\mu s$，需计数次数 $= 1000/(12/f_{osc}) = 1000/1 = 1000$。由于计数器向上计数，为得到 1000 个计数之后的定时器溢出，必须给定时器置初值 -1000。

程序如下：

```
#include < reg51. h >
sbit P1_0 = P1^0;
void timer0( void) interrupt 1 using 1        //T0 中断服务程序入口
{   P1_0 = ! P1_0;                            // P1.0 取反
    TH0 = - (1000/256);                       // 计数初值重装载
    TL0 = - (1000%256);
}
void main( void)
{   TMOD = 0x01;                              // T0 工作在模式 1
    P1_0 = 0;
    TH0 = - (1000/256);                       // 预置计数初值
    TL0 = - (1000%256);
    EA = 1;                                   // CPU 开中断
    ET0 = 1;                                  // T0 开中断
    TR0 = 1;                                  // 启动 T0 开始定时
    do{ } while(1);
}
```

【例 10-7】　使用外部中断 0 对 P1.0 取反。

解：程序如下。

```
#include < reg51. h >
sbit P10 = P1^0;
```

```
void rut(void) interrupt 0
{   p10 = ! p10;
}
void main(void)
{   P10 = 0;
    EA = 1;                            // CPU 开中断
    EX0 = 1;                           // INT0 开中断
}
```

4. 库函数

运行库中提供了很多短小精悍的函数，可以方便地使用。只要把包含该类别库函数的头文件在程序编写时用#include 定义好就可以在程序中使用其中各个函数。

例如，程序中编写了：#include < stdio. h >，则可以调用 scanf、printf 等输入/输出函数，因为它们在 stdio. h 中已经被宏定义了，所以在主程序中可以直接调用。

例如，程序中有：#include < math. h >，则在程序中可以使用 fabs 之类的数学运算函数。

要注意的是，库中有些函数，如果在执行这些函数时被中断，而在中断程序中又调用了该函数，将得到意想不到的结果，而且这种错误很难找出来，所以要谨慎使用。

10. 7　Keil C51 开发环境与程序调试

Keil μVISION2 是单片机应用开发软件中优秀的软件之一，它支持 MCS-51 单片机及与 MCS-51 兼容的其他 51 系列单片机架构的芯片，集编辑、编译、仿真等于一体。同时还支持 PLM、汇编语言和 C 语言的程序设计，它的界面和常用的微软 Visual C + + 的界面相似，易学易用，在程序调试、软件仿真方面也有很强大的功能。

10. 7. 1　建立 Keil C51 程序

要使用 Keil 软件，必须先安装它，双击"Setup. exe"安装文件进行安装。安装好后，就可以建立单片机 C 语言程序项目。下面就用一个实例来介绍该软件的基本使用方法。虽然没有一块实验板和单片机，但是可以通过 Keil 软件仿真看到程序运行的结果。

首先运行 Keil 软件，软件运行后，出现如图 10-6 所示的界面，启动完毕以后如图 10-7 所示。

图 10-6　Keil C51 启动时的界面

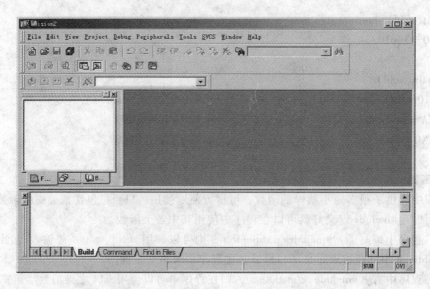

图 10-7　进入 Keil C51 后的编辑界面

接着按下面的步骤建立第一个项目。

1）如图 10-8 所示，单击"Project"选项，在弹出的下拉式菜单中选择"New Project"命令，系统弹出"Creat New Project"对话框，如图 10-9 所示。其中，"新建文件夹"是用来存放项目文件的，在"文件名"文本框中输入第一个 C 语言程序项目名称，这里选择"test. Uv2"。"保存"后的文件扩展名为". uv2"，这是 Keil μVision2 项目文件扩展名，以后可直接单击此文件，以打开已经存在的项目。

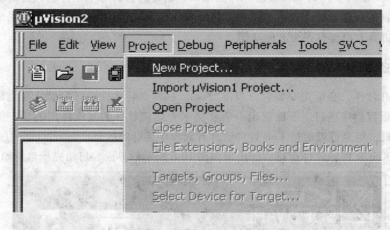

图 10-8　"New Project"菜单

2）选择所需要的单片机型号。保存项目后，此时对话框如图 10-10 所示。选择 Ateml 公司的 AT89S51 后单击"确定"按钮。完成上面步骤后，Keil C51 项目就建立了。

3）首先在项目中创建新的程序文件或加入旧程序文件。如果没有现成的程序，那么需要新建一个程序文件。在这里介绍如何新建一个 C 语言程序及加到第一个项目中。单击图 10-11 中"新建文件"　快捷按钮，在编辑区域就出现名为"Text1"的文字编辑窗口。这个操作也可通过菜单中"File"→"New"命令或"Ctrl + N"组合键来实现。下面是一段经典的程序：

```
#include  < AT89X51. H >
#include  < stdio. h >
void main ( void )
```

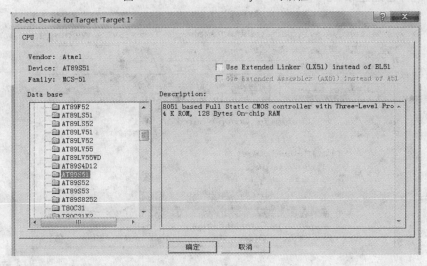

图 10-9　"Create New Project"对话框

图 10-10　选取 CPU 芯片型号

```c
{
    SCON = 0x50 ;              //串行接口选工作模式 1，允许接收
    TMOD = 0x20 ;              //设置定时器 T1 为模式 2
    TCON = 0x40 ;              //启动定时器 T1，开始计数
    TH1 = 0xE8 ;               //时钟频率 11.0592MHz，波特率为 1200
    TL1 = 0xE8 ;
    TI = 1 ;
    While (1)
    {
        printf ( "Hello World！ \ n") ;  //显示 Hello World
    }
}
```

4）添加源程序到项目。单击图 10-11 中的"保存"■按钮，或者单击菜单中"File"→"Save"命令或按"Ctrl + S"组合键进行保存。新文件保存时系统会弹出如图 10-9 所示的文件操作对话框，把第一个程序命名为"test1. c"，保存在项目所在的目录中，这时会发现程序有了不同的颜色，说明 Keil 的 C 语法检查生效了。如图 10-12 所示，在屏幕左边的"Source Group1"文件夹图标上单击

鼠标右键，系统弹出右键菜单，选择
"Add File to Group 'Source Group 1'"菜
单命令，系统弹出如图 10-13 所示的
文件添加对话框，选择刚保存的文件
"test1.c"，单击"Add"按钮，关闭文
件窗，程序文件已加到项目中。这时
在 Source Group1 文件夹图标左边出现
"+"号，说明文件组中有了文件，单
击它可以展开查看文件 test1.c。这样
test1.c 程序就和前面建立的项目
test.uv2 联系在一起。到此一个完整
的 Keil C51 程序已经建好了。

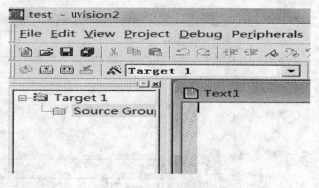

图 10-11　新建程序文件

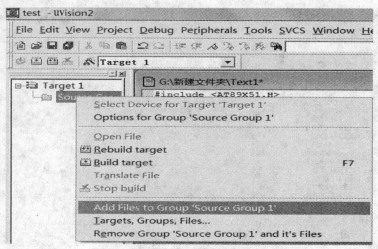

图 10-12　把文件加入到项目文件组中

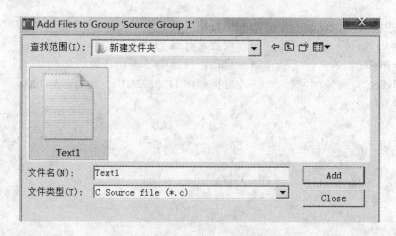

图 10-13　文件添加对话框

　　另外，也可以建立 A51 汇编项目。Keil C51 也支持 A51 汇编语言编程，建立项目方法同上，只
不过在新建文件时要将其扩展名设为 asm，如 test.asm；再如图 10-13 所示将文件添加到项目组中，
注意将文件类型选择为 Asm Source file(*.a*; *.src)选项方可选中刚建立的 test.asm 文件。

10.7.2　Keil C51 的程序调试

前面已经建立了一个完整的 Keil C51 文件，下面完成编译、调试和运行程序。具体过程如下：

1）这个项目作为学习新建程序项目和编译运行仿真的基本方法，所以使用软件默认的编译设置，它不生成用于芯片烧写的".HEX"文件。图 10-14 中，三个按钮图标都是编译按钮，不同的是第一个按钮用于编译单个文件，第二个按钮是编译链接当前项目，如果先前编译过一次之后文件没有做编辑改动，这个时候再单击是不会再次重新编译的。第三个按钮是重新编译，每单击一次均会再次编译链接一次，不管程序是否有改动。第三个按钮右边的是停止编译按钮，只有单击了前三个中的任一个，停止按钮才会生效。单击"Project"菜单后的下拉菜单中也有对应三个按钮的编译选择项。在软件最下方的编译窗口中能看到编译的错误信息和使用的系统资源情况等，用于以后的查错。按钮是开启\关闭调试模式的按钮，其菜单项为"Debug-Start"→"Stop Debug Session"，组合键为〈Ctrl + F5〉。

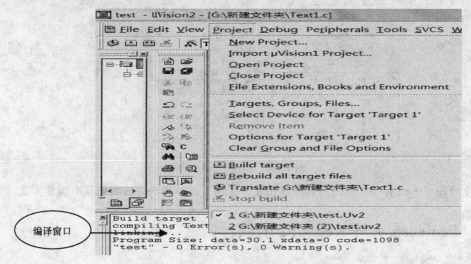

图 10-14　编译程序

2）进入调试模式，单击按钮后进入调试的软件窗口样式如图 10-15 所示。图中为程序运行按钮，当程序处于停止状态时才有效，为停止按钮，程序处于运行状态时才有效。RST 是复位按钮，模拟芯片的复位，程序回到起始处(C：0000H)执行。按钮能打开图中的串行窗口(serial #1)，这个窗口能看到从 51 芯片的串行接口输入/输出的字符。下面进行调试运行操作：首先单击按钮打开串行窗口，然后单击按钮就可进入运行状态，此时可以在串行窗口中看到不断地打印出的"Hello World!"字样。如要终止运行，单击按钮即可。终止后如要再次运行，可单击RST 按钮复位后，再单击"运行"按钮可重复运行。如果要停止程序运行回到文件编辑模式，就要按停止按钮，再单击开启\关闭调试模式按钮。

此外，如图 10-15 所示，还有 Register 窗口，可以观测 r0 ~ r7 各个寄存器的状态。

3）外围设备访问。如果要观测单片机的其他硬件资源，如 I/O 端口与外围设备的状态，可以单击"Peripherals"菜单，如图 10-16 所示。在其下拉菜单中可以看到 4 组 I/O 端口的情况。其中也可看到中断(Interrupt)、定时器(Timer)等资源情况。

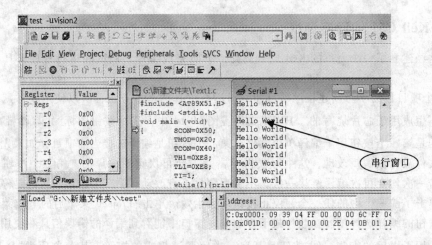

图 10-15 调试运行程序

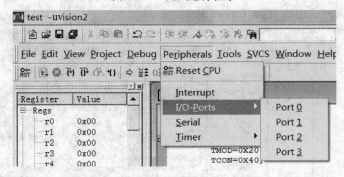

图 10-16 Peripherals 菜单

以上介绍了 Keil μVision2 的项目文件创建、编译、运行和软件仿真的基本操作方法。

10.8 Proteus6.9 与 Keil C51 的联合调试

Proteus 软件是英国 Labcenter Electronics 公司出版的 EDA 工具软件。它不仅具有其他 EDA 工具软件的仿真功能，还能仿真单片机及外围器件。从原理图设计、代码调试到单片机与外围电路协同仿真，一键切换到 PCB 设计，真正实现了从概念到产品的完整设计。是目前唯一将电路仿真软件、PCB 设计软件和虚拟模型仿真软件三合一的设计平台。其支持的处理器模型有 8051、HC11、PIC10/12/16/18/24/30/DsPIC33、AVR、ARM、8086 和 MSP430 等，以后还会支持 Cortex 和 DSP 系列处理器，并持续增加支持其他系列处理器模型。在编译方面，它支持 IAR、Keil 和 MPLAB 等多种编译器。

10.8.1 Proteus6.9 与 Keil C51 的联调环境建立

在 Keil 中调用 Proteus 进行 MCU 的外围元器件的仿真步骤如下：

1）安装 Keil 和 Proteus。安装之前，需要两个用于 Proteus 和 Keil 联调的文件（Vdmadi. exe 和 Prospice. dll）。

2）安装 Keil 和 Proteus 软件的链接文件 Vdmadi. exe；由 Prospice. dll 覆盖 Program File \ Labcenter Electronics \ Ptoteus 6 Professional \ BIN \ PROSPICE. DLL。

3）把 Proteus \ Models 目录下 VDM51. DLL 复制到 Keil 安装目录的 \ C51 \ BIN 目录中。

4）修改 Keil 安装目录 TOOLS. INT 文件，在 C51 字段加入 TDRV4 = BIN \ VDM51. DLL（"Proteus VSM Monitor – 51 Driver"）并保存，如图 10-17 所示。

图 10-17 修改过的 TOOLS. INT 文件

【注意】 不一定要用 TDRV4，根据原来的字段选用一个不重复的数值就可以了。引号内的名字随意。

5）打开 Proteus，画出相应电路，在 Proteus 的"Debug"菜单中选择"Use Remote Debug Monitor"选项，如图 10-18 所示。

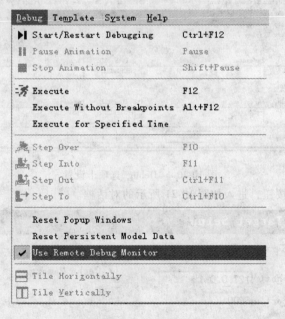

图 10-18 选择"Use Remote Debug Monitor"选项

6）在 Keil 中编写单片机的源程序。

7）选择 Keil 的 Project 菜单下的"Options for Target 'Target1'"选项，如图 10-19 所示。

8）在系统弹出的"Options for Target 'Target1'"对话框中，单击"Debug"选项卡，选择"Proteus VSM Monitor-51 Driver"选项，如图 10-20 所示。

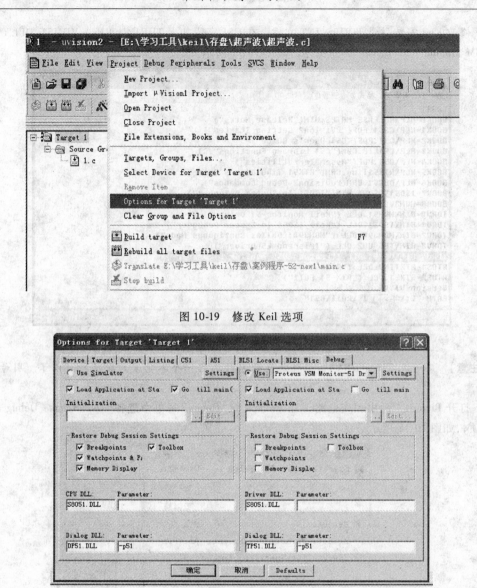

图 10-19　修改 Keil 选项

图 10-20　"Debug"选项卡设置

9）单击"Settings"按钮，进入如图 10-21 所示的对话框。

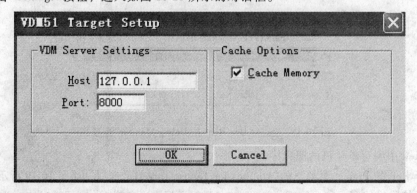

图 10-21　"Settings"选项设置

如果 Keil 程序与 Proteus 程序在同一台计算机，IP 地址为 127.0.0.1；如不在同一台计算机上，则填另一台计算机的 IP 地址，端口号为 8000。

另外可以在一台计算机上运行 Keil，另一台计算机上运行 Proteus 进行远程仿真。

10）到此为止，Proteus6.9 与 Keil C51 的联调环境已经建立好了。然后可以在 Keil 中进行程序调试（Debug），同时在 Proteus 中查看直观的结果（如 LED 显示或指示灯等）。

10.8.2　Proteus6.9 与 Keil C51 的联调举例

1）首先，在 keil 中编写一个简单的流水灯程序。

```
#include < reg51. h >
#define uchar unsigned char
#define uint unsigned int
uchar code table[ ] = {0xfe, 0xfd, 0xfb, 0xf7, 0xef, 0xdf, 0xbf, 0x7f};
void delay(uint z)
{
    uint x, y;
    for(x = z; x > 0; x − − )
       for(y = 125; y > 0; y − − )
}
void main( )
{
    uchar I;
    while(1)
    {
        for(i = 0; i < 8; i + + )
        {
            P0 = table[i];
            delay(500);
        }
    }
}
```

2）然后，在 Proteus6.9 中画一个流水灯的电路图，具体画法这里就不作介绍。完成后的电路图如图 10-22 所示。

3）开始调试。在 Proteus 里有两种调试方法，先介绍第一种通过 Keil 指令来控制 Proteus 中电路的运行。

单击 Keil 软件的"Project"菜单的"Options for Target"选项或者单击工具栏的"option for target"按钮 ，弹出窗口，单击"Debug"按钮，出现如图 10-23 所示界面。

在出现的对话框里在右栏上部的下拉菜单里选择"Proteus VSM Monitor-51 Driver"选项。并且还要单击一下"Use"前面表明选中的小圆点。

再单击"Setting"按钮，设置通信接口，如图 10-21 所示界面，在"Host"后面添上"127.0.0.1"，如果使用的不是同一台计算机，则需要在这里添上另一台计算机的 IP 地址（另一台计算机也应安装 Proteus）。在"Port"后面添加"8000"，单击"OK"按钮即可。

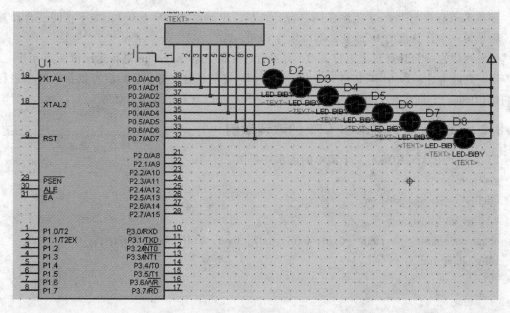

图 10-22　流水灯电路图

4）进入 Proteus 的 ISIS，鼠标左键单击菜单"Debug"，选中"use romote debug monitor"选项，如图 10-23 所示。此后，便可实现 Keil 与 Proteus 连接调试，具体如下：在 Keil 中将工程编译成功后，进入调试状态并运行，然后就可以观察到 Proteus 中的电路受到 Keil 中程序控制，LED 逐个被点亮，如图 10-24 所示。

如果没有达到预期效果可以在 Keil 里单步运行，查看仿真结果以便找到出错的原因。

5）另一种调试方法是在 Keil 里单击"Project"菜单的"Options for Target"选项或者单击工具栏的"option for target"按钮 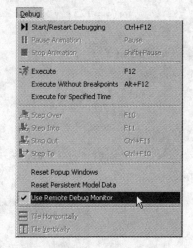，弹出窗口后，单击"Output"选项卡，出现如图 10-25 所示界面。选中 Creat HEX Fi 前的框图，选择生成 hex 文件，单击"确定"按钮后退出该窗口。然后进行编译，编译成功后在工程目录下会生成与程序名相同的 hex 文件。

图 10-23　Proteus 设置

下面切换到 Proteus 软件里单击单片机选择编辑元件，然后弹出如图 10-26 所示对话框。

然后选择 program file 单击 ▣，调入刚刚生成的流水灯 hex 文件，然后单击"退出"按钮。单击左下角的 ▶ 图标，就可由单片机控制电路开始运行，和刚才运行的结果是一样的。到此 Proteus 和 Keil 的联合调试介绍完毕。

【延伸与拓展】

C 语言和单片机汇编语言的混合编程。

1. 在 Keil C51 中直接嵌入汇编语言

在 C 语言文件中要嵌入汇编代码，以如下方式加入汇编代码：

```
#pragma ASM
汇编代码
```

#pragma ENDASM

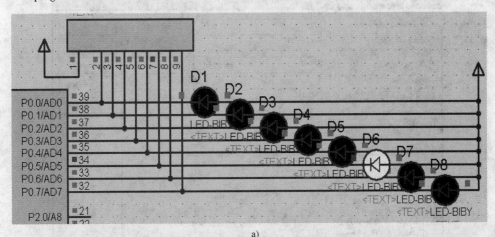

a)

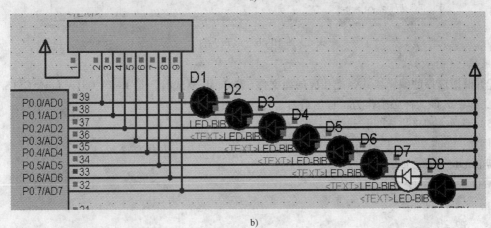

b)

图 10-24　仿真结果

图 10-25　选择生成 hex 文件

1）在项目（Project）窗口中包含汇编代码的 C 语言文件上单击鼠标右键，选择"Options for …"选项，单击右边的"Generate Assembler SRC File"和"Assemble SRC File"选项，使检查框由灰

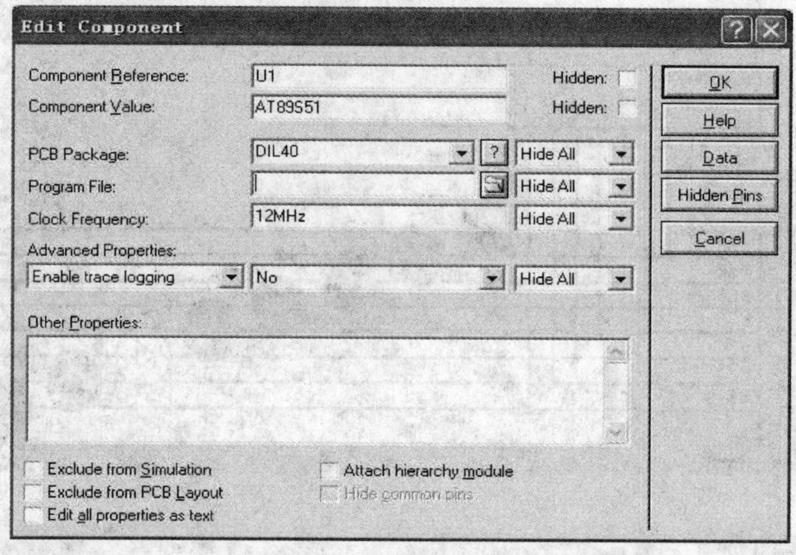

图 10-26　编辑元件

色变成黑色(有效)状态。

2)根据选择的编译模式,把相应的库文件(如 Small 模式时,是 Keil \ C51 \ Lib \ C51S. Lib)加入工程中,该文件必须作为工程的最后文件。

3)编译,即可生成目标代码。

例如:

```
#include  < reg51. h >
void main( void)
{
    P2 = 1;
    #pragma ASM
    MOV R7, #10
    DEL: MOV R6, #20
    DJNZ R6, $
    DJNZ R7, DEL
    #pragma ENDASM
    P2 = 0;
}
```

用此方法可以在 C 语言源代码的任意位置嵌入汇编语句。但要注意的是,在直接使用形参时要小心,在不同的优化级别下产生的汇编代码有所不同。

2. C51 调用汇编函数

在 C51 程序中调用汇编函数的方法如下:

(1)无参数传递的函数调用

这里用实例进行说明,首先建立工程,在里面导入 example. c 和 example. a51 两个文件。其程序具体如下:

```
/* * * * * * * * * * * * * * * * * * * * * * example. c * * * * * * * * * * * * * * * * * */
extern void delay100( );
```

```
main( )
{delay100( );}
/* * * * * * * * * * * * * * * * * * * example. a51 * * * * * * * * * * * * * */
? PR? DELAY100 SEGMENT CODE;        //在程序存储区中定义段
PUBLIC DELAY100;                    //声明函数
RSEG ? PR? DELAY100;                //函数可被连接器放置在任何地方
DELAY100:
        MOV R7, #10
DEL:    MOV R6, #20
        DJNZ R6, $
        DJNZ R7, DEL
        RET
END
```

在 example. c 文件中，先用"extern void delay100( )"语句声明外部函数，然后直接在 main 中调用即可。在 example. a51 中建立了一个 delay100( )函数供外部调用，各部分的含义如下：

? PR? DELAY100 SEGMENT CODE；作用是在程序存储区中定义段，DELAY100 为段名，? PR? 表示段位于程序存储区内

PUBLIC DELAY100；作用是声明函数为公共函数

RSEG ? PR? DELAY100；表示函数可被连接器放置在任何地方，RSEG 是段名的属性，段名的开头为 PR，是为了和 C51 内部命名转换兼容，命名转换规律如下：

CODE——? PR?

XDATA——? XD

DATA——? DT

BIT——? BI

PDATA——? PD

（2）带参数传递的函数调用

带参数传递调用的方法与无参数调用一样，要注意的是，函数参数通过 CPU 寄存器传递，或使用 NOREGPARMS 参数指示编译器通过固定的存储器传递。从函数返回的值总是通过 CPU 寄存器传递。除了直接产生目标代码外，还可以用 SRC 编译参数指示编译器产生汇编源代码（供 A51 汇编器使用）。

C51 调用汇编函数时，同样也要在项目（Project）窗口中包含汇编代码的 C 文件上单击鼠标右键，选择"Options for …"选项，单击右边的"Generate Assembler SRC File"和"Assemble SRC File"，使检查框由灰色变成黑色（有效）状态。再根据选择的编译模式，把相应的库文件（如 Small 模式时，是 Keil \ C51 \ Lib \ C51S. Lib）加入工程作为最后文件。

本 章 小 结

本章主要阐述了 51 单片机如何用 C 语言进行编程的相关规范，并用实例说明了 C51 的应用。

1）C51 的基本数据类型主要有整型、浮点型、字符型、指针等；扩展数据类型主要有结构类型。另外还有 C51 特有的位类型和特殊功能寄存器类型。它们的存储类型分别对应单片机的片内数据存储区 data 和 idata、片外数据存储区 pdata 和 xdata、程序存储区 code。

2）C51 逻辑运算符、算术运算符、关系运算符与赋值运算符之间优先级的次序为：!（非）运

算符优先级最高，算术运算符次之，关系运算符再次之，然后是 && 和 ‖ 运算符，最低为赋值运算符。

3）C51 程序结构可分为三种基本结构：顺序结构、选择结构和循环结构。

4）C51 中数组是一个由同种类型的变量组成的集合，它保存在连续的存储区域中，第一个元素保存在最低地址中，最末一个元素保存在最高地址中。C51 语言中的结构，就是将互相关联的、多个不同类型的变量结合在一起形成的一个组合型变量。

5）C51 中主要通过指针、关键字 _at_ 、预定义宏等对绝对地址进行访问。

6）C51 程序必须至少有一个 main 主函数，还可以编写一般函数和中断函数形成模块化的结构。C51 还可以使用和建立库函数。

7）Keil μVision2 与其他可视化编程环境应用相似，可以用 Proteus 与之联调实现用软件来仿真硬件的目的。

思考题与习题

10-1　说明 C51 的程序结构及使用中要注意的事项。

10-2　51 单片机的数据存储类型有哪些？分别对应存储器的哪个空间？

10-3　按给定的存储类型和数据类型，写出下列变量的说明形式。

up，down 位变量；

first，last 浮点小数，使用外部数据存储器存储；

cc，ch 字符，使用内部数据存储器存储。

10-4　判断下列关系表达式或逻辑表达式的运算结果（1 或 0）。

$10 = = 9 + 1$;　　　　$0 \&\& 0$;　　　　$10 \&\& 8$;　　　$8 \| 0$;

$!(3 + 2)$;　　　　设 $x = 10$，$y = 9$　　$x > = 8 \&\& y < = x$。

10-5　利用指针将片外 RAM 地址 2000H 开始的 20 个字节读入到片内 RAM 中。

10-6　将华氏温度 0～300 内每隔 20 华氏度的温度转换成摄氏温度。

10-7　主函数 main 调用函数 max（max 用来比较输入的三个数的大小）后，返回最大值。

10-8　利用定时器中断程序，在定时器中断发生后，给 P1 口置位点亮一个指示灯。

10-9　如何用 Proteus6.9 与 Keil C51 实现联调？

参 考 文 献

［1］　马忠梅，籍顺心，张凯，等. 单片机的 C 语言应用程序设计［M］. 北京：北京航空航天大学出版社，2003.

［2］　范风强，兰婵丽. 单片机语言 C51 应用实战集锦［M］. 北京：电子工业出版社，2003.

［3］　赵文博，刘文涛. 单片机语言 C51 程序设计［M］. 北京：人民邮电出版社，2005.

附录 51系列单片机指令表

51系列单片机指令系统共有111条指令。

按指令功能可分成五类：数据传送类指令(29条)；算术传送类指令(24条)；逻辑运算类指令(24条)；位操作类指令(17条)；控制转移类指令(17条)。若将位操作中的5条位测试转移指令归类到控制转移类指令中，则位操作类指令12条、控制转移类指令22条，其余指令类数目不变。

按指令执行所需要的时间可分为：单周期指令(64条)；双周期指令(45条)；四周期指令(2条)。按指令所占的字节数可分为：单字节指令(49条)；双字节指令(46条)；三字节指令(16条)。

51系列单片机指令系统所用符号和含义

符 号	含 义
addr11	11位地址
addr16	16位地址
bit	位地址
rel	8位带符号数相对偏移量
direct	直接地址(片内RAM、SFR)
#data	立即数
Rn	工作寄存器 R0 ~ R7
A	累加器
X	片内RAM的直接地址或寄存器
Ri	数据指针 R0 或者 R1
@	间接寻址
(X)	片内RAM的直接地址或寄存器的内容
((X))	在间接寻址中，表示间址寄存器X指出的地址单元的内容
∧	逻辑与
∨	逻辑或
⊕	逻辑异或
×	对位标志不产生影响
√	对位标志产生影响
←	数据传送方向
/	对位地址的内容取反

数据传送指令 29 条

助 记 符	指令功能	指令代码	指令字节数	周期数	对标志位的影响 CY	AC	OV	P
MOV A,Rn	(A)←(Rn)	E8 ~ EF	1	1	×	×	×	√
MOV A,direct	(A)←(direct)	E5 direct	2	1	×	×	×	√
MOV A,@Ri	(A)←((Ri))	E6 E7	1	1	×	×	×	√
MOV A,#data	(A)←data	74 data	2	1	×	×	×	√

（续）

助 记 符	指令功能	指令代码	指令字节数	周期数	对标志位的影响			
					CY	AC	OV	P
MOV Rn,A	(Rn)←(A)	F8 ~ FF	1	1	×	×	×	×
MOV Rn,direct	(Rn)←(direct)	A8 ~ AF direct	2	2	×	×	×	×
MOV Rn,#data	(Rn)←data	78 ~ 7F data	2	1	×	×	×	×
MOV direct,A	(direct)←(A)	F5 direct	2	1	×	×	×	×
MOV direct,Rn	(direct)←(Rn)	88 ~ 8F direct	2	2	×	×	×	×
MOV direct1,direct2	(direct1)←(direct2)	85 direct2 direct1	3	2	×	×	×	×
MOV direct,@ Ri	(direct)←((Ri))	86 87 direct	2	2	×	×	×	×
MOV direct,#data	(direct)←data	75 direct data	3	2	×	×	×	×
MOV @ Ri,A	((Ri))←(A)	F6 F7	1	1	×	×	×	×
MOV @ Ri,direct	((Ri))←(direct)	A6 A7 direct	2	2	×	×	×	×
MOV @ Ri,#data	((Ri))←data	76 77 data	2	1	×	×	×	×
MOV DPTR,#data16	(DPTR)←data16	90 data16	3	2	×	×	×	×
MOVC A,@ A + DPTR	(A)←((A) + (DPTR))	93	1	2	×	×	×	✓
MOVC A,@ A + PC	(A)←((A) + (PC) +1)	83	1	2	×	×	×	✓
MOVX A,@ Ri	(A)←((Ri))	E2 E3	1	2	×	×	×	✓
MOVX A,@ DPTR	(A)←((DPTR))	E0	1	2	×	×	×	✓
MOVX @ Ri,A	((Ri))←(A)	F2 F3	1	2	×	×	×	×
MOVX @ DPTR,A	((DPTR))←(A)	F0	1	2	×	×	×	×
PUSH direct	(SP)←(SP) +1 ((SP))←(direct)	C0 direct	2	2	×	×	×	×
POP direct	(direct)←((SP)) (SP)←(SP) −1	D0 direct	2	2	×	×	×	×
XCH A,Rn	(A)←→(Rn)	C8 ~ CF	1	1	×	×	×	✓
XCH A,direct	(A)←→(direct)	C5 direct	2	1	×	×	×	✓
XCH A,@ Ri	(A)←→((Ri))	C6 C7	1	1	×	×	×	✓
XCHD A,@ Ri	$(A)_{3\sim0}$←→$((Ri))_{3\sim0}$	D6 D7	1	1	×	×	×	✓
SWAP A	$(A)_{3\sim0}$←→$(A)_{7\sim4}$	C4	1	1	×	×	×	×

算术运算指令 24 条

助记符	指令功能	指令代码	指令字节数	周期数	对标志位的影响			
					CY	AC	OV	P
ADD A,Rn	(A)←(Rn) + (A)	28 ~ 2F	1	1	✓	✓	✓	✓
ADD A,direct	(A)←(direct) + (A)	25 direct	2	1	✓	✓	✓	✓
ADD A,@ Ri	(A)←((Ri)) + (A)	26 27	1	1	✓	✓	✓	✓
ADD A,#data	(A)←data + (A)	24 data	2	1	✓	✓	✓	✓
ADDC A,Rn	(A)←(Rn) + (A) + (CY)	38 ~ 3F	1	1	✓	✓	✓	✓
ADDC A,direct	(A)←(direct) + (A) + (CY)	35 direct	2	1	✓	✓	✓	✓
ADDC A,@ Ri	(A)←((Ri)) + (A) + (CY)	36 37	1	1	✓	✓	✓	✓
ADDC A,#data	(A)←data + (A) + (CY)	34 data	2	1	✓	✓	✓	✓

（续）

助记符	指令功能	指令代码	指令字节数	周期数	对标志位的影响			
					CY	AC	OV	P
SUBB A,Rn	$(A)\leftarrow(A)-(Rn)-(CY)$	98~9F	1	1	✓	✓	✓	✓
SUBB A,direct	$(A)\leftarrow(A)-(direct)-(CY)$	95 direct	2	1	✓	✓	✓	✓
SUBB A,@Ri	$(A)\leftarrow(A)-((Ri))-(CY)$	96 97	1	1	✓	✓	✓	✓
SUBB A,#data	$(A)\leftarrow(A)-data-(CY)$	94 data	2	1	✓	✓	✓	✓
INC A	$(A)\leftarrow(A)+1$	04	1	1	×	×	×	✓
INC Rn	$(Rn)\leftarrow(Rn)+1$	08~0F	1	1	×	×	×	×
INC direct	$(direct)\leftarrow(direct)+1$	05 direct	2	1	×	×	×	×
INC @Ri	$((Ri))\leftarrow((Ri))+1$	06 07	1	1	×	×	×	×
INC DPTR	$(DPTR)\leftarrow1+(DPTR)$	A3	1	2	×	×	×	×
DEC A	$(A)\leftarrow(A)-1$	14	1	1	×	×	×	✓
DEC Rn	$(Rn)\leftarrow(Rn)-1$	18~1F	1	1	×	×	×	×
DEC direct	$(direct)\leftarrow(direct)-1$	15 direct	2	1	×	×	×	×
DEC @Ri	$((Ri))\leftarrow((Ri))-1$	16 17	1	1	×	×	×	×
MUL AB	$(B)(A)\leftarrow(A)\times(B)$	A4	1	4	0	×	✓	✓
DIV AB	$(A)/(B)=(A)\cdots(B)$	84	1	4	0	×	✓	✓
DA A	对 A 进行 BCD 码调整	D4	1	1	✓	✓	✓	✓

逻辑运算指令 24 条

助记符	指令功能	指令代码	指令字节数	周期数	对标志位的影响			
					CY	AC	OV	P
ANL A,Rn	$(A)\leftarrow(Rn)\wedge(A)$	58~5F	1	1	×	×	×	✓
ANL A,direct	$(A)\leftarrow(direct)\wedge(A)$	55 direct	2	1	×	×	×	✓
ANL A,@Ri	$(A)\leftarrow((Ri))\wedge(A)$	56 57	1	1	×	×	×	✓
ANL A,#data	$(A)\leftarrow data\wedge(A)$	54 data	2	1	×	×	×	✓
ANL direct,A	$(direct)\leftarrow(direct)\wedge(A)$	52 direct	2	1	×	×	×	×
ANL direct,#data	$(direct)\leftarrow(direct)\wedge data$	53 direct data	3	2	×	×	×	×
ORL A,Rn	$(A)\leftarrow(Rn)\vee(A)$	48~4F	1	1	×	×	×	✓
ORL A,direct	$(A)\leftarrow(direct)\vee(A)$	45 direct	2	1	×	×	×	✓
ORL A,@Ri	$(A)\leftarrow((Ri))\vee(A)$	46 47	1	1	×	×	×	✓
ORL A,#data	$(A)\leftarrow data\vee(A)$	44 data	2	1	×	×	×	✓
ORL direct,A	$(direct)\leftarrow(direct)\vee(A)$	42 direct	2	1	×	×	×	×
ORL direct,#data	$(direct)\leftarrow(direct)\vee data$	43 direct data	3	2	×	×	×	×
XRL A,Rn	$(A)\leftarrow(Rn)\oplus(A)$	68~6F	1	1	×	×	×	✓
XRL A,direct	$(A)\leftarrow(direct)\oplus(A)$	65 direct	2	1	×	×	×	✓
XRL A,@Ri	$(A)\leftarrow((Ri))\oplus(A)$	66 67	1	1	×	×	×	✓
XRL A,#data	$(A)\leftarrow data\oplus(A)$	64 data	2	1	×	×	×	✓
XRL direct,A	$(direct)\leftarrow(direct)\oplus(A)$	62 direct	2	1	×	×	×	×

（续）

助 记 符	指令功能	指令代码	指令字节数	周期数	对标志位的影响			
					CY	AC	OV	P
XRL direct,#data	(direct)←(direct)⊕data	63 direct data	3	2	×	×	×	×
CLR A	(A)←0	E4	1	1	×	×	×	✓
CPL A	(A)←($\overline{A}$)	F4	1	1	×	×	×	×
RL A	A 中内容循环左移 1 位	23	1	1	×	×	×	×
RR A	A 中内容循环右移 1 位	03	1	1	×	×	×	×
RLC A	A 中内容带 CY 循环左移 1 位	33	1	1	✓	×	×	✓
RRC A	A 中内容带 CY 循环右移 1 位	13	1	1	✓	×	×	✓

位操作指令 17 条

助记符	指令功能	指令代码	指令字节数	周期数	对标志位的影响			
					CY	AC	OV	P
CLR C	(CY)←0	C3	1	1	0	×	×	×
CLR bit	(bit)←0	C2 bit	2	1	×	×	×	×
SETB C	(CY)←1	D3	1	1	1	×	×	×
SETB bit	(bit)←1	D2 bit	2	1	×	×	×	×
CPL C	(CY)←($\overline{CY}$)	B3	1	1	✓	×	×	×
CPL bit	(bit)←($\overline{bit}$)	B2 bit	2	1	×	×	×	×
ANL C,bit	(CY)←(CY)∧(bit)	82 bit	2	2	✓	×	×	×
ANL C,/bit	(CY)←($\overline{bit}$)∧(CY)	B0 bit	2	2	✓	×	×	×
ORL C,bit	(CY)←(CY)∨(bit)	72 bit	2	2	✓	×	×	×
ORL C,/bit	(CY)←($\overline{bit}$)∨(CY)	A0 bit	2	2	✓	×	×	×
MOV C,bit	(CY)←(bit)	A2	2	1	✓	×	×	×
MOV bit,C	(bit)←(CY)	92 bit	2	2	×	×	×	×
JC rel	若(CY)=1,则(PC)←(PC)+2+rel 若(CY)=0,则(PC)←(PC)+2	40 rel	2	2	×	×	×	×
JNC rel	若(CY)=0,则(PC)←(PC)+2+rel 若(CY)=1,则(PC)←(PC)+2	50 rel	2	2	×	×	×	×
JB bit,rel	若(bit)=1,则(PC)←(PC)+3+rel 若(bit)=0,则(PC)←(PC)+3	20 bit rel	3	2	×	×	×	×
JNB bit,rel	若(bit)=0,则(PC)←(PC)+3+rel 若(bit)=1,则(PC)←(PC)+3	30 bit rel	3	2	×	×	×	×
JBC bit,rel	若(bit)=1,则(PC)←(PC)+3+rel 且(bit)←0 若(bit)=0,则(PC)←(PC)+3	10 bit rel	3	2	×	×	×	×

控制转移指令 17 条

助记符	指令功能	指令代码	指令字节数	周期数	对标志位的影响			
					CY	AC	OV	P
AJMP addr11	$(PC)_{10\sim0}\leftarrow$addr11	* 2	2	2	×	×	×	×
LJMP addr16	$(PC)\leftarrow$addr16	02 ddr16	3	2	×	×	×	×
SJMP rel	$(PC)\leftarrow(PC)+2+$rel	80 rel	2	2	×	×	×	×
JMP @ A + DPTR	$(PC)\leftarrow(A)+(DPTR)$	73	1	2	×	×	×	×
JZ rel	若$(A)=0$,则$(PC)\leftarrow(PC)+2+$rel 若$(A)\neq0$,则$(PC)\leftarrow(PC)+2$	60 rel	2	2	×	×	×	×
JNZ rel	若$(A)\neq0$,则$(PC)\leftarrow(PC)+2+$rel 若$(A)=0$,则$(PC)\leftarrow(PC)+2$	70 rel	2	2	×	×	×	×
CJNE A,direct,rel	若$(A)\neq$(direct),则$(PC)\leftarrow(PC)+3+$rel 若$(A)=$(direct),$(PC)\leftarrow(PC)+3$ 若$(A)\geqslant$(direct),则$(CY)=0$;否则$(CY)=1$	B5 direct rel	3	2	✓	×	×	×
CJNE A,#data,rel	若$(A)\neq$data,则$(PC)\leftarrow(PC)+3+$rel 若$(A)=$data,则$(PC)\leftarrow(PC)+3$ 若$(A)\geqslant$data,则$(CY)=0$;否则$(CY)=1$	B4 data rel	3	2	✓	×	×	×
CJNE Rn,#data,rel	若$(Rn)\neq$data,则$(PC)\leftarrow(PC)+3+$rel 若$(Rn)=$data,则$(PC)\leftarrow(PC)+3$ 若$(Rn)\geqslant$data,则$(CY)=0$;否则$(CY)=1$	B8 ~ BF data rel	3	2	✓	×	×	×
CJNE @ Ri,#data,rel	若$((Ri))\neq$data,则$(PC)\leftarrow(PC)+3+$rel 若$((Ri))=$data,则$(PC)\leftarrow(PC)+3$ 若$((Ri))\geqslant$data,则$(CY)=0$;否则$(CY)=1$	B6 ~ B7 data rel	3	2	✓	×	×	×
DJNZ Rn,rel	若$(Rn)-1\neq0$,则$(PC)\leftarrow(PC)+2+$rel 若$(Rn)-1=0$,则$(PC)\leftarrow(PC)+2$	D8 ~ DF rel	2	2	×	×	×	×
DJNZ direct,rel	若(direct)$-1\neq0$,则$(PC)\leftarrow(PC)+2+$rel 若(direct)$-1=0$,则$(PC)\leftarrow(PC)+2$	D5 direct rel	3	2	×	×	×	×
ACALL addr11	$(PC)\leftarrow(PC)+2$ $(SP)\leftarrow(SP)+1$ $((SP))\leftarrow(PC$ 低 8 位) $(SP)\leftarrow(SP)+1$ $((SP))\leftarrow(PC$ 高 8 位) $(PC)_{10\sim0}\leftarrow$ addr11	* 1	2	2	×	×	×	×
LCALL addr16	$(PC)\leftarrow(PC)+3$ $(SP)\leftarrow(SP)+1$ $((SP))\leftarrow(PC$ 低 8 位) $(SP)\leftarrow(SP)+1$ $((SP))\leftarrow(PC$ 高 8 位) $(PC)\leftarrow$addr16	12 addr16	3	2	×	×	×	×
RET	$(PC$ 高 8 位)$\leftarrow((SP))$ $(SP)\leftarrow(SP)-1$ $(PC$ 低 8 位)$\leftarrow((SP))$ $(SP)\leftarrow(SP)-1$ 从子程序返回	22	1	2	×	×	×	×
RETI	$(PC$ 高 8 位)$\leftarrow((SP))$ $(SP)\leftarrow(SP)-1$ $(PC$ 低 8 位)$\leftarrow((SP))$ $(SP)\leftarrow(SP)-1$ 从中断返回	32	1	2	×	×	×	×
NOP	$(PC)\leftarrow(PC)+1$ 空操作	00	1	1	×	×	×	×

说明：* 1 = a10 a9 a8 10001/ a7 a6 … a2 a1 a0。其中,a10 a9 a8 a7 a6…a2 a1 a0 是 addr11。

　　　* 2 = a10 a9 a8 00001/ a7 a6 … a2 a1 a0。其中,a10 a9 a8 a7 a6…a2 a1 a0 是 addr11。